颠覆性技术·区块链译丛

丛书主编 **惠怀海** 丛书副主编 **张 斌 曾志强 马琳茹 张小苗**

# 区块链在数据隐私管理中的应用

Blockchain Technology for
Data Privacy Management

［印度］苏迪尔·库马尔·夏尔马（Sudhir Kumar Sharma）
［印度］巴拉特·布珊（Bharat Bhushan）
［印度］阿迪亚·坎帕里亚（Aditya Khamparia）  主编
［印度］帕尔马·南·阿斯蒂亚（Parma Nand Astya）
［越南］纳拉扬·C. 德比纳特（Narayan C. Debnath）

张 斌 赵亚博 童 刚 等译
陈 琦 梁 乐 刘 伟 审校

国防工业出版社

·北京·

著作权合同登记　图字:01-2023-1102号

#### 图书在版编目(CIP)数据

区块链在数据隐私管理中的应用/(印)苏迪尔·库马尔·夏尔马(Sudhir Kumar Sharma)等主编;张斌等译.—北京:国防工业出版社,2024.6

(颠覆性技术·区块链译丛/惠怀海主编)

书名原文:Blockchain Technology for Data Privacy Management

ISBN 978-7-118-13358-5

Ⅰ.①区… Ⅱ.①苏… ②张… Ⅲ.①区块链技术—应用—数据管理 Ⅳ.①TP274

中国国家版本馆 CIP 数据核字(2024)第 111888 号

Blockchain Technology for Data Privacy Management 1st Edition by Sudhir Kumar Sharma; Bharat Bhushan; Aditya Khamparia; Parma Nand Astya; Narayan C. Debnath/ISBN: 9780367679231

Copyright© 2021 by CRC Press.

Authorized translation from English language edition published by CRC Press, part of Taylor & Francis Group LLC; All rights reserved.

本书原版由 Taylor & Francis 出版集团旗下 CRC 出版公司出版,并经其授权翻译出版。版权所有,侵权必究。

National Defense Industry Press is authorized to publish and distribute exclusively the Chinese (Simplified Characters) language edition. This edition is authorized for sale throughout Mainland of China. No part of the publication may be reproduced or distributed by any means, or stored in a database or retrieval system, without the prior written permission of the publisher.

本书中文简体翻译版授权由国防工业出版社独家出版,并限在中国大陆地区销售。未经出版者书面许可,不得以任何方式复制或发行本书的任何部分。

Copies of this book sold without a Taylor & Francis sticker on the cover are unauthorized and illegal.

本书封面贴有 Taylor & Francis 公司防伪标签,无标签者不得销售。

※

*国防工业出版社*出版发行

(北京市海淀区紫竹院南路23号　邮政编码100048)

雅迪云印(天津)科技有限公司印刷

新华书店经售

\*

开本710×1000　1/16　印张23　字数380千字

2024年6月第1版第1次印刷　印数1—2000册　定价138.00元

（本书如有印装错误,我社负责调换）

国防书店:(010)88540777　　书店传真:(010)88540776
发行业务:(010)88540717　　发行传真:(010)88540762

# 丛书编译委员会

**主　编**　惠怀海
**副主编**　张　斌　曾志强　马琳茹　张小苗
**编　委**　（按姓氏笔画排序）
　　　　　　王　晋　王　颖　王明旭　甘　翼
　　　　　　丛迅超　庄跃迁　刘　敏　李艳梅
　　　　　　杨靖琦　何嘉洪　沈宇婷　宋　衍
　　　　　　宋　彪　宋城宇　张　龙　张玉明
　　　　　　周　鑫　庞　垠　赵亚博　夏　琦
　　　　　　高建彬　曹双僖　彭　龙　童　刚
　　　　　　魏中锐

## 本书翻译组

张　斌　　赵亚博　　童　刚　　刘　伟
杨关旬　　陈　琦　　惠怀海　　曾志强
马琳茹　　刘　敏　　魏中锐　　王济乾
周彤彤　　梁　乐　　郭钰蓉　　郭晓帅
高华洁　　许　涛　　穆　蓉

# 《颠覆性技术·区块链译丛》
# 前　言

以不息为体,以日新为道,日新者日进也。随着新一轮科技革命和产业变革的兴起和演化,以人工智能、云计算、区块链、大数据等为代表的数字技术迅猛发展,对产业实现全方位、全链条、全周期的渗透和赋能,凝聚新质生产力,催生新业态、新模式,推动人类生产、生活和生态发生深刻变化。加强数字技术创新与应用是形成新质生产力的关键,作为颠覆性技术的代表之一,区块链综合运用共识机制、智能合约、对等网络、密码学原理等,构建了一种新型分布式计算和存储范式,有效促进多方协同与相互信任,成为全球备受瞩目的创新领域。

将国外优秀区块链科技著作介绍给国内读者,是我们深入研究区块链理论原理和应用场景,并推进其传播普及的一份初心。译丛各分册中既有对区块链技术底层机理与实现的分析,也有对区块链技术在数据安全与隐私保护领域应用的梳理,更有对融合使用区块链、人工智能、物联网等技术的多个应用案例的介绍,涵盖了区块链的基本原理、技术实现、应用场景、发展趋势等多个方面。期望译丛能够成为兼具理论学术价值和实践指导意义的知识性读物,让广大读者了解区块链技术的能力和潜力,为区块链从业者和爱好者提供帮助。

秉持严谨、准确、流畅原则,在翻译这套丛书的过程中,我们努力确保技术术语的准确性,努力在忠于原文的基础上使之更符合国内读者的阅读习惯,以便更好地传达原著作者的思想、观点和技术细节。鉴于丛书翻译团队语言表达和技术理解能力水平有限,不足之处,欢迎广大读者反馈与建议。

终日乾乾,与时偕行。抓住数字技术加速发展机遇,勇立数字化发展潮头,引领区块链核心技术自主创新,是我们这代人的使命。希望读者通过阅读译丛,不断探索、不断前进,感受到区块链技术的魅力和价值,共同推动这一领域的发展和创新。让我们携手共进,以区块链技术为纽带,"链接"世界,共创未来。

丛书编译委员会
2024 年 3 月于北京

# 译者序

当今世界正经历百年未有之大变局，文明、技术、知识等的变迁，是世界之变、时代之变、历史之变。于区块链，亦是技术之变、应用之变。技术之变，万变不离其宗。区块链集成了分布式存储、共识机制、密码学、经济博弈等众多技术，有助于新质生产力的生成。应用之变，立于信任之基。区块链技术在促进数据共享、优化业务流程、降低运营成本、提升协同效率、建设可信体系等方面稳步推进，已广泛应用于物联网、数字金融、智能制造、供应链管理等领域。

信息互联网解决的是信息传递和信息共享，但却无法保证信息的真实性，而价值互联网和信任互联网要解决的就是信息真实问题。区块链具备公开、透明、可追溯、不可篡改的特性，能够直接解决信息真实问题，实现可靠的信任传递。因此，区块链被视作下一代互联网的信任基础设施，将重构互联网的诚信体系。随着数据成为继土地、劳动力、资本、技术之后的第五大生产要素，区块链作为解决数据要素确权、流转和隐私保护的关键支撑技术，能够在保障数据安全的前提下实现数据要素的可信流通。数据要素市场规模持续扩张，正日益成为数字经济发展的新引擎。数字经济时代，区块链在技术层面可以和大数据等实现融合发展，进一步推动产业管理手段、模式、理念的创新，这种有机结合使信息真实性得到可信的保证，让更多的数据安全流动起来，有效保障大量高密度、高价值数据在逐步开放过程中的隐私安全，为产业数字化转型提供新的空间与方式。

作为《颠覆性技术·区块链译丛》之一，本书对区块链技术的基本理论和典型应用进行了系统阐述，重点描述了区块链在物联网等领域的数据隐私管理应用，并从密码、信任、共识、合约等方面，以智能家居、医疗健康等实例，阐释了基于区块链的物联网隐私安全解决方案的优势,构建了区块链的数据隐私管理应用范式,对于读者了解区块链的产业发展和前沿应用具有非常重要的意义。

译　者
2024 年 3 月

# 前言

随着嵌入式计算、传感器、执行器、云计算和无线设备等众多技术的出现，人们日常生活中的许多物体都可以实现无线互联。物联网通过与监测传感器、家用电器、监控摄像头、执行器、车辆等各种物体（或物理设备）的轻松交互，有助于推动不同应用的发展，具体包括工业自动化、家居自动化、医疗救助、智慧能源管理、移动医疗健康和智能电网。但是，这些物体（或物理设备）产生的大量事件，以及连同物联网异构技术，给应用开发带来了新的挑战，也使普适计算变得更加困难。集中式物联网网络架构面临众多挑战，如单点故障、责任性、可追溯性和安全性，使得我们有必要重新思考物联网的结构。目前，最适合分布式物联网生态系统的候选技术是"区块链"（Block Chain, BC），基于区块链的物联网系统引起了人们极大的研究兴趣，研究人员正在努力使用区块链来实现物联网通信的去中心化。

区块链本质上是一条带有时间戳、由哈希数据链接的区块链条，就像一个分布式账本，其数据在对等网络之间共享。一般而言，区块链中的区块会不断增加，并能够基于公共账本存储所有已提交的交易，其中每笔交易都经过所有挖矿节点的加密验证和签名。区块链运行的去中心化环境由多种核心技术组成，具体包括分布式共识算法、哈希算法和数字签名算法。借助区块链的容错能力、去中心化架构和密码安全优势（如认证、数据完整性和匿名身份），安全分析人员和研究人员考虑使用区块链来解决物联网的隐私和安全问题。区块链在金融、医疗健康、房地产、供应链、政务管理、网络安全、社交媒体和人工智能等各个领域也发挥了很大的应用。随着区块链技术的成熟及其标准规范的建立，人们迫切需要将所有相关研究贡献汇集到一本书中。

本书旨在提供渐进性的讨论、详尽的文献调研、严格的实验分析，以论证区块链技术在保护通信安全方面的应用。本书探讨了物联网中数据密集型技术相关的隐私问题和挑战，涵盖了区块链在物联网安全和其他工业应用中所有可能发挥的作用。此外，本书还对普适计算、未来物联网等最具竞争力、最先进、最有前景的技术应用进行了讨论。

# 主编简介

苏迪尔·库马尔·夏尔马(Sudhir Kumar Sharma)是印度新德里古鲁·戈宾德·因德拉普拉萨大学(Guru Gobind Indraprastha University,GGSIPU)信息技术与管理学院的计算机科学教授,在计算机科学与工程领域拥有超过21年的工作经验。夏尔马在印度新德里GGSIPU大学信息通信与技术学院获得信息技术博士学位,于1997年在鲁尔基大学(现为鲁尔基理工学院)获得物理学科学硕士学位,并于1999年在印度希萨尔的古鲁贾姆布什瓦尔大学获得计算机科学与工程专业的技术硕士学位。他的研究方向包括机器学习、数据挖掘和安全,在各种著名的国际期刊和国际会议上发表了多篇研究论文。夏尔马是印度计算机协会(Computer Society of India,CSI)和电子与电信工程师协会(Institution of Electronics and Telecommunication Engineers,IETE)的终身会员、美国IGI Global《国际终端用户计算与开发》(the International Journal of End – User Computing and Development,IJEUCD)杂志的副主编、ICETIT – 2019 和 ICRIHE – 2020 的会议召集人。

巴拉特·布珊(Bharat Bhushan)是印度大诺伊达区夏尔达大学工程技术学院的计算机科学与工程(Computer Science and Engineering,CSE)助理教授,是位于印度梅斯拉的博拉理工学院校友和博士生:分别于2012年、2015年从博拉理工学院以优异成绩完成了本科学历(计算机科学与工程技术学士学位)、研究生学历(信息安全技术硕士学位)的学习。布珊获得了多项国际资质证书,包括思科认证网络工程师(Cisco Certified Network Associate,CCNA)、思科认证入门网络技术员(Cisco Certified Entry Networking Technician,CCENT)、微软认证技术专家(Microsoft Certified Technology Specialist,MCTS)、微软认证IT专家(Microsoft Certified IT Professional,MCITP)和思科认证网络专家培训(Cisco Certified Network Professional Trained,CCNP)。在过去3年中,布珊在各种著名国际会议和SCI索引期刊上发表了80多篇研究论文,包

括 *Wireless Networks*(Springer)、*Wireless Personal Communications*(Springer)、*Sustainable Cities and Society*(Elsevier)和 *Emerging Transactions on Telecommunications*(Wiley),撰写了各种书籍的 20 多章,目前正在编辑来自 Elsevier、IGI Global、CRC Press 等出版商的 7 本书。布珊曾担任包括 *IEEE Access*、*IEEE Communication Surveys and Tutorials* 和 *Wireless Personal Communication* (Springer)等著名国际期刊的审稿人和主编委员会成员,曾在超过 15 个国家和国际会议上担任发言人和会议主席,目前的研究兴趣包括无线传感器网络(Wireless Sensor Networks,WSN)、物联网和区块链技术,过去曾在新德里的 HMR 技术与管理学院担任助理教授、在诺伊达的 HCL 信息系统有限公司担任网络工程师,布珊连续多年通过 GATE 考试,并在 2013 年 GATE 获得最高分 98.48 分。

阿迪亚·坎帕里亚(Aditya Khamparia)是印度旁遮普邦贾朗达尔市的拉夫里科技大学计算机科学与工程系副教授,研究领域是机器学习、软计算、教育技术、物联网、语义网和本体论。坎帕里亚是一位学者、研究员、作家、顾问、社区服务提供者和博士生导师,专注于理性和务实的学习,拥有 7 年的教学经验和 2 年的行业经验,已在著名的国内外期刊和会议上发表了 50 多篇科研论文,并收录于各种国际数据库。坎帕里亚曾受邀担任不同教师发展计划(Faculty Deveopment programs,FDP)、会议和期刊的教师顾问、会议主席、审稿人和 TPC 成员。坎帕里亚在 2016 年、2017 年和 2018 年在拉夫里科技大学获得研究卓越奖,以表彰他在本学年的研究贡献。他还担任国内和国际会议、期刊的审稿人和成员。

帕尔马·南·阿斯蒂亚(Parma Nand Astya)是位于大诺伊达区的夏尔达大学工程技术学院院长,拥有超过 26 年的教学、行业和研究经验,专长于无线传感器网络、密码学、算法和计算机图形学。阿斯蒂亚拥有印度理工学院鲁尔基分校的博士学位,以及印度理工学院德里分校的计算机科学与工程专业硕士和学士学位。阿斯蒂亚曾担任多个委员会的负责人和成员,包括研究委员会、教职员工招聘委员会、学术委员会、咨询委员会、监测和规划委员会、研究咨询委员会和认证委员会,还曾任国家工程师组织主席。阿斯蒂亚是 IEEE(美国)的高级会员、IEEE UP 部分(R10)执行委员会成员、IEEE 计算机和信号处理协会执行委员会成员、印度计算机协会诺伊达地区执行委员会成员,并在许多国家 IEEE 会议上担任观察员;他还是 ACM、CSI、ACEEE、ISOC、

IAENG 和 IASCIT 的活跃成员、软计算研究协会(Soft Computing Research Society,SCRS)和 ISTE 的终身会员。阿斯蒂亚曾在印度和国际会议、讲习班和研讨会上发表过多次受邀演讲和主题演讲,在国内外同行评审期刊和会议上发表了超过 85 篇论文、申请了 2 项专利,是著名的国家和国际会议的咨询/技术程序委员会的活跃成员。

纳拉扬·C. 德比纳特(Narayan C. Debnath)是越南东方国际大学计算机与信息技术学院的创始院长、越南东方国际大学软件工程系主任。自 2014 年以来,德比纳特博士一直担任国际计算机及其应用学会(International Society for Computers and their Applications,ISCA)的主任。此前,德比纳特博士曾在美国明尼苏达州威诺那州立大学担任计算机科学系全职教授长达 28 年(1989—2017 年),连续 3 届选为威诺那州立大学计算机科学系主任,并担任威诺那州立大学计算机科学系主任 7 年(2010—2017 年),拥有计算机科学博士学位和物理学博士学位。过去,德比纳特博士曾担任两届国际计算机及其应用协会的选举主席、副主席和会议协调员,自 2001 年以来一直是 ISCA 董事会成员;在 2010 年选为威诺那州立大学计算机科学系主任之前,他曾担任该系代理主任。1986—1989 年,德比纳特博士在美国威斯康星大学河瀑分校担任数学与计算机系系助理教授,并于 1989 年获得美国国家科学基金会(National Science Foundation,NSF)总统青年研究员奖提名。德比纳特作为作者或合著者在计算机科学、信息科学、信息技术、系统科学、数学和电气工程领域的参考期刊和会议论文集上发表了超过 425 篇论文。他曾在阿根廷、中国、印度、苏丹等国家和地区的大学担任客座教授,一直是 ACM、IEEE 计算机协会和阿拉伯计算机协会的活跃成员,也是 ISCA 的高级成员。

# 供稿者简介

M. 阿拉维(M. Al – Rawy)
方舟信息技术公司
阿尔巴尼亚

阿马蒂亚(Amartya)
内塔吉苏巴斯科技大学
印度

A. 戴安娜·安德鲁西亚(A. Diana Andrushia)
卡鲁尼亚技术与科学学院
印度

西丹特·班亚尔(Siddhant Banyal)
内塔吉苏巴斯科技大学
印度

A. K. M. 巴哈尔·哈克(A. K. M. Bahalul Haque)
南北大学工程与物理科学学院电气与计算机工程系
孟加拉国

巴拉特·布珊(Bharat Bhushan)
夏尔达大学工程技术学院计算机科学与工程系
印度

P．班得瑞(P. Bhandari)
东南密苏里州立大学
美国

普拉迪普·库马尔·巴蒂亚(Pradeep Kumar Bhatia)
古鲁·贾姆布什瓦尔科技大学
印度

I. 简(I. Chien)
台湾中正大学
中国台湾

纳拉扬·C. 德比纳特(Narayan C. Debnath)
东方国际大学
越南

A. 埃尔奇(A. Elci)
哈桑卡永库大学
土耳其

拉力特·加尔格(Lalit Garg)
马耳他大学
马耳他

索米亚·戈亚尔（Somya Goyal）
斋浦尔马尼帕尔大学，
拉贾斯坦邦斋浦尔和古鲁·贾姆布什瓦尔
科技大学
印度

B. 古普塔（B. Gupta）
南伊利诺伊大学
美国

鲍安雄（Pao-Ann Hsiung）
台湾中正大学
中国台湾

加里玛·杰恩（Garima Jain）
斯瓦米·维韦卡南德苏巴蒂大学
印度

J. 约翰·保罗（J. John Paul）
卡鲁尼亚技术与科学学院
印度

D. 普拉迪普·库马尔（D. Pradeep Kumar）
拉迈亚理工学院计算机科学与工程系
印度

拉文德·库马尔（Ravinder Kumar）
施里维什瓦技能大学
印度

李伟山（Wei-Shan Lee）
台湾中正大学
中国台湾

刘永红（Yong-Hong, Liu）
台湾中正大学
中国台湾

沙希·梅赫罗特拉（Shashi Mehrotra）
科内鲁·拉克什迈亚大学科内鲁·拉克什
迈亚教育基金会，计算机科学与工程系
印度

K. 马丁·萨加扬（K. Martin Sagayam）
卡鲁尼亚技术与科学学院
印度

帕特·萨蒂·普拉萨德（Parth Sarthi Prasad）
内塔吉苏巴斯科技大学计算机工程系
印度

拉杰夫·兰詹·普拉萨德（Rajeev Ranjan Prasad）
爱立信印度全球服务有限公司
印度

穆罕德·屈怀德（Muhannad Quwaider）
约旦科技大学
约旦

S. 丽贝卡·普林斯·格蕾丝（S. Rebecca Princy Grace）
卡鲁尼亚技术与科学学院
印度

N. 拉希米（N. Rahimi）
南伊利诺伊大学
美国

安什·里亚尔(Ansh Riyal)
内塔吉苏巴斯科技大学计算机工程系
印度

I. 罗伊(I. Roy)
南伊利诺伊大学
美国

T. 桑贾纳(T. Sanjana)
B. M. S. 工程学院电子与通信工程系
印度

迪帕克·库马尔·夏尔马(Deepak Kumar Sharma)
内塔吉苏巴斯科技大学信息技术系
印度

苏迪尔·库马尔·夏尔马(Sudhir Kumar Sharma)
信息技术与管理学院
印度

娜娅妮卡·舒克拉(Nayanika Shukla)
HMR技术与管理机构计算机科学与工程系
印度

什维塔·辛哈(Shweta Sinha)
友好大学
印度

K. G. 斯里尼瓦萨(K. G. Srinivasa)
国家技术教师培训研究所
印度昌迪加尔

B. J. 索米亚(B. J. Sowmya)
拉迈亚理工学院计算机科学与工程系
印度

洛艾·A. 塔瓦尔贝(Lo'ai A. Tawalbeh)
得州农工大学
美国

梅斯·塔瓦尔贝(Mais Tawalbeh)
约旦科技大学
约旦

阮清桃(Thi Thanh Dao)
台湾中正大学
中国台湾

# 目 录

## 第1章 物联网和普适计算综述 / 1

1.1 引言 / 2
1.2 普适计算概述 / 3
  1.2.1 普适计算技术基础 / 3
  1.2.2 普适计算环境特征 / 4
1.3 普适计算的挑战和问题 / 4
1.4 物联网的基本原理 / 5
1.5 物联网的挑战和问题 / 7
  1.5.1 物联网的安全问题 / 8
  1.5.2 物联网的安全要求 / 8
  1.5.3 安全问题类别 / 9
1.6 物联网对普适计算的影响 / 10
1.7 普适计算的应用领域 / 11
  1.7.1 医疗健康领域 / 11
  1.7.2 教育领域 / 12
  1.7.3 家居领域 / 13
  1.7.4 交通领域 / 13
  1.7.5 电子商务领域 / 13
  1.7.6 环境控制领域 / 13
1.8 区块链对物联网安全的提升 / 14
  1.8.1 区块链背景知识 / 14
  1.8.2 区块链解决方案 / 14

1.9 本章小结 / 15

参考文献 / 16

# 第2章 基于物联网系统的医疗健康安全模型 / 21

2.1 引言 / 22

2.2 物联网的挑战 / 23

 2.2.1 安全问题 / 24

 2.2.2 隐私问题 / 25

2.3 相关工作回顾 / 26

2.4 现有物联网安全模型和相关问题 / 27

2.5 基于物联网系统的安全模型：医疗健康实例 / 30

 2.5.1 可穿戴设备应用现状 / 30

 2.5.2 医疗物联网系统模型 / 31

 2.5.3 AWS 平台的物联网服务 / 33

 2.5.4 AWS 平台的物联网增强模型 / 33

2.6 结论与展望 / 35

参考文献 / 36

# 第3章 基于物联网和云计算的监控机器人 / 41

3.1 引言 / 42

3.2 研究背景 / 43

 3.2.1 智能停车系统 / 43

 3.2.2 监控系统 / 47

3.3 监控机器人：Wi-Fi 控制的机器人车 / 49

 3.3.1 Wi-Fi 控制的机器人车架构 / 49

 3.3.2 系统主要部件 / 51

3.4 系统流程图 / 54

3.5 监控机器人实验条件 / 56

3.6 系统实验结果和讨论 / 57

 3.6.1 硬件实现 / 58

3.6.2　实验结果　　/ 58

　3.7　结论与展望　　/ 60

　参考文献　　/ 60

## 第4章　深度学习网络和物联网的多天线通信安全　　/ 65

　4.1　背景介绍　　/ 66

　4.2　文献综述　　/ 68

　4.3　采用多天线波束的物联网　　/ 69

　　　4.3.1　射频识别系统　　/ 71

　　　4.3.2　传感器技术　　/ 71

　　　4.3.3　智能技术　　/ 72

　　　4.3.4　纳米技术　　/ 72

　4.4　采用多天线波束的深度学习　　/ 72

　4.5　物联网和深度学习中的多天线波束　　/ 73

　4.6　深度学习的数学基础　　/ 78

　4.7　安全评估　　/ 79

　　　4.7.1　TCP扫描　　/ 79

　　　4.7.2　SYN扫描　　/ 79

　　　4.7.3　FIN扫描　　/ 80

　4.8　结论与展望　　/ 81

　参考文献　　/ 81

## 第5章　物联网技术的安全漏洞、挑战和方案　　/ 85

　5.1　引言　　/ 86

　5.2　物联网架构和系统性挑战　　/ 89

　　　5.2.1　传感层威胁　　/ 89

　　　5.2.2　网络层威胁　　/ 91

　　　5.2.3　服务层威胁　　/ 91

　　　5.2.4　应用层威胁　　/ 92

　　　5.2.5　跨层挑战　　/ 93

5.3 物联网技术的挑战和相关漏洞 / 93
 5.3.1 认证和授权相关挑战 / 93
 5.3.2 访问控制的安全风险 / 96
 5.3.3 物理层安全 / 98
 5.3.4 数据传输加密 / 99
 5.3.5 安全云和网络接口 / 100
 5.3.6 安全软件和固件 / 101
 5.3.7 网络入侵成本估算 / 102
5.4 现有网络攻击检测软件和安全方案 / 103
 5.4.1 常规网络安全方案 / 103
 5.4.2 基于嵌入式编程的方案 / 107
 5.4.3 基于代理人的方案 / 107
 5.4.4 基于软件工程和人工智能的方案 / 108
5.5 结论与挑战 / 108
参考文献 / 109

# 第6章 基于区块链和分布式账本技术的安全性增强 / 113

6.1 引言 / 114
6.2 区块链和分布式账本技术 / 115
 6.2.1 区块链类型 / 116
 6.2.2 区块链机制 / 119
6.3 传统数据库和区块链的结构差异 / 123
 6.3.1 防篡改性 / 124
 6.3.2 性能差异 / 124
 6.3.3 鲁棒性和去中心化 / 125
6.4 区块链技术是网络安全的未来 / 125
6.5 区块链的未来趋势 / 127
6.6 区块链≠比特币 / 127
6.7 威胁风险的管理和防御 / 130
6.8 结论与展望 / 131

参考文献 / 133

# 第7章 区块链技术及其新兴应用 / 141

7.1 引言 / 142

7.2 术语介绍 / 142
 7.2.1 区块 / 142
 7.2.2 链 / 142
 7.2.3 区块链账本 / 143
 7.2.4 节点 / 143
 7.2.5 工作量证明 / 143
 7.2.6 密钥 / 143
 7.2.7 输入 / 144
 7.2.8 输出 / 144
 7.2.9 哈希函数 / 144

7.3 区块链技术的历史和工作原理 / 144
 7.3.1 区块链技术的历史 / 144
 7.3.2 区块链技术的工作原理 / 145

7.4 区块链类型 / 146
 7.4.1 公有链 / 147
 7.4.2 半私有链 / 147
 7.4.3 私有链 / 147
 7.4.4 联盟链 / 148

7.5 区块链技术的优缺点 / 148
 7.5.1 区块链技术的优点 / 148
 7.5.2 区块链技术的缺点 / 150

7.6 区块链技术的约束和挑战 / 152
 7.6.1 技术复杂性 / 152
 7.6.2 网络规模效应 / 152
 7.6.3 高质量信息要求 / 152
 7.6.4 安全漏洞 / 152

7.6.5 公众信任度 / 152
7.6.6 可扩展性 / 152
7.6.7 迁移成本 / 153
7.6.8 政府法规 / 153
7.6.9 欺诈活动 / 153

7.7 区块链技术的应用 / 153
7.7.1 选举和电子投票 / 153
7.7.2 传统金融机构的改进措施 / 154
7.7.3 医疗健康技术 / 154
7.7.4 跨境支付及汇款 / 154
7.7.5 智能合约应用 / 155
7.7.6 版权保护 / 155
7.7.7 物品标识 / 155
7.7.8 物联网应用 / 155

7.8 区块链技术应用的真实案例 / 156
7.8.1 网络安全 / 156
7.8.2 医疗健康 / 156
7.8.3 金融服务 / 157
7.8.4 制造业和工业 / 158
7.8.5 政府服务 / 159
7.8.6 慈善机构 / 159
7.8.7 零售服务 / 160
7.8.8 房地产服务 / 160
7.8.9 交通运输和旅游业 / 160
7.8.10 媒体服务 / 161

7.9 本章小结 / 161

参考文献 / 162

**第8章 基于区块链技术的物联网系统安全可靠解决方案 / 167**

8.1 引言 / 168

8.2 区块链方法简介 / 169
   8.2.1 区块链特性 / 170
   8.2.2 数字钱包 / 171
   8.2.3 区块结构 / 171

8.3 区块链类型 / 172
   8.3.1 公有链 / 172
   8.3.2 私有链 / 173
   8.3.3 联盟链 / 173
   8.3.4 混合链 / 173

8.4 区块链共识算法 / 174
   8.4.1 工作量证明 / 175
   8.4.2 权益证明 / 175
   8.4.3 权益授权证明 / 175
   8.4.4 燃烧证明 / 176
   8.4.5 实用拜占庭容错 / 176
   8.4.6 瑞波协议 / 176

8.5 区块链确保物联网安全 / 177
   8.5.1 物联网基础设施 / 177
   8.5.2 物联网安全问题与区块链解决方案 / 178

8.6 区块链典型应用 / 183
   8.6.1 智能用电 / 184
   8.6.2 智慧城市 / 184
   8.6.3 医疗健康 / 184
   8.6.4 智能合约应用 / 184
   8.6.5 电子投票 / 185
   8.6.6 智能身份 / 185
   8.6.7 加密货币 / 185
   8.6.8 保修和保险索赔 / 185
   8.6.9 供应链 / 186
   8.6.10 文件验证 / 186

8.7 结论与展望 / 186

参考文献 / 187

# 第 9 章 物联网和区块链的融合与实践 / 195

9.1 引言 / 196

9.2 区块链简介 / 197

 9.2.1 目前采用的密码学方法 / 198

 9.2.2 区块链的安全优势 / 200

 9.2.3 加密技术的对比 / 200

9.3 区块链的算法原理 / 201

 9.3.1 密码学组成 / 201

 9.3.2 区块链算法解读 / 202

 9.3.3 其他算法 / 204

 9.3.4 时空复杂性证明 / 207

 9.3.5 分布式共识机制 / 209

9.4 风险分析和数学理解 / 209

 9.4.1 中本聪的分析 / 209

9.5 区块链的局限性 / 212

 9.5.1 过度的能源需求 / 212

 9.5.2 任务分发和复制 / 212

 9.5.3 用户并发限制 / 212

 9.5.4 缺少监管和相应政策 / 212

 9.5.5 缺乏隐私性 / 213

 9.5.6 工作量证明的能耗问题 / 213

 9.5.7 融合的需求和复杂性 / 213

 9.5.8 存储限制 / 213

 9.5.9 网络安全风险 / 213

9.6 结论与展望 / 215

参考文献 / 215

## 第 10 章　基于边缘的物联网安全区块链设计　/ 219

10.1　引言　/ 220
    10.1.1　概述　/ 220
    10.1.2　本章主要工作　/ 222
    10.1.3　本章结构　/ 223

10.2　相关工作回顾　/ 224

10.3　区块链应用在物联网中的挑战　/ 227
    10.3.1　可扩展性和互操作性　/ 228
    10.3.2　存储限制　/ 228
    10.3.3　数据隐私和保密性　/ 228
    10.3.4　认证和授权　/ 229

10.4　用于物联网安全的边缘区块链架构　/ 229
    10.4.1　区块链系统架构　/ 229
    10.4.2　边缘区块链系统架构　/ 232
    10.4.3　物联网应用实例场景　/ 236

10.5　边缘区块链系统实验与讨论　/ 241
    10.5.1　性能测试　/ 241
    10.5.2　安全机制实现　/ 243
    10.5.3　虚拟化环境安全　/ 244

10.6　结论与展望　/ 245

参考文献　/ 245

## 第 11 章　物联网智能家居的区块链安全和隐私　/ 249

11.1　引言　/ 250

11.2　区块链技术与智能家居　/ 251
    11.2.1　智能家居的安全和隐私威胁　/ 251
    11.2.2　区块链安全解决方案　/ 251
    11.2.3　区块链中的密码学　/ 253

11.3　智能家居案例研究　/ 254

  11.3.1　智能家居架构　　/ 254

  11.3.2　智能家居模型简介　　/ 256

  11.3.3　智能家居系统实例　　/ 257

  11.3.4　智能家居系统实验结果　　/ 259

11.4　结论与展望　　/ 260

参考文献　　/ 260

## 第12章　基于物联网和区块链的电子医疗健康系统安全框架　　/ 265

12.1　引言　　/ 266

12.2　相关工作回顾　　/ 268

12.3　安全框架设计　　/ 272

  12.3.1　基于传感器的信息收集器　　/ 273

  12.3.2　雾节点中医疗档案的处理方法　　/ 273

  12.3.3　基于机器学习的设计有效性分析　　/ 274

  12.3.4　区块链保证医疗档案的安全　　/ 274

12.4　系统框架实施与结果　　/ 275

  12.4.1　传感器层　　/ 276

  12.4.2　雾计算层　　/ 276

  12.4.3　云计算层　　/ 276

  12.4.4　数据预处理　　/ 276

  12.4.5　基于机器学习的有效性分析　　/ 277

  12.4.6　区块链构建与加密货币　　/ 278

12.5　本章小结　　/ 281

参考文献　　/ 281

## 第13章　电子健康档案中的区块链　　/ 287

13.1　引言　　/ 288

  13.1.1　区块链技术栈和协议　　/ 290

  13.1.2　智能合约　　/ 292

  13.1.3　区块链协议项目　　/ 292

13.1.4　区块链生态系统　　／293
　　　13.1.5　本章主要工作　　／293
　　　13.1.6　本章结构　　／294
　13.2　电子健康档案中的隐私保护综述　　／294
　13.3　医疗健康挑战的区块链解决方案　　／297
　13.4　区块链实现架构　　／298
　　　13.4.1　区块链开发平台和API　　／298
　　　13.4.2　以太坊平台　　／299
　　　13.4.3　超级账本平台　　／301
　13.5　区块链的挑战　　／302
　　　13.5.1　技术挑战　　／302
　　　13.5.2　业务挑战　　／303
　　　13.5.3　公众看法　　／303
　　　13.5.4　政府监管　　／304
　　　13.5.5　个人档案的主要挑战　　／304
　13.6　本章小结　　／304
　参考文献　　／304

## 第14章　物联网系统中的安全漏洞和区块链对策　　／309

　14.1　引言　　／310
　14.2　区块链背景知识　　／311
　　　14.2.1　区块链的演进　　／311
　　　14.2.2　区块链基本要素　　／312
　　　14.2.3　区块链分类　　／313
　　　14.2.4　区块链的挑战　　／314
　　　14.2.5　区块链的安全分析　　／315
　14.3　物联网中的攻击　　／316
　　　14.3.1　物理攻击　　／316
　　　14.3.2　网络攻击　　／317
　　　14.3.3　软件攻击　　／318

14.3.4　数据攻击　　/ 319
　14.4　区块链在智能工业自动化中的应用　　/ 321
　　　14.4.1　工业 4.0　　/ 321
　　　14.4.2　自动驾驶汽车　　/ 322
　　　14.4.3　智能家居　　/ 322
　　　14.4.4　智慧城市　　/ 323
　　　14.4.5　医疗 4.0　　/ 323
　　　14.4.6　无人机　　/ 324
　　　14.4.7　智能电网　　/ 324
　14.5　区块链在物联网中的挑战　　/ 325
　　　14.5.1　计算开销　　/ 325
　　　14.5.2　存储限制　　/ 325
　　　14.5.3　通信约束　　/ 325
　　　14.5.4　能源需求　　/ 326
　　　14.5.5　移动自组网　　/ 326
　　　14.5.6　延迟和容量　　/ 327
　14.6　本章小结　　/ 327
　参考文献　　/ 327

《颠覆性技术·区块链译丛》后记　　/ 335

# 第 1 章
# 物联网和普适计算综述

沙希·梅赫罗特拉

什维塔·辛哈

苏迪尔·库马尔·夏尔马

## 1.1 引言

普适计算呈现出小型便携式计算机产品爆炸性增长的特征,这些便携式计算机产品包括智能手机、平板电脑等形态。普适计算是一种集成几乎所有具有计算能力设备的概念。这些设备以隐藏连接的方式内嵌芯片,随时随地可用。如今,人人都能看到的智能手机是普适计算普及最有说服力的证据。普适计算主要聚焦于人与物(或机器)的互动。计算趋势正在转变,从大型计算机到个人台式计算机,再到一人多机,通过移动计算能力来满足普适计算需求。物联网(Internet of Thing,IOT)的发展促进了这个方向的发展。随着物联网的出现,物与物之间的通信成为可能。物联网允许设备之间通信,使设备能够感知周围环境并收集数据,以提供可用信息。互联网是物联网网络的支柱。物联网的力量使计算真正无处不在,从某种意义上说,网络规模的外延已经扩展到人类、物体、机器和互联网。物联网使计算机结构与物理世界之间的集成更加直接。普适计算处理人与物的交互,物联网处理物与物的交互,这两者都面临着类似的挑战。毫无疑问,物与物的交互更具挑战性。

如今,物联网、移动技术和普适计算等技术已经以无可比拟的规模渗透到日常生活中,数据、人类、物体之间的互动和计算正在以越来越快的速度发展。技术增长趋势表明,未来增强现实、虚拟现实和移动互联网相关技术(包括物联网)将推动计算的发展,使现有的人机互动更加无所不在。但是,保护网络和设备免受威胁和攻击是物联网的主要关注点,这些关注点也延伸到感知层、传输层和应用层[1]。物理设备的耦合需要数据隐私的无缝安全性,并需要通过强大的认证过程来抵抗攻击的鲁棒性。毫无疑问,区块链技术的安全性、可审核性和去中心化特性可以抵抗物联网与中心化网络攻击相关的风险[2]。为了在物联网世界中实现无缝、安全的通信,研究人员需要对区块链进行改造,以满足物联网的特定需求。

本章旨在介绍普适计算,并将物联网作为实现普适计算的一种方式。具体来说,本章将引导读者了解普适计算的基本概念及其技术基础,以及物联网的基础知识及其背后的相关技术。借助这些领域的现有文献,本章将分析物联网对普适计算的影响,并讨论加强普适计算的发展方向。

本章组织结构如下:1.2 节概述普适计算,包括其技术基础和环境特征。

1.3节重点介绍与普适计算相关的挑战和问题。1.4节介绍物联网基础知识和相关技术。1.5节讨论物联网的挑战和问题,重点是物联网安全。1.6节介绍物联网对普适计算的影响。1.7节讨论普适计算与物联网协同作用的一些应用。1.8节介绍区块链作为物联网安全解决方案的潜力。1.9节是本章小结。

## 1.2 普适计算概述

计算浪潮始于大型计算机,其尺寸庞大且能够计算大量数据,但由于成本昂贵,世界上只存在少量大型计算机。步入桌面计算时代后,每张桌子上都有一台计算机,计算机通过有线媒体连接到网络,帮助处理与业务相关的事件。1988年,马克·维瑟(Marc Weiser)创造了"普适计算"一词。普适计算是一种增强计算机使用的方法,该方法在整个物理环境中提供大量用户几乎看不到的计算机[3]。马克·维瑟设想,未来无论是在工作场所还是在家里[4],日常生活中涉及的每一个物体都将拥有计算功能,这是计算、网络和嵌入式计算交叉的计算环境。随着技术的进步,设备越来越小,普适计算可以描述为无线连接的计算机无形地嵌入周围任何类型的物体中。

### 1.2.1 普适计算技术基础

1965年,戈登·摩尔(Gordon Moore)提出微处理器上可用的计算能力,大约每18个月翻一番[5]。他的预测证明是准确的,微电子领域相关技术发展已经成为普适计算背后的驱动力。纳米技术和微系统领域的最新进展也推动了这种计算能力的增长。图1.1显示了普适计算三个关键技术的进步。

普适通信通过建立无线通信基础设施使连接无处不在。环境智能是一种适用于日常环境的愿景,希望电子环境可以敏感地感知人的存在。

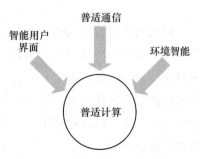

图1.1 普适计算背后的关键技术

智能用户界面能够捕捉广泛的输入,如人体运动、行动和偏好等方面。该界面除了安全和高效,应该对用户是友好的,且还能提供认知功能。普适计算的影响因素包括:

(1)处理能力:希望有更廉价、更快、更小、更节能的处理器。

(2)存储:需要大的存储容量,更快的处理速度,更小的尺寸。

(3)网络:低功耗、低延迟和高带宽,支持本地、全球和自组织网络。

(4)传感器:体积小、精度高、准确度高、耗能少。

(5)显示屏:灵敏的材料、可放映影像和低能耗。

## 1.2.2 普适计算环境特征

根据普适计算的定义,任何普适计算环境都应该具备以下特征:

(1)普适性:在这样的系统中,应该可以在任何时间、任何地点访问信息。

(2)嵌入性和即时性:通信和计算都必须同时存在,并且可以在任何时间立即提供有用的信息。

(3)移动性:移动能力已经成为一个重要的通信特征。普适计算环境不遵循任何固定的模式,必须为用户和计算提供移动的自由。

(4)适应性、主动性和个性化:计算环境能够适应用户的要求,提供灵活性以及通信和计算的自主性,能够在正确的时间捕获正确的信息。

(5)永恒性和持续性:系统不需要重新启动操作;组件容易升级,并拥有继续处理的能力。

# 1.3 普适计算的挑战和问题

信息与通信技术(Information and Communication Technology,ICT)已经成为当今全球市场经济增长的关键。随着移动电话和互联网技术的发展及大规模应用,经济、科学和个人生活都发生了巨大变化,并且这些设备的尺寸和技术性能都在迭代升级。智能设备的出现和设备间的互联互通,对经济和社会的发展产生了巨大的影响。下面这些因素可以直接或间接地影响普适计算的发展:

(1)网络的动态性:网络中的节点可以随时连接或离开。集中式系统和固定基础设施的缺乏为网络自我配置带来了挑战。

(2) 节点行为：通信网络的规模很大，一般来说，有大量的节点连接在网络中。节点的行为是不可预测的，有些节点可能是恶意的或行为随机的。这种类型的行为给管理和可信计算模块带来了挑战。

(3) 可用性和资源的约束：一般来说，资源是受限制的，虽然节点可以随时纳入网络，但支持节点所需的资源可能无法获得。此外，从处理能力、电池寿命和通信能力等方面来说，系统的节点是异构的。资源限制使得分配设备资源进行复杂计算是一项挑战。

(4) 数据保护和认证：目前，大多数智能设备提供了保护机制，以防止未经授权的访问。但是，拥有多台此类设备的用户通常会使用相同的密码或将密码存储在设备本身，这对认证和安全单元构成了挑战。

(5) 标准化：实施普适计算的一大挑战是缺乏标准化。每台连接到网络的设备都可能属于不同的公司，每台设备都遵循自己的协议和设备标准，这些设备的连接是一种挑战。

(6) 用户环境的改变：普适计算的用户界面与传统界面有很大不同。用户需求的频繁变化涉及界面周期性的动态变化，而这种界面变化可能很难做到。这种用户环境的变化对界面设计师来说也是一种挑战。

## 1.4 物联网的基本原理

"物联网"一词是在1999年提出的[6]，是指物理世界与互联网的连接越来越紧密。物联网定义为互联网连接设备间的广泛互联[7]。设备使用传感器或嵌入式技术从周围环境中感知并收集信息。设备将捕获的数据共享到网络上，并分析和关联这些共享数据，做出更智能的决策，以利用从环境中收集到的未知知识。毋庸置疑，物联网已经将互联网提升到了一个新的处理水平，并将其扩展到物理设备。目前，物联网不仅是一种科学或技术的分支，已然超越了这个范围，成为一种社会现象、一种文化产品和一种工业专长。

物联网周围的支持性组件和环境形成了一个系统。物联网系统的主要组成部分是物、数据、进程和人，这4个组成部分会协同工作，以实现理想的互联世界。图1.2所示为物联网系统，其各部分描述如下：

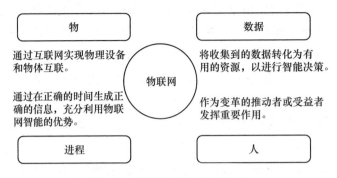

图 1.2　物联网系统的组成部分

(1)物:连接到物联网的设备。这些设备能够通过蓝牙或 Zigbee 通信协议进行通信。除了通信,这些设备还可以收集数据和执行相关操作。由于内嵌传感器,可以通过传感能力或相机捕捉图像的方式来收集数据。这些设备还可以完成与数据传输、处理有关的任务。

(2)数据:物联网系统中的数据是指设备间交流的内容,也包括传递给设备的命令。众多设备都参与到网络中,收集了海量的数据,收集到的数据在任何进程使用之前,必须清理和检查是否有错误。这些任务可以在网络边缘或中央服务器(即云)上执行。

(3)进程:可以利用物联网的力量,通过正确处理数据,在正确时间获得正确的信息,通过正确处理数据使各行业使用的技术和方法更加高效。在此阶段,人们可以体会到物联网及智能化的好处。

(4)人:在物联网生态系统中,人是物联网的受益者,也是为物联网工作的代理人。人们创造了物联网,无论收集和交流何种数据,都是为人服务。

正如 Daniele Miorandi 等[8]在工作中所讨论的那样,任何可以唯一识别的、可以通信并进行必要计算的事物都可以用于物联网网络,根据他们的说法,传感或执行能力是可选的。多年来,人们对物联网系统的依赖性不断增加。随着技术进步和成本降低,物联网已经变得成本合理可控。物联网背后的相关技术是不可或缺的[9],这里概述了一些相关技术。

(1)每个节点产生数据的能力:大量的节点相互连接,形成物联网①。

---

① 原文中概述句和后边解释性内容不符,将(1)(2)概述句位置进行了互换。——译者

(2) 独特的识别技术:每个事物都应该有唯一的标识符,以解决任何歧义。由开源基金会(Open Source Foundation,OSF)开发的通用唯一标识符(Universally Unique Identifier,UUID),是提供唯一性的标准之一。

(3) 传感技术:传感器是获取数据的关键所在。在过去的几年里,随着技术的显著进步,传感器变得更加便宜,而且很容易安装,数量庞大。传感器使人们能够迅速地获取数据。进程可以进一步基于这些数据来做出智能决策。

(4) 通信技术:智能设备需要一些通信技术来支持节点的互联和智能设备之间的通信。这些通信技术可以是长距离或短距离的。长距离通信通常支持移动电话等;短距离通信包括蓝牙、Wi-Fi 和 Zigbee 技术,通常支持节点到节点的数据传输。

(5) 云计算:物联网网络收集了大量的数据。这些数据是异构的,在格式、大小、布局等方面都有所不同,需要聚合和处理才能进一步利用这些数据进行决策。计算机处理这些大量信息是一种挑战。云计算为物联网提供了一个集中的存储和处理方式,数据可以聚集、处理和存储,以便进一步访问。

(6) 面向服务的架构(Service-Oriented Architecture,SOA):物联网网络工作中的微小单元数量是巨大的。这种网络化的系统需要每个节点具备互操作性。SOA 认为每台设备都是独立的,具有明确定义的功能,可以通过接口访问。接口可以很容易地重新配置,这取决于其他相邻单元及其功能。

## 1.5 物联网的挑战和问题

物联网已经发展到一定程度,每个领域都在通过物联网寻找解决方案。无论是商业模式、教育、环境还是医疗健康领域,物联网都已经无处不在。尽管物联网取得了这样的成功,但要实现物联网还必须应对各种挑战。

第一个挑战是智能设备缺乏互操作性,与互操作性相关的问题是技术上的可操作性,涉及物联网设备的标准和协议,也包括语义和实用性问题,还涉及通信过程中接收数据的处理和加工。

第二个挑战是网络中物联网设备的行为。物联网还有很大的应用空间,但是除非设备之间有适当的交互,否则这些应用都很难利用它。

第三个挑战与可扩展性相关,物联网需要处理大量的节点,节点的通信行为存在差异。快速增长的网络节点的处理需求是挑战,需要加快可扩展性管理协议,以满足对资源的需求。安全是物联网领域的关键挑战之一,因为异构节点都以自身的方式工作,并与人类和其他实体互动。

第四个挑战是确保所有交互过程中的安全,同时保持最佳的系统性能。这种安全威胁影响了与物联网相关的信任问题。但严格的法规会给创新带来障碍,不应该由严格的政府法规来处理这个问题。相反,定义访问控制规则、实施防火墙和提供最终用户认证可能也只是朝着这个方向迈出了一小步。除此之外,物联网还需要遵循安全范式,包括低范围广域网络(Low Range Wide – Area Network,LoRaWAN)、低功耗蓝牙(Bluetooth Low Energy,BLE)安全和限制性应用协议(Constrained Application Protocol,CoAP)[10]。

第五个挑战是对用户产生的价值。这种重大技术转变产生了巨大的机遇,但仍然很难找到有效的商业模式和优秀的价值主张来支持这一转变[11]。

### 1.5.1 物联网的安全问题

随着智能家居和智慧城市的数量急剧增加,这促进了物联网在社会中的普及和接受度。未来智能家居的重要性从日常生活中智能物品的加入可见一斑。随着通信领域相关硬件技术的发展,物联网也在不断发展[12-13]。物联网的视野已经拓宽,无线传感器网络(Wireless Sensor Network,WSN)和机器对机器(Machine – to – Machine,M2M)等技术已经成为物联网的一个组成部分。与此同时,物联网也继承了 WSN 和 M2M 的安全问题。一般来说,物联网中使用的设备都是小型、异构设备,并且电池电量和内存也有限。这些限制给物联网安全带来了额外的挑战,同时,要求安全解决方案适用于这些限制性环境[14]。在深入研究安全解决方案之前,研究人员必须确定物联网的实际安全要求。

### 1.5.2 物联网的安全要求

建立安全网络的本质在于识别最脆弱的且安全协议需要考虑的参数。物联网网络由多样化的设备集成组成,因此必须采用强大的加密技术,同时还要保护数据不被恶意篡改。物联网网络应该保护数据的机密性、完整性和隐私性。

网络设备之间进行安全通信总是值得做的。由于网络结构的多样性和异构性,定义一项全球标准化协议是一项富有挑战性的工作,这需要创建一个具有适当授权和用户认证的可信环境。此外,设备需要资源开销,以提供适当的网络管理。

物联网组件很容易成为攻击的受害者,如槽洞攻击、拒绝服务攻击和重放攻击[15]。这些攻击都会影响不同层的网络,降低网络的服务质量。另外,一些攻击会直接影响物联网架构,可能会增加网络能耗,进而耗尽网络资源。

### 1.5.3 安全问题类别

物联网网络包含从小型传感器到大型高端服务器等各种设备和组件,这些设备和组件之间存在差异,不能设计单一的机制来处理所有问题。安全威胁基于物联网部署架构[16],可分为低级别安全问题、中级别安全问题和高级别安全问题。

#### 1.5.3.1 低级别安全问题

最低级别的安全性与通信网络中的物理层和数据链路层有关,这些问题包括:

(1)干扰对手:在不遵循任何协议的情况下发射射频信号[17]会产生无线电干扰,从而会影响网络中的数据发送和接收。

(2)低级别女巫攻击:在物理层,女巫节点使用虚假身份来降低物联网功能。这些节点使用伪造的MAC值来冒充不同的设备。随着资源的耗尽,女巫攻击会导致拒绝对合法节点的服务[18]。

(3)拒绝休眠攻击:物联网中的设备被迫通过增加工作负载来保持无线电开启,这种行为将导致电量耗尽[19]。

#### 1.5.3.2 中级别安全问题

中级别安全问题主要关注路由和会话管理[20],涉及物联网的网络层和传输层,这两个层的一些攻击包括:

(1)缓冲区溢出攻击:网络中传输的数据包需要在接收节点重新组装,因此接收节点必须为此保留空间。攻击者可能会发送不完整的数据包,占用缓冲区空间,空间紧张导致了拒绝对其他数据包的服务[21]。

(2)槽洞攻击:攻击者节点响应路由请求,并引导节点通过恶意路由,然后利用这条路由进行安全威胁[22-23]。

(3)中级别女巫攻击:攻击者在通信层和网络层部署女巫节点来降低网

络性能,这些节点可能会侵犯数据隐私,导致网络钓鱼攻击和垃圾邮件[24]。

(4)传输层攻击:物联网网络目标是提供安全的端到端传输,传输层端到端安全机制使用了一种包括认证、隐私保护和数据完整性的综合安全机制[25]。

(5)会话建立和恢复:攻击者节点可以借助伪造消息劫持会话,导致拒绝服务[26-27]。有时,攻击者可以强制受害节点在较长时间内继续会话,从而使网络处于拥挤状态。

#### 1.5.3.3 高级别安全问题

高级别安全问题主要包括:

(1)互联网的 CoAP 安全性:网络中的应用层也容易受到攻击,限制性应用协议是受限设备的 Web 传输协议[28]。CoAP 消息需要加密以确保安全传输。

(2)不安全的软件和固件:代码是用 JSON、XML、XSS 等语言编写的。维护人员应该对其进行适当的测试,并且需要以安全的方式进行更新[29]。不安全的软件或固件同样是造成漏洞的原因。

研究人员已经提供了解决方案,以各种方式处理三个不同层面中的大多数安全问题,物联网网络的部署能够为物联网实体提供安全通信。

## 1.6 物联网对普适计算的影响

普适计算是指计算机无处不在的情况,即在整个物理环境中随时可用的计算技术。这必须维持物理对象背后的计算,并同时使其对用户不可见。在过去的 20 年里,技术已经有了巨大的增长,人们见证了低成本、强大的处理单元、存储和记忆设备的发展。这一发展有助于以经济、有效的方式实现物理实体的相互连接。由于低成本计算单元的出现,智能可穿戴设备、智能家居、智慧城市和智能工业都已成为可能。但由于缺乏标准化,缺少互操作性和协作,研究人员无法实现所有组件的无缝整合。目前,物联网仍然没有充分实现普适计算的特征。为了实现这一点,物联网需要采用一个标准化的中间件协议,从而实现对等网络。中间件协议的作用是管理具有异构设备的大规模物联网,并为应用协议提供一个应用程序接口,以开发满足用户与物理环境自然交互方式的自主应用。协议应该使系统中的设备交互变得容易。本章讨论了物联网的一些应用领域,这些领域正在努力实现普适计算。

## 1.7 普适计算的应用领域

一直以来,普适计算的目标是将生活中各个领域互联起来,这已经给人们的生活方式带来了巨大的变化。普适计算正用于各种应用领域,如医疗健康、教育和智慧城市,以及智能家居、商场、医院、市政等。本节将讨论这些领域中的一些应用。

### 1.7.1 医疗健康领域

普适计算主要应用领域之一是医疗健康领域,该领域需要智能解决方案来满足社会需求。如今,正在实施的医疗健康解决方案旨在提供一种不受时间和地点限制的医疗健康服务。由于医疗费用的增长、人口老龄化以及诸如心力衰竭、高血压、肥胖症等发病率的上升,这种普遍可用的医疗健康服务越来越受欢迎[30]。普适计算可应用在监测患者健康以及与患者有关的各类服务上,这些服务可对用户的需求做出智能反应,如个人医疗护理援助[31-32]。普适医疗健康应用程序是一个包括诊断、监控和记录患者报告详细信息的系统。过去,因为人们只有在感到不舒服时才会联系医生,因此医疗健康解决方案的重点是对疾病的诊断和基于诊断的治疗[31]。如今,由于人们健康护理意识的提高,以及普适健康护理设备的出现,定期健康检查在日常生活中变得更加方便。通过定期监测、早期诊断和慢性病管理,对于避免健康出现问题和风险至关重要[33]。最近,研究人员提出了一个基于互联网的皮肤癌分类框架[34]。

医疗健康中的普适计算使用传感器来监测患者的身体和精神状况,传感器收集数据帮助诊断疾病和监测患者。传感器收集个人的有关信息,如体温、心率、血压、血液和尿液的化学含量、呼吸频率,以及诊断健康问题所需的其他信息。传感器可以安装在患者家里或工作场所,或植入体内作为可穿戴设备使用[31]。

普适计算广泛应用于医疗健康各个领域,具体如下:

#### 1.7.1.1 心脏病患者监测

心脏病患者监测中的普适计算系统由移动计算、传感器和通信设备组成[35]。该系统通过对心脏病患者的定期监测和个性化护理,来改善患者的生活质量[35]。医生主要凭借心电图报告来诊断和用药,心电图以波形图的形式记录心脏跳动。这种形式的电子监测可以帮助检测心脏疾病,重点关注的指标有患者的心率、心跳规律、心房心室的大小和位置。除了这些功能,心电图还有助于评估心脏用药和仪器的治疗效果。

在移动设备上提供日常心电图监测,可以作为个人和患者普适医疗健康解决方案,已经在心率管理领域产生了重大影响,同时增强了诊断能力[31]。无线技术和可穿戴式传感器为患者提供了行动自由,同时又能定期监测。可穿戴监测设备的影响和作用如下[11,35]:在危急情况下,设备可以识别个人健康恶化的早期迹象,并通过短信或其他系统向有关卫生保健专业人员发出警报,还可以确定患者生活方式和健康问题之间的关联。

#### 1.7.1.2 认知训练和评估

普适计算已经进入了心理健康领域,研究人员开发出跟踪认知行为、远程执行认知评估测试和检测认知衰退的工具。普适计算还可以通过视频游戏进行认知训练和评估认知水平[32]。

#### 1.7.1.3 康复评估

普适医疗康复评估在身体传感器网络(Body Sensor Network,BSN)的帮助下收集数据。可穿戴计算设备定期记录患者特定身体部位的运动数据[36]。普适医疗健康康复测量可以帮助需要定期在家里进行康复的患者进行自我管理[37]。物理治疗师根据每个患者的要求制订具体的运动方案,并跟踪患者的日常记录[38]。

#### 1.7.1.4 行为和生活方式分析

基于可穿戴技术的普适计算已经出现,用于收集可穿戴传感器的数据,测量和分析人类的身体活动[32]。许多情况下,个人的生活方式分析有助于确定疾病产生的根本原因。

### 1.7.2 教育领域

教育行业正经历着巨大的变化。在线学习、终身学习以及教育机构对新的教学和学习模式的追求,正在增强对普适计算技术的需求[39]。教师和学生使用普适计算设备,将普适计算用于课堂教学和学习,已经成为教育的一个组成部分。"普适"意味着计算设备分布在物理世界中,人们可以无限制地获得通信和信息渠道[40]。例如,蜂窝、Wi-Fi、蓝牙和NFC等方式的网络连接,为不同的设备提供无线通信[30]。随着普适技术的发展,新的教育方法在教学和学习过程中变得流行。学生有机会以一种不受时间影响的、无限制的方式获取信息资源。在这方面,普适计算有很大的优势。

### 1.7.3 家居领域

普适计算可集成到智能家居中,通过使用传感器实现通信和其他功能[41]。"智能家居"是指互联技术围绕下的家居环境,互联技术可以响应个人的要求并执行操作。互联技术将信息、通信和传感技术集成到日常生活中使用的物品,以此来提供智能环境。智能家居中的普适计算使用联网的传感器、设备和电器来构建智能环境,使各种活动自动化并支持家庭事务[42]。

### 1.7.4 交通领域

普适计算可用于交通运输领域,为交通管理和用户提供各种服务。普适计算可为用户导航并告知交通信息,通过事故预防提醒提高用户安全性,通过提供娱乐、位置等相关信息提高用户舒适度,在交通部门之间建立更好的信息网络[43]。

### 1.7.5 电子商务领域

普适计算通过智能对象支持新的商业模式,以提供各种数字服务,如基于位置的服务,产品的租赁而不是销售服务等。软件代理向普适计算组件发出启动命令,并独立执行服务和业务交易[44]。普适计算正在通过商业世界的自动化(如生产流程和电子商务)产生新的商业方式。这种进步加快了业务流程,提高了制造商、供应商和客户的满意度[45]。基于物联网的各种商业模式可以为经济带来积极的变化[46]。

### 1.7.6 环境控制领域

长期以来,普适计算一直用于环境的测量和控制,如温室的测量、控制单元被划分为相互连接的节点。目前,普适计算用于智慧城市的智能环境控制,如烟雾检测、空气污染检测以及在屏幕上显示警报消息等方面[47]。

## 1.8 区块链对物联网安全的提升

大量物理设备的相互连接使个人生活变得非常便利。然而,物联网这份礼物也带来了潜在的风险。大量数据是由智能家居、移动医疗、智能汽车等应用产生的,这些数据需要强大的安全机制进行适当保护。近年来,区块链被追捧为一种可以在物联网设备的控制、管理和安全方面发挥重要作用的技术[48]。物联网的一些内在特性使集中式系统面临着许多挑战。集中式服务器的漏洞、故障可能导致整个网络瘫痪[49]。此外,由于管理权限集中以及黑客对未加密数据的攻击,集中式服务器很容易泄露敏感信息[50]。除了达到可接受的服务质量(Quality of Service,QoS)和效率水平,为了安全部署普适物联网,研究人员应该关注下面两类参数[15]:

(1)隐私性、机密性和数据完整性:网络中数据的多方面防护。

(2)真实性、不可否认性和可追溯性:需要在共享网络中进行安全通信和记录共享资源的使用情况。

### 1.8.1 区块链背景知识

区块链是去中心化、公开可用、防篡改的交易数据库,在所有节点上都有复制的账本[51]。区块链不需要中央机构,这彻底改变了金融交易的方式。此外,基于区块链的系统安全监控成本较低,同时提供了抵御对手的安全性[49]。区块链是存储所有交易相关信息的区块序列,链上的每个区块都是通过前一个区块的哈希值链接。一般来说,区块由区块体和区块头组成。区块体存储交易内容和交易计数器值。区块头存储元数据,如时间戳、父块哈希值、默克尔(Merkle)树根哈希值等。区块链采用了非对称密码学机制验证交易的真实性。比特币和以太坊是最受欢迎的区块链应用。其中,比特币是基于加密货币的应用程序;以太坊实现了智能合约,智能合约是执行合约条款的计算机交易协议。这些基于智能合约的区块链平台具有管理、控制和保护物联网设备的潜力。

### 1.8.2 区块链解决方案

本节介绍了区块链一些可用于物联网安全的内在特征。

(1)区块链地址空间:与128位IPv6地址空间相比,区块链有160位地址空间[52]。这允许物联网设备有大约43亿个独特的标识,降低了冲突的概率。

(2)数据认证、完整性和可追溯性:由于区块链的设计限制,物联网设备传输的数据将始终由合法发送者使用唯一密钥进行加密验证和签名,这种方式实现了认证和完整性保护。另外,物联网设备的交易记录将存储在区块链账本上,提供可追溯性。

(3)真实性、权限管理和隐私性:区块链的智能合约能够设置访问规则和条件,允许机器上的用户控制或访问传输或静止的数据,还可以为物联网设备分配不同的权限,并改变访问规则,从而实现授权控制和隐私保护。此外,交易中涉及的所有设备都拥有专用的区块链地址,基于区块链的解决方案避免了虚假认证。

(4)安全通信:物联网应用通信协议(如超文本传输协议(Hyper Text Transfer Protocol,HTTP)和XMPP)和路由协议(如RPL和6LoWPAN)都不够安全。为了提供安全的信息传递和通信,TLS或IPsec协议必须封装在安全协议设计中,以实现安全的路由。所有这些协议基于中心化管理,在存储和计算方面都很复杂。区块链消除了密钥管理和分发,也促进了更简单安全协议的发展,减少了对计算和存储的要求。

(5)提高可用性:基于区块链的解决方案具有内生可用性特点,没有易受攻击的中心点。在多台机器出现故障的情况下,分布式连接的设备使网络能够保持可用状态[53]。区块链是一个分布式系统,整个交易数据在所有节点中复制。区块链最初用于加密货币交易,如今已应用在更多领域,包括教育、医疗健康、商业企业和智能计算等[50]。

## 1.9 本章小结

借助各种设备和传感器,无处不在的普适计算正在进入人们生活的方方面面,让生活变得高效、智能。普适计算将物理单元和计算基础设施合并到一个集成环境中,已经应用在多个领域,为用户提供高效智能的全新生活解决方案。普适计算正在为便捷和智能生活创造新的方式,也使商业世界的流程更加自动化,如生产流程和电子商务。物联网带来了各种数字化机会,也成为网络攻击的目标,为了应对这方面的挑战,区块链可以多种方式作为物联网的安全解决方案。

## 参考文献

[1] Arora, A., Kaur, A., Bhushan, B., and Saini, H., 2019, July. *Security concerns and future trends of Internet of Things*. In *2019 2nd International Conference on Intelligent Computing, Instrumentation and Control Technologies* (ICICICT) (Vol. 1, pp. 891–896). Kannur, Kerala, India: IEEE.

[2] Bhushan, B., Sahoo, C., Sinha, P., and Khamparia, A., 2020. Unification of Blockchain and Internet of Things (BIoT): Requirements, working model, challenges and future directions. *Wireless Networks*, pp. 1–36. https://doi.org/10.1007/s11276-020-02445-6.

[3] Weiser, M., 1991. The computer for the 21st century. *Scientific American*, 265(3), pp. 94–105.

[4] Krumm, J., ed., 2018. *Ubiquitous Computing Fundamentals*. Boca Raton: CRC Press.

[5] Moore, G., 1965. Moore's law. *Electronics Magazine*, 38(8), p. 114.

[6] Khodadadi, F., Dastjerdi, A. V., and Buyya, R., 2016. Internet of Things: An overview. In Buyya, R., and Dastjerdi, A. V. (eds.) *Internet of Things* (pp. 3–27). Cambridge, MA: Elsevier.

[7] Firouzi, F., Chakrabarty, K., and Nassif, S., (eds), 2020. *Intelligent Internet of Things: From Device to Fog and Cloud*. Cham, Switzerland: Springer Nature.

[8] Miorandi, D., Sicari, S., De Pellegrini, F., and Chlamtac, I., 2012. Internet of Things: Vision, applications and research challenges. *Ad hoc Networks*, 10(7), pp. 1497–1516.

[9] Sharma, T., Satija, S., and Bhushan, B., 2019, October. *Unifying blockchain and IoT: Security requirements, challenges, applications and guture trends*. In *International Conference on Computing, Communication, and Intelligent Systems* (ICCCIS) (pp. 341–346). Greater Noida, India: IEEE.

[10] Goel, A. K., Rose, A., Gaur, J., and Bhushan, B., 2019. July. *Attacks, countermeasures and security paradigms in IoT*. In *2nd International Conference on Intelligent Computing, Instrumentation and Control Technologies* (ICICICT) (Vol. 1, pp. 875–880). Kannur, India: IEEE.

[11] Islam, S. R., Kwak, D., Kabir, M. H., Hossain, M., and Kwak, K. S., 2015. The Internet of Things for health care: A comprehensive survey. *IEEE Access*, 3, pp. 678–708.

[12] Khan, A. A., Rehmani, M. H., and Rachedi, A., 2017. Cognitive-radio-based Internet of

Things: Applications, architectures, spectrum related functionalities, and future research directions. *IEEE Wireless Communications*, 24(3), pp. 17 – 25.

[13] Akhtar, F., Rehmani, M. H., and Reisslein, M., 2016. White space: Definitional perspectives and their role in exploiting spectrum opportunities. *Telecommunications Policy*, 40(4), pp. 319 – 331.

[14] Alaba, F. A., Othman, M., Hashem, I. A. T., and Alotaibi, F., 2017. Internet of Things security: A survey. *Journal of Network and Computer Applications*, 88, pp. 10 – 28.

[15] Khan, M. A., and Salah, K., 2018. IoT security: Review, blockchain solutions, and open challenges. *Future Generation Computer Systems*, 82, pp. 395 – 411.

[16] Conti, M., Dehghantanha, A., Franke, K., and Watson, S., 2018. Internet of Things security and forensics: Challenges and opportunities. *Future Generation Computer System*, 78, pp. 544 – 546.

[17] Xu, W., Trappe, W., Zhang, Y., and Wood, T., 2005, May. *The feasibility of launching and detecting jamming attacks in wireless networks*. In *Proceedings of the 6th ACM International Symposium on Mobile Ad Hoc Networking and Computing* (pp. 46 – 57). Urbana – Champaign, IL: ACM.

[18] Xiao, L., Greenstein, L. J., Mandayam, N. B., and Trappe, W., 2009. Channel – based detection of Sybil attacks in wireless networks. *IEEE Transactions on Information Forensics and Security*, 4(3), pp. 492 – 503.

[19] Bhattasali, T., and Chaki, R., 2011, July. *A survey of recent intrusion detection systems for wireless sensor network*. In *International Conference on Network Security and Applications* (pp. 268 – 280). Berlin, Heidelberg: Springer.

[20] Pajouh, H. H., Javidan, R., Khayami, R., Ali, D., and Choo, K. K. R., 2016. A two – layer dimension reduction and two – tier classification model for anomaly – based intrusion detection in IoT backbone networks. *IEEE Transactions on Emerging Topics in Computing*, 7(2), pp. 314 – 323.

[21] Hummen, R., Hiller, J., Wirtz, H., Henze, M., Shafagh, H., and Wehrle, K., 2013, April. *6LoWPAN fragmentation attacks and mitigation mechanisms*. In *Proceedings of the Sixth ACM Conference on Security and Privacy in Wireless and Mobile Networks* (pp. 55 – 66). Budapest: Association for Computing Machinery.

[22] Weekly, K., and Pister, K., 2012, October. *Evaluating sinkhole defense techniques in RPL networks*. In *2012 20th IEEE International Conference on Network Protocols (ICNP)* (pp. 1 – 6). Austin, TX: IEEE Computer Society.

[23] Pirzada, A. A., and McDonald, C., 2005. *Circumventing sinkholes and wormholes in wireless sensor networks*. In *International Workshop on Wireless Ad-Hoc Networks*. London: Curran Associates, Inc.

[24] Zhang, K., Liang, X., Lu, R., and Shen, X., 2014. Sybil attacks and their defenses in the Internet of Things. *IEEE Internet of Things Journal*, 1(5), pp. 372-383.

[25] Granjal, J., Monteiro, E., and Silva, J. S., 2013, May. End-to-end transport-layer security for Internet-integrated sensing applications with mutual and delegated ECC public-key authentication. In *IFIP Networking Conference* (pp. 1-9). Brooklyn: IEEE.

[26] Park, N., and Kang, N., 2016. Mutual authentication scheme in secure Internet of Things technology for comfortable lifestyle. *Sensors*, 16(1), p. 20.

[27] Ibrahim, M. H., 2016. Octopus: An edge-fog mutual authentication scheme. *IJ Network Security*, 18(6), pp. 1089-1101.

[28] Brachmann, M., Keoh, S. L., Morchon, O. G., and Kumar, S. S., 2012, July. End-to-end transport security in the IP-based internet of things. In *21st International Conference on Computer Communications and Networks (ICCCN)* (pp. 1-5). Munich: IEEE.

[29] Open Web Application Security Project (OWASP), 2016. Mobile security testing guide. https://www.owasp.org/index.php. Accessed on August 14, 2020.

[30] Marinagi, C., Skourlas, C., and Belsis, P., 2013. Employing ubiquitous computing devices and technologies in the higher education classroom of the future. *Procedia-Social and Behavioral Sciences*, 73, pp. 487-494.

[31] Omary, Z., Mtenzi, F., Wu, B., and O'Driscoll, C., 2011. Ubiquitous healthcare information system: Assessment of its impacts to patient's information. *International Journal for Information Security Research*, 1(2), pp. 71-77.

[32] Brown, I., and Adams, A. A., 2007. The ethical challenges of ubiquitous healthcare. *The International Review of Information Ethics*, 8, pp. 53-60.

[33] Sivaraman, K., 2017. Umbitious healthware condition on Android mobile device. *International Journal of Pure and Applied Mathematics*, 116(8), pp. 255-259.

[34] Khamparia, A., Singh, P. K., Rani, P., Samanta, D., Khanna, A., and Bhushan, B., 2020. An internet of health things-driven deep learning framework for detection and classification of skin cancer using transfer learning. *Transactions on Emerging Telecommunications Technologies*, p. e3963 https://doi.org/10.1002/ett.3963. Accessed on August 12, 2020.

[35] Hii, P. C., and Chung, W. Y., 2011. A comprehensive ubiquitous healthcare solution on an Android™ mobile device. *Sensors*, 11(7), pp. 6799-6815.

[36] Banos, O., and Hervás, R., 2019. Ubiquitous computing for health applications. *Journal of Ambient Intelligence and Human Computing* 10, pp. 2091 – 2093. https://doi.org/10.1007/s12652-018-0875-3.

[37] Lymberis, A., 2003, September. *Smart wearable systems for personalised health management: Current R&D and future challenges.* In *Proceedings of the 25th Annual International Conference of the IEEE Engineering in Medicine and Biology Society* (IEEE Cat. No. 03CH37439) (Vol. 4, pp. 3716 – 3719). Cancun, Mexico: IEEE.

[38] Kan, Y. C., Kuo, Y. C., and Lin, H. C., 2019. Personalized rehabilitation recognition for ubiquitous healthcare measurements. *Sensors*, 19(7), p. 1679.

[39] Kumar, S., Kambhatla, K., Hu, F., Lifson, M., and Xiao, Y., 2008. Ubiquitous computing for remote cardiac patient monitoring: A survey. *International Journal of Telemedicine and Applications*, 2008. https://doi.org/10.1155/2008/459185.

[40] Kolomvatsos, K., 2007. Ubiquitous computing applications in education. In Lytras, D., and Naeve, A. (eds.) *Ubiquitous and Pervasive Knowledge and Learning Management: Semantics, Social Networking and New Media to Their Full Potential.* (pp. 94 – 117). Hershey, PA: IGI Global.

[41] Rath, M., 2018. A methodical analysis of application of emerging ubiquitous computing technology with fog computing and IoT in diversified fields and challenges of cloud computing. *International Journal of Information Communication Technologies and Human Development* (IJICTHD), 10(2), pp. 15 – 27.

[42] Darwish, A., and Hassanien, A. E., 2011. Wearable and implantable wireless sensor network solutions for healthcare monitoring. *Sensors*, 11(6), pp. 5561 – 5595.

[43] Edwards, W. K., and Grinter, R. E., 2001, September. *At home with ubiquitous computing: Seven challenges.* In *International Conference on Ubiquitous Computing* (pp. 256 – 272). Berlin, Heidelberg: Springer.

[44] Sen, J., 2012. Ubiquitous computing: Applications, challenges and future trends. In Santos, R. A., and Block A. E. (eds.) *Embedded Systems and Wireless Technology: Theory and Practical Application* (pp. 1 – 40). Boca Raton: CRC Press, Taylor & Francis Group.

[45] Milbredt, O., Castro, A., Ayazkhani, A., and Christ, T., 2017. Passenger-centric airport management via new terminal interior design concepts. *Transportation Research Procedia*, 27, pp. 1235 – 1241.

[46] Tiwari, R., Sharma, N., Kaushik, I., Tiwari, A., and Bhushan, B., 2019, October. *Evolution of IoT & data analytics using deep learning.* In *International Conference on Computing, Com-*

*munication*, *and Intelligent Systems* (*ICCCIS*) (pp. 418 – 423). Greater Noida, India: IEEE.

[47] Varshney, T., Sharma, N., Kaushik, I., and Bhushan, B., 2019, October. *Architectural model of security threats & their countermeasures in IoT*. In *2019 International Conference on Computing, Communication, and Intelligent Systems* (*ICCCIS*) (pp. 424 – 429). Greater, Noida, India: IEEE.

[48] Minoli, D., and Occhiogrosso, B., 2018. Blockchain mechanisms for IoT security. *Internet of Things*, 1, pp. 1 – 13.

[49] Bhushan, B., Khamparia, A., Sagayam, K. M., Sharma, S. K., Ahad, M. A., and Debnath, N. C., 2020. Blockchain for smart cities: A review of architectures, integration trends and future research directions. *Sustainable Cities and Society*, 61, p. 102360.

[50] Wang, T., Zheng, Z., Rehmani, M. H., Yao, S., and Huo, Z., 2018. Privacy preservation in big data from the communication perspective: A survey. *IEEE Communications Surveys & Tutorials*, 21(1), pp. 753 – 778.

[51] Ismail, L., and Materwala, H., 2019. A review of blockchain architecture and consensus protocols: Use cases, challenges and solutions. *Symmetry*, 11(10), p. 1198.

[52] Antonopoulos, A. M., 2014. *Mastering Bitcoin: Unlocking Digital Cryptocurrencies*. Sebastopol, CA: O'Reilly Media Inc.

[53] Goyal, S., Sharma, N., Kaushik, I., Bhushan, B., and Kumar, A., 2020, April. *Precedence & issues of IoT based on edge computing*. In *IEEE 9th International Conference on Communication Systems and Network Technologies* (*CSNT*) (pp. 72 – 77). Gwalior, India: IEEE.

# 第 2 章

# 基于物联网系统的医疗健康安全模型

梅斯·塔瓦尔贝
穆罕德·屈怀德
洛艾·A. 塔瓦尔贝

## 2.1 引言

在过去10年中,商业、工业、移动和家庭中的物理设备已经从单个系统转变为交错的网络。这些网络可以将所有物体连接到互联网,通过不同的有线、无线和虚拟环境技术(基于云的虚拟连接)进行通信。这种通过互联网将设备相互关联和连接的技术,称为物联网。物联网代表了企业实体和个人在日常生活与运作中互动方式的增长趋势,包括生产生活的许多方面:社会互动、教育、金融、工业、交通和健康等。这些趋势显示了人们使用互联网手段的转变,以及物联网对日常生活方式的巨大影响。公共设施的技术进步正变得越来越引人注目,已成为人类日常生活不可或缺的一部分,新的智能设备正在被越来越多的个人和企业使用。

智能设备正应用于日常生活中,从家用电器到复杂的灾害监测传感器,包括智能冰箱、智能洗衣机、智能显示器、智能医疗设备、智能手机,甚至是智能建筑[1]。不断开发的新应用,增强或改进了这些设备的功能,使生活更加智能和方便。这些高级功能的一个典型实例是:在后台运行的应用程序将生成的内容数据下载到用户设备上,操作设备的人几乎不需要输入数据,设备可以自动发送、接收和存储用户数据。通常情况下,用户对智能设备的自动功能视而不见,认为物理设备自主操作和完成普通任务(如根据用户行为订购物品)的简单便利是理所当然的[2]。

近年来,物联网一直是一个重要的研究课题。目前,预计有超过200亿台物联网设备连接到互联网[3]①。此外,根据国际数据公司(International Data Corporation,IDC)最近的预测,物联网设备的增长预计在2025年产生超过79ZB(Zeta Bytes)的数据[4]。这种快速的技术革命有可能改变日常生活方式,因为人们可以在一个相互关联的世界里生活和工作,而物联网几乎在生活各个方面都提供了充足的机会。根据英特尔的物联网框架信息政策[2],物联网将改变全球产业,在交通、公用事业、制造业、医疗健康等领域创造就业机会。这种变化还需要以下方面的支持:高速网络、海量存储和高效的计算资源,以便能够传输、存储和分析生成的大量数据。物联网技术在不同领域的应用,预计将带来巨大的经济增长。CISCO经济研究预测,到2022年,仅仅

---

① 该统计时间为2020年2月。——译者

是因为物联网的使用,美国就可能在全球经济中占有32%的份额[3]。

然而,尽管基于网络的智能设备具有诸多优势,但必须考虑物联网的方方面面。随着更多的人使用物联网,潜在的好处是经济和社会效益增长,但公共和私营部门越来越多、越来越明显地受到物联网应用所带来的挑战影响[5]。

新的黑客技术使得物联网设备面临的安全威胁增加,具体利用与物联网设备所使用的各类技术相关漏洞。此外,与物联网有关的网络安全威胁会影响运行的应用程序和提供的服务。这些安全威胁对信息技术专家、应用程序开发人员、网络管理员和其他任何在这个领域工作的人来说都是巨大的压力和挑战[6]。因此,IT安全专家必须了解新的攻击,并采取必要的措施保护系统,以确保物联网实施和操作环境的安全。另外,安全专家应该考虑使用更多的安全措施,这需要在安全和性能之间进行权衡。换言之,如果安全专家采用更多的安全算法,在某些环境下运行的物联网设备可能无法满足所需的速度和性能要求。因此,重要的是要确保人们不会以错误的方式使用物联网,并允许新技术以自然发展的方式来加强防护。为了确保不滥用物联网,研究人员必须拟定一份深入的信息政策,包括基于网络的设备、数据收集、数据使用、安全标准、隐私、互操作性、法律规定、经济增长和道德标准等方面[7]。

本章调查了最近与物联网安全有关的工作、挑战、解决方案和现有的安全模型。此外,研究人员还提出了一种物联网架构的安全授权模型,该模型可用于不同应用的多个物联网组件上安全地管理用户授权。研究人员提出的模型在亚马逊网络服务(Amazon Web Service,AWS)云平台中实施。AWS平台提供的服务有物联网环境,允许用户设置、测试真实和虚拟的物联网设备。研究人员选择医疗健康领域作为证明所提出模型适用性的案例研究。

本章的组织结构如下:2.2节介绍一些主要的物联网挑战,包括安全和隐私问题。2.3节回顾相关工作。2.4节描述物联网现有的主要安全模型。2.5节研究人员以医疗健康为例,为基于物联网系统提出了一个安全模型。2.6节是本章的结论与展望。

## 2.2 物联网的挑战

随着物联网在消费者、企业和政府中的使用迅速增加,产生的安全问题越来越令人担忧。私人活动或个人信息的泄露是一个特别紧迫的安全问题。越来越多的设备采用特定形式的物联网技术,然而在这些新设备中,安全功能可能没有得到更新。例如,随着竞争促使产品上市时间缩短和产品成本降低,这些产品制造商正在为安全功能分配更少的时间和资源。此外,消费者对物联网安全的认识也很有限,这限制了安全成为购买物联网设备的优先考虑因素[5]。另一个问题是,随着物联网的发展,更多的数据将来自外部设备并通过网络传播。许多外部设备都处于不安全的位置,成为潜在的攻击目标。识别网络上产生流量的设备、设备的位置以及来自设备流量的真实性,对于网络安全至关重要。

在充分和全面了解物联网的优势与缺陷之前,需要应对许多挑战。

### 2.2.1 安全问题

在信息技术概念中,安全这个话题并不新鲜。然而,物联网实施可能带来一些新的、以前没有考虑或解决的安全属性。公司和服务提供商在开发、维护和更新物联网设备的安全功能时,必须不断应对经济和技术障碍及挑战。通常情况下,薄弱或过时的安全措施会授予恶意实体自由访问任何用户数据的权限。随着越来越多的物联网设备商业化,智能设备出现了更多的安全漏洞,导致几乎需要不断地更新软件和固件。终身安全必须是任何联网设备的首要任务。如果产品或服务提供商不能保证其客户设备的安全性,则公司将蒙受损失,也会失去普通消费者的信任。智能设备在用户日常生活中变得越来越普遍,所以消费者必须确信自己的数据是安全的[8]。

为确保这一点,美国联邦贸易委员会在法律上要求智能设备的产品或服务提供商保护用户数据。这些规定是对不同公司"隐私条款"声明中细微变化的补充[6-7]。公司在处理用户数据时应承担法律义务,不得对用户造成伤害。这种"希波克拉底"①式的做法确保公司未经客户同意,不会将敏感用户数据透露给第三方。然而,尽管在美国提供第三方信息的做法是非法的,但存在通过将数据汇集到国际网站来收集数据的法律漏洞,这些漏洞实际上允许服务提供商收集他们想要的任何消费者数据。

---

① 希波克拉底是西方医学奠基人,希波克拉底誓言是古代西方医学入门宣读的医务道德的誓词,誓词提到要严格保守秘密,即尊重病人隐私,此处用来表达保护用户数据隐私的法律性保障。——译者

## 2.2.2　隐私问题

用户数据的收集、分析和更改是物联网设备与服务的一项资产。虽然这似乎是有益的,但用户数据的大规模监测正在用来创建侵犯客户隐私的消费者档案。这方面的实例包括智能设备收集设备中存储的内容和内容级别信息、追踪用户位置、移动应用程序的银行日志信息、浏览器历史记录、购物历史记录等。用户信息的大量存储增加了人们对日常生活中私人或敏感信息监控、存储和使用的担忧。从家用电器到个人电脑的一切都受到监控,如果落入坏人之手,这些信息就有可能通过泄密、发布信息、破坏诚信等方式摧毁一个人的生活。此外,有时信息是在个人用户不知情或不同意的情况下收集的。这样的例子包括脸书(Facebook)使用的所谓超级小型文本文件(cookies),不受大多数商业病毒扫描软件的影响;谷歌(Google)浏览器不仅跟踪人们搜索的内容,还监控个人用户的按键速度和停顿等数据。虽然收集到的数据无疑有利于智能设备所有者,但这些信息对产品制造商或服务提供商更有用[8]。考虑每家公司持有不同的隐私政策和标准,这些对个人的观察和分析是令人非常担忧的严重隐私问题。

智能设备收集和存储用户数据,并利用国际司法漏洞绕过管辖区的隐私保护法来出售信息。用户通过当地司法管辖区的法律来保护跨境数据流动是务实的,这可以限制智能设备越来越普遍的隐私泄露行为。用户应该可以确信未知的、不受信任的第三方看不到用户数据。公司实施提高在用户数据收集、存储和传输方面透明度的策略,保护个人隐私权,并让用户安心。保证用户数据未泄露对服务和产品提供商及消费者都是有益的[9]。

考虑支持物联网设备进一步发展时,围绕设备使用、数据处理及开发、安全和基础设施的政策非常重要。随着物联网在日常生活中变得越来越普遍,并且在某种程度上无所不在,人们必须起草涵盖该主题所面临挑战的信息政策,以确定关于该主题的新战略、目标、法律和倡议[10]。

政策应考虑所收集的信息,并确保提供同意协议,这样用户就不会被误导而放弃不想透露有关自己信息的做法。就政府在其中的作用而言,政府打算收集部分用户数据,而不是全部,大公司和政府关注的主要问题是收集内容的使用和规定、如何监控、如何影响用户以及用户是否同意大公司收集的信息。

## 2.3 相关工作回顾

如今,物联网正在不同的领域和地区快速发展。根据2.2.2节的信息,研究人员认为物联网是一把双刃剑,从积极的一面来看,可以让所有适应物联网的群体与时俱进,如个人、组织和政府。同时,物联网可以使生活更轻松,交易更快捷,从而节省时间和精力。但是,物联网对消费者的隐私也构成了威胁。在不妨碍任何领域发展的情况下,采取合法的措施来保障购买者的权利是非常重要的。不幸的是,法律规则的调整明显滞后于物联网技术的提升,物联网的新特性始终超越当前的法律标准[11]。

研究人员正在加紧努力,发现可能动摇公众对物联网技术信任的风险和波动,并找到减轻这些风险和波动的方法。本节将讨论最常见的物联网安全问题及其解决方案。

研究人员将物联网分为交通、医疗健康、个人和智能环境4个主要领域[12],智能环境包括家庭、办公室等。研究人员详细讨论了每个领域中可能包含的应用,应用分为直接适用的应用和面向未来的高级应用两类。此外,研究人员还关注了最常见的物联网挑战,其中安全挑战和隐私挑战位居榜首。研究人员表示,只要对物联网在隐私方面的怀疑仍然存在,一些消费者的反对意见就会存在。例如,某家意大利服装品牌由于缺乏隐私保护,在使用智能设备追踪产品信息时遭到客户的反对。研究人员总结了物联网安全和隐私问题的成因。由于物联网设备资源有限,无法支持复杂的安全方案,首先物理攻击针对的是系统组件;此外,物联网系统中的无线通信为窃听和攻击提供了更多机会。

由于物联网设备的预测数量以及日常生活中物联网应用不受控制的增长,这些应用包括商业、医疗健康、教育等方面[13],很难在文献中找到涵盖所有不同物联网领域和挑战的相关工作。研究人员将物联网领域分类为[12]:

(1)物联网应用在交通领域时,自行车、汽车、货车、公共汽车、火车、飞机,甚至道路本身都通过传感器、执行器等设备变得更加智能。物联网为设备提供了相互通信的能力,可通过发送数据、控制交通、提供更好的路线、监测状态等方式与特定的控制站点通信。攻击者可以接管并改变重要信息,如目的地城市或到达及离开日期。此外,攻击者也可以创建一个完全不存在的新行程,从而产生影响数据机密性、完整性和可用性的不良后果。

(2)物联网在医疗方面的应用,可以利用智能物联网设备来管理和挽救人们的生命。例如,患者可以利用物联网进行数据自动收集和感应,并定期向监测系统发送数据,以确定人体的特定风险信号。例如,重要的风险信号可以预测心脏病发作。在医疗健康方面,最常见的攻击是"勒索软件"攻击,这是一种拒绝访问计算机系统或数据库的恶意软件[14]。可以想象,如果医院的数据(包括工作人员和患者的信息)暴露在这种攻击之下,可能会造成非常大的损失。另一种攻击主要是破坏特定设备的功能,如断层成像仪、X射线机等。所有这些攻击都是对数据保密性、完整性和可用性的威胁。

(3)智能环境是物联网框架中最具吸引力的领域之一,包括办公室、家庭等环境。这是个人花费大部分时间的地方,人们觉得利用物联网技术会更舒适,也更有效率[11]。但和其他物联网系统一样,智能环境也受到攻击的威胁,并会造成巨大的损失。例如,在2015年12月23日,乌克兰的能源网络遭遇了攻击。攻击者控制了电网的监控和数据采集(Supervisory Control and Data Acquisition,SCADA)框架,导致乌克兰伊万诺-弗兰科夫斯克地区停电数小时,该地区幅员广阔,居住着140万居民。这一事件表明,攻击物联网的后果可能比数据盗窃或经济损失更具破坏性[15]。

(4)物联网在个人使用方面,与所有为个人提供沟通和交换信息能力、建立和保护社会关系的应用与系统有关。有时,数据是在未经个人用户信息或同意的情况下积累的。此类模型包含脸书使用的所谓"超级cookies",大多数商业病毒扫描软件都无法穿透,谷歌浏览器不仅跟踪个人搜索的内容,还监控个人用户按键的速度和频次。虽然积累的信息无疑有利于智能设备所有者,但对产品制造商或服务提供商更有用[16]。

## 2.4 现有物联网安全模型和相关问题

目前,研究人员在物联网安全和隐私等相关问题上已经进行了广泛的研究[17]。人们可以在文献中找到许多高质量的论文,其中大部分都可以公开访问。研究人员对文献进行回顾,并按照使用的客观方法以及用于验证结果的工具进行分类[18],分类包括各种仿真工具和建模器。此外,还有许多平台可用于研究物联网安全的新型协议。因此,在许多不同的实施和模拟环境的支持下,物联网安全研究已经取得了进展。

物联网的一个主要问题是如何使用加密功能确保保密性和隐私[19-20]。另外,保证物联网系统的服务可用性必须配置和建设基础设施。目前,关于物联网网络安全的研究表明,存在几个可能损害隐私和网络安全的问题。这些问题包括:

(1)不定期更新:物联网系统中使用的操作系统和应用程序必须定期更新。物联网设备本身的固件也应该更新,因此,关注并下载最新的补丁对于维护物联网系统的安全,防止可能存在的漏洞是至关重要的,因为黑客发起攻击时可能会利用这些漏洞。

(2)自动化:大多数个人和组织使用物联网服务时选择自动化功能收集、发送和分析数据,或执行其他各种任务。如今,由于缺乏与物联网设备的人机交互,人工智能技术可未经授权访问这些自动化系统,并发起自动化攻击[21]。

(3)弱化认证:除其他因素外,由于物联网系统使用来自不同供应商的应用程序,具有不同的认证和安全设置,系统可能并不像预想的那样安全。此外,用户使用不同的通信协议,从不同的平台(PC、笔记本电脑和移动设备)访问物联网设备。这些因素导致认证过程分离,可能使其成为最薄弱的环节[22]。

(4)远程连接:具有强大计算能力的高速网络连接使系统能够与同一网络甚至其他网络上的其他系统进行高效通信。与此同时,这意味着,如果任何设备或系统连接到互联网,都可能更容易受到网络攻击的影响。

最近,人们生活的几乎每个方面都在积极采用物联网设备,这有助于提高从家庭到能源网络等不同领域的任务执行效率。与此同时,物联网设备也增加了漏洞和可能的攻击,漏洞和攻击可能危及这些设备的安全,从而侵犯用户的隐私。研究表明,超过90%的物联网设备用户不确定其设备的安全级别[23],这项研究还表明,设备必须采取复杂的安全措施保护数据安全和隐私。

另一种情况下,研究人员提议在物联网系统中使用最新的先进技术来确保安全,其中包括云雾计算以及区块链。研究人员在物联网系统的云雾计算中使用激励机制和反馈机制两种机制[24]。这些技术允许云供应商去除虚假的边缘服务器。换句话说,云服务器利用这两种机制来确定哪些是非法的边缘节点,并将其淘汰。然而作者假设所有连接的设备都是可信的,未提出物联网设备的认证过程。研究人员为了减少延迟并提高所讨论的两种模式的性能,在区块链中使用了权威证明共识算法(Proof of Authority,PoA)进行认证,验证链上的每一个区块,从而避免了对系统资源的未授权访问[24]。

研究人员发现机器学习将在物联网数据分析中占据突出地位,机器学习可作为物联网架构安全解决方案的不同尝试[25]。研究人员表示软件程序可以从经验、实例和类比中学习与提升自己[26]。此外,机器学习提供的一些常见任务,如特征提取和模式识别,有助于提出安全的物联网解决方案[27]。另一部分研究人员指出,网络架构由三层组成[28],包括应用层、传输层和传感层,以提供网络内部的智能数据处理。类似的架构部分在其他论文中也有讨论[24]。其他研究人员还定义了传输层的人工神经网络算法(机器学习的一部分)[28],该算法提议建立一个可以检测虚假数据的系统。研究人员详细介绍了使用迷你架构的方法,包括具有低功率和低资源的边缘设备,如传感器、执行器等,以及具有更大能力和资源的网关设备。研究人员添加温度传感器用于收集数据,网关设备汇总数据,将其输入人工神经网络进行处理。该模型的第一个版本使用设备 ID 和传感器值作为人工神经网络的输入,输出确定记录是否有效,训练和测试过程由 4000 条有效和无效的数据记录完成。第二个版本以同样的方式进行,只是在人工神经网络的输入中增加了延迟时间。该神经网络旨在模拟和检测中间人攻击。

授权和认证问题是物联网框架中安全问题的起点[29]。物联网智能设备具有感知、收集和发送数据以及相互通信的能力,对设备进行访问人员控制以及访问权限配置非常重要。为了保护数据的机密性、完整性和可用性,授权和认证方法必须是可靠的。此外,具体方法应该适用于来自不同供应商的设备一起工作。授权和认证过程可以由许多技术决定,其中一个是实施访问控制机制,在物联网系统中提供授权。有许多模型可以在物联网系统中提供访问控制:一种模式是基于角色的访问控制(Role – Based Access Control,RBAC),为每个网络对象预先定义某些规则;另一种模式是基于能力的访问控制(Capability – Based Access Control,CapBAC),对象的权限将决定在特定网络中是否启用[30];此外,还有一个模型使用预定义的属性来为每个网络对象授予访问权,该模型称为基于属性的访问控制(Attribute – Based Access Control,ABAC)[31];一些模型由其他模型的组合组成,如 ARBHAC 模型结合了 ABAC 和 RBAC 两种模型[32]。研究人员提出并分析了不同的访问控制模型对物联网系统的适用性[33]。

## 2.5 基于物联网系统的安全模型:医疗健康实例

### 2.5.1 可穿戴设备应用现状

随着时间的推移,技术和设备不断进步,"可穿戴设备"已经成为许多人日常生活的一部分(从打电话到追踪生命体征)。可穿戴设备包括眼镜、手表、睡眠追踪器、健身追踪器等,还有目前正在开发的"智能隐形眼镜"。可穿戴设备是为人们提供从电脑或智能手机获得所有功能的便携设备,而没有因设备太大或太笨重引起的不便。人们只需看一下手表就可以查看时间,还可以查看是否收到未接来电或信息,甚至可以检查自己走了多少步,或者查看前一天晚上的睡眠模式是否显示了不规律的活动。智能眼镜的使用方式与此相同,可以将世界的景象变为增强现实——在用户面前用屏幕显示当天的"待办事项"清单,或让用户浏览互联网。考虑到有这么多类型的可穿戴设备,人们已经采取了多种措施以应对这些设备可能存在的危险性[34]。

由于普通人、公司以及政府可以接触到可穿戴设备,这些设备可以看作公共监管的一种方式。这种公共监管在未来似乎是可能实现的,但信息安全政策应该落实到位。政府应该制定信息安全政策,特别是在医疗健康应用中,保护从用户那里收集的数据。例如,追踪生命体征的可穿戴设备对医生来说可能很重要,使医生有能力检查自己的患者。另外,医生没有必要收集某人在街区慢跑时追踪的信息。其他政策已经在第三方供应商那里得到落实。当公司与第三方合作时,需要与这些供应商沟通,控制数据的使用方式以及分发情况。

尽管这些政策不是完美的,但大多数政策都提供了公司应该寻求做什么的指导方针,以及公司有哪些可以改进的地方。这些政策给用户带来的一个好处是,用户能够信任自己的医疗健康提供者,让其有一个保障,这样用户就知道自己受到了照顾。医疗健康公司投资于可穿戴设备,以提高员工的生产力,减少缺勤,并降低医疗健康成本[35]。可穿戴设备让用户可以自由地在社交媒体上发布或更新相关内容,而不受用户可以分享和不能分享内容的限制。

虽然医疗服务提供者正在努力使客户和患者对自身服务感到满意,但有些问题仍然需要解决。一个是关于用户数据存储,以及当数据因合法或非法的原因暴露给第三方时应遵循的程序。这项任务完全取决于医疗服务提供者,医疗服务提供者应该制定和实施数据隐私政策来确定第三方供应商的责任。类似的政策也需要明确指出患者的权利以及如何保护数据的机密性。在许多情况下,第三方(如保险公司)可以在"同意"的情况下接收用户的信息。这可能包括暴露出第三方雇员可操作实际上非必要的患者敏感信息,使这些私人数据容易受到未经授权的访问。

## 2.5.2 医疗物联网系统模型

图2.1显示了物联网医疗健康系统模型的顶层设计。从图中可以看出,该模型由云层、设备层和终端用户层三层组成。云层托管传感器收集的数据,以便对其进行处理,处理步骤包括特征提取和噪声去除。

图2.1 物联网医疗健康模式的通用架构

这些数据将在后续阶段输入决策支持系统,该系统应用数据挖掘和机器智能技术,根据患者的健康状况为医疗健康提供者提出适当的决策。

另外,设备层是由一组传感器组成的,这些传感设备通过无线技术(4G或Wi-Fi)连接到互联网。该层还具有用于数据采集和通信协议的电路,将数据发送到存储区进行处理。这些传感设备使用户能够以不同的采集频率实时地收集数据。

终端用户层由接收用户组成,可以采取不同的形式。其中,一种形式即智能设备,给安全和隐私带来了巨大的挑战。在这三层的范围内,系统可以添加一系列的子层或模块,以确保医疗决策支持系统的稳健性。例如,此步骤可确保及时发送和处理数据,以便为不能等到数据已发送到云端的关键健康问题做出决策。本节提出了边缘计算的功能,此功能(通过一个全新的边缘层)对收集到的数据同时执行多项任务:边缘层向云层发送一份副本进行处理和长期存储,并在相关数据的基础上进行决策。有时,研究人员需要向可穿戴设备发送命令或指令,以更新采集率或执行某种功能,这需要另一种协议和安全程序。

从图2.2可以看出,本章所提出的物联网模型的顶层设计包含新的附加边缘层。该层有两个目的:首先,该模型克服了完全依赖云层提供服务产生的额外延迟;其次,该模型在时间受限环境下的决策更快。在设备连接有传感器或传感器非常靠近物联网设备的系统中,边缘计算层大有作为。边缘层可以管理收集数据的来源,并实时向用户提供决策。此外,边缘层还可以将感应到的数据传输给其他层,用于存储、融合和分析等目的。边缘计算任务在物理上离收集数据的来源和传感器更远时,会更加强大;但同时,边缘层又与局域网相连。这些优势带来了额外的信息隐私挑战。

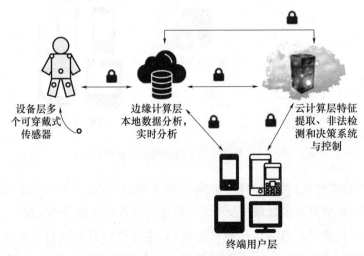

图2.2 物联网模型的顶层设计:可穿戴设备案例研究

## 2.5.3　AWS 平台的物联网服务

亚马逊公司提供了云及相关技术实施平台,如边缘层和物联网实施环境,该服务称为亚马逊网络服务(AWS)。这项服务既可以是免费的(提供有限的选择),也可以通过公司或个人需求来付费订阅。用户可以从 AWS 中受益,服务包括存储、通信、网络和工具,以支持开发物联网和边缘计算环境的模拟。EC2 是一种著名的云服务,是亚马逊提供的主要云平台[36]。通过使用 EC2,用户可以根据执行任务的需要,创建具有不同计算、网络和内存特性的虚拟机。

除了 EC2,亚马逊为物联网平台提供的另一项有用的服务是 AWS – IoT。该平台有许多选项供用户选择,包括消息代理、网关和根据设计约束需要设置某些规则的引擎。另外,AWS – IoT 服务为不同的物联网设备提供了一个安全的开发平台,包括执行器、传感器,甚至家庭智能设备。这些设备允许使用安全协议,如 HTTP 和消息队列遥测传输协议(Message Queuing Telemetry Transport Protocol,MQTT),与 AWS 云和网络中的其他组件进行互动。此外,作为一项额外的安全措施,每台设备连接到系统之前,必须使用 X.509 证书完成认证。

该平台还有其他强大的功能可以用来提高效率,促进对已实施物联网系统的管理。例如,注册表功能允许用户通过将相关设备与设备证书及资源进行分组,来轻松管理设备。换句话说,此功能可用于汇集许多设备,只需最少的工作量和开销,便可同时管理各系统设备。此外,用户还可以创建移动应用程序来管理物联网设备,在任何地方、任何时间监控设备活动(如数据采集)。更多关于该平台的特点和功能的细节,可以参阅该公司的文件[36]。

## 2.5.4　AWS 平台的物联网增强模型

本节使用 AWS 平台展示了增强型 AWSACIoT 层和一个简单的医疗健康案例研究配置。为了提升安全性并做出更多实时决策,研究人员在模型中加入了边缘计算的概念。为了成功使用 AWS 云平台服务,用户需要在上面创建一个账户,然后使用 AWS 管理控制台,如图 2.3 所示。

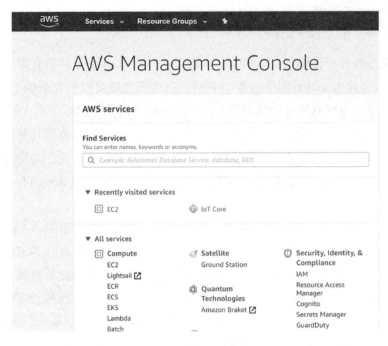

图 2.3　AWS 管理控制台

在本节提出的模型中,云层提议使用 AWS 平台,就像具有特定亚马逊机器映像(Amazon Machine Image,AMI)和特定特征(如 CPU 和内存存储)的虚拟机,如图 2.4 所示。每台物理设备,如传感器,建议作为一个物联网虚拟机。例如,研究人员有三个传感器收集特定患者的数据。每个物联网虚拟机都有特定的特征,如设备类型和设备属性。每个虚拟机的这些信息都是在物联网设备启动时设置的,并且可以更改。此外,每个设备都有自己的 X.509 证书,用于 AWS 云服务的认证。

研究人员使用了一种基于策略的访问控制机制,即 JavaScript Object Notation(JSON)文件。JSON 文件包含 4 个主要部分。

(1)效果:表示权限类型(允许,拒绝)。

(2)行动:允许该设备采取的行动。

(3)资源:设备可以访问的特定 AWS 资源。

(4)可选项:该文件还可以包含条件。

但是,所有传感器都使用 MQTT 协议与 AWS – IoT 服务进行通信,这应该使用MQTT.fx工具模拟为MQTT客户端。边缘概念可以作为设备影子或另一个虚拟机提出。

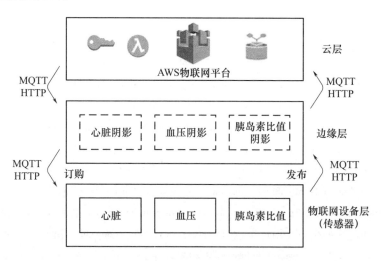

图2.4 使用AWS平台的简单医疗健康案例研究：增强型AWSAC IoT

## 2.6 结论与展望

在日常生活的许多方面，人们使用物联网的情况日益增多，包括医疗健康等领域。人们需要政策来确定哪些患者的信息可以共享，哪些不能共享，以提供更好的患者信息安全性。另外，虽然关注第三方的合法性是一个重要因素，但医疗健康服务提供者有责任保护患者医疗档案的隐私性。例如，可以根据数据的分类对重要信息进行加密，以保持所需的机密级别。

虽然医疗机构一般都有信息安全政策，但这些政策中专门针对网络可穿戴设备的政策数量非常有限。针对医疗设备、物联网可穿戴设备或植入式设备以及患者记录的网络攻击数量不断增加，因此，人们有必要制定明确的政策来确定患者权利、对医疗数据进行分类、强制使用加密功能以及明确其他重要参数。此外，人们应该加大力度实现物联网设备的操作标准化，不仅在医疗健康领域，而且在这些设备收集信息并通过互联网共享信息的其他领域。这种标准化将有助于统一和改进信息安全与隐私要求。此外，考虑医疗健康的角度，本书提出对AWSACIoT模型进行增强。这种增强模型可以用作提出和实施涉及真实数据融合与分析的现实案例的基础,并作为未来的工作方向。

## 参考文献

[1] Ray,P. P. ,2018. A survey on Internet of Things architectures. *Journal of King Saud University – Computer and Information Sciences*,30(3),pp. 291 – 319.

[2] Intel Corp. ,n. d. Internet of Things policy framework. https://www. intel. com/content/www/us/en/policy/policy – iot – framework. html. Accessed on March 3,2020.

[3] Cisco IoT. ,n. d. What do you need to succeed with IoT? https://www. cisco. com/c/en/us/solutions/internet – of – things/overview. html. Accessed on February 25,2020.

[4] International Data Corp. ,2019,June 18. The growth in connected IoT devices is expected to generate 79. 4ZB of data in 2025. https://www. idc. com/getdoc. jsp? containerId = prUS45213219. Accessed on February 20,2020.

[5] Tawalbeh,L. A. ,and Somani,T. F. ,2016. *More secure Internet of Things using robust encryption algorithms against side channel attacks.* In *2016 IEEE/ACS 13th International Conference of Computer Systems and Applications*(*AICCSA*)(pp. 1 – 6). Agadir,Morocco:IEEE.

[6] Alsmadi,I. ,Easttom,C. ,Tawalbeh,L. A. ,2020,April. *The NICE Cyber Security Framework*,*Cyber Security Management.* Switzerland:Springer. ISBN 978 – 3 – 030 – 41987 – 5. https://www. springer. com/gp/book/9783030419868#otherversion = 9783030419875. Accessed on April 4,2020.

[7] Estrada,D. ,Tawalbeh,L. A. , and Vinaja,R. ,2020,March. How secure having IoT devices in our home. *Journal of Information Security*,11(2),pp. 81 – 91. https://doi. org/10. 4236/jis. 2020. 112005. Accessed on May 6,2020.

[8] Maleh,Y. ,Shojafar,M. ,Alazab,M. ,and Romdhani,I. ,2020. *Blockchain for cybersecurity and privacy*:*Architectures*,*challenges*,*and applications.* Taylor & Francis Group. https://doi. org/10. 1201/9780429324932. Accessed on May 5,2020.

[9] Zheng,S. ,Apthorpe,N. ,Chetty,M. ,and Feamster,N. ,2018. User perceptions of smart home IoT privacy. *Proceedings of the ACM on Human – Computer Interaction*,2(CSCW),pp. 1 – 20.

[10] Barrera,D. ,Molloy,I. ,and Huang,H. ,2018. Standardizing IoT network security policy enforcement. In *Workshop on Decentralized IoT Security and Standards*(*DISS*),(pp. 1 – 6). San Diego,CA:NDSS.

[11] Tiwari, R., Sharma, N., Kaushik, I., Tiwari, A., and Bhushan, B., 2019. *Evolution of IoT & data analytics using deep learning*. In *2019 International Conference on Computing, Communication, and Intelligent Systems (ICCCIS)* (pp. 418–423). Greater Noida, India: IEEE.

[12] Atzori, L., Iera, A., and Morabito, G., 2010. The internet of things: A survey. *Computer Networks*, 54(15), pp. 2787–2805.

[13] Tawalbeh, L. A., Tawalbeh, M. A., and Aldwairi, M., 2020. Improving the impact of power efficiency in mobile cloud applications using cloudlet model. *Concurrency and Computation: Practice and Experience*, 32(21), e5709. https://doi.org/10.1002/cpe.5709.

[14] Tawalbeh, L. A., Somani, T. F., and Houssain, H., 2016. *Towards secure communications: Review of side channel attacks and countermeasures on ECC*. In *2016 11th International Conference for Internet Technology and Secured Transactions (ICITST)* (pp. 87–91). Barcelona: IEEE.

[15] Electronic Sharing and Information Analysis Center, 2016, March 18. Analysis of the Cyber Attack on the Ukrainian Power Grid: Defense Use Case. Washington, DC: E-ISAC. https://ics.sans.org/media/E-ISAC_SANS_Ukraine_DUC_5.pdf. 2016. Accessed on May 5, 2020.

[16] Pagliery, J., 2015, January 9. Super cookies track you, even in privacy mode. *CNNMoney*. https://money.cnn.com/2015/01/09/technology/security/super-cookies/index.html. Accessed on March 13, 2020.

[17] Hassija, V., Chamola, V., Saxena, V., Jain, D., Goyal, P., and Sikdar, B., 2019. A survey on IoT security: Application areas, security threats, and solution architectures. *IEEE Access*, 7, pp. 82721–82743.

[18] Hassan, W. H., 2019. Current research on Internet of Things (IoT) security: A survey. *Computer Networks*, 148, pp. 283–294.

[19] Tenca, A. F., and Tawalbeh, L. A., 2004. Algorithm for unified modular division in GF(p) and GF(2n) suitable for cryptographic hardware. *Electronics Letters*, 40(5), pp. 304–306.

[20] Al-Haija, Q. S. A., 2009. Efficient algorithms for elliptic curve cryptography using new coordinates system. Master's Thesis, Computer Engineering Department, Jordan University of Science and Technology.

[21] Dalipi, F., and Yayilgan, S. Y., 2016, August. *Security and privacy considerations for IoT application on smart grids: Survey and research challenges*. In *Future Internet of Things and Cloud Workshops (FiCloudW), IEEE International Conference* (pp. 63–68). Vienna: IEEE.

[22] Jararweh, Y., Al-Ayyoub, M., and Song, H., 2017. Software-defined systems support for

secure cloud computing based on data classification. *Annals of Telecommunications*, 72(5 – 6), pp. 335 – 345.

[23] Tawalbeh, L., AMuheaidat, F., Tawalbeh, M., and Quwaider, M., 2020. IoT Privacy and security: Challenges and solutions. *Applied Sciences*, 10(12), pp. 4102 – 4114.

[24] Mahmoud, R., Yousuf, T., Aloul, F., and Zualkernan, I., 2015. *Internet of Things (IoT) security: Current status, challenges and prospective measures*. In *2015 10th International Conference for Internet Technology and Secured Transactions (ICITST)* (pp. 336 – 341), London: IEEE.

[25] Jindal, M., Gupta, J., and Bhushan, B., 2005. *Machine learning methods for IoT and their Future applications*. In *2019 International Conference on Computing, Communication, and Intelligent Systems (ICCCIS)* (pp. 430 – 434). Greater Noida, India: IEEE.

[26] Negnevitsky, M., 2005. *Artificial Intelligence: A guide to intelligent systems*, 2nd ed. New York: Pearson.

[27] Moh, M., and Raju, R., 2018. *Machine learning techniques for security of Internet of Things (IoT) and fog computing systems*. In *2018 International Conference on High Performance Computing & Simulation (HPCS)* (pp. 709 – 715). Orléans, France: IEEE.

[28] Canedo, J., and Skjellum, A., 2016. *Using machine learning to secure IoT systems*. In *2016 14th Annual Conference on Privacy, Security and Trust (PST)*, (pp. 219 – 222). Auckland, New Zealand: IEEE.

[29] Varshney, T., Sharma, N., Aushik, I., and Bhushan, B., 2019 *Architectural model of security threats & their countermeasures in IoT*. In *2019 International Conference on Computing, Communication, and Intelligent Systems (ICCCIS)* (pp. 424 – 429). Greater Noida, India: IEEE.

[30] Hernández – Ramos, J. L., Jara, A. J., Marin, L., and Skarmeta, A. F., 2013. Distributed capability – based access control for the internet of things. *Journal of Internet Services and Information Security*, 3(3/4), pp. 1 – 16.

[31] Bhatt, S., Tawalbeh, L. A., Chhetri, P., and Bhatt, P., 2019. *Authorizations in cloud – based internet of things: Current trends and use cases*. In *2019 Fourth International Conference on Fog and Mobile Edge Computing (FMEC)* (pp. 241 – 246). Rome, Italy: IEEE.

[32] Tawalbeh, M., Quwaider, M., and Tawalbeh L., 2020. *Authorization Model for IoT Healthcare Systems: Case Study*. In *2020 11th International Conference on Information and Communication Technology (ICICS)* (pp. 337 – 442). Irbid, Jordan: IEEE.

[33] Atlam, H. F., Alenezi, A., Walters, R. J., Wills, G. B., and Daniel, J., 2017. *Developing an*

adaptive risk – based access control model for the Internet of Things. In *IEEE International Conference on Internet of Things*(*iThings*)(pp. 655 – 661). Exeter, UK: IEEE.

[34] Singh, J., Pasquier, T., Bacon, J., Ko, H., and Eyers, D., 2015. Twenty security considerations for cloud – supported Internet of Things. *IEEE Internet Things Journal*, 3(3), pp. 269 – 284.

[35] Tawalbeh, L. A., and Saldamli, G., 2019. Reconsidering big data security and privacy in cloud and mobile cloud systems. *Journal of King Saud University – Computer and Information Sciences* (in press).

[36] Singh, J., Pasquier, T. F. J. – M., Bacon, J., Ko, H., and Eyers, D. M., 2016. Twenty security considerations for cloud – supported Internet of Things. *IEEE Internet of Things Journal*, 3(3), pp. 269 – 284.

/第 3 章/

# 基于物联网和云计算的监控机器人

A. 戴安娜·安德鲁西亚
J. 约翰·保罗
K. 马丁·萨加扬
S. 丽贝卡·普林斯·格蕾丝
拉力特·加尔格

## 3.1 引言

物联网是一项蓬勃发展的技术,将改变人们看待当今世界的方式。基于物联网的解决方案通过改进和简化任务来促进业务发展。物联网由大量传感器组成,每个传感器都有一个唯一的地址,这些传感器分组形成一个网络实体,使用不同的网络协议在内部或与其他网络交换数据。物联网通过 Wi-Fi 或蓝牙将这些对象和事物连接到微控制器(如树莓派或 Node MCU①),为几乎所有领域的业务和服务铺平了道路,如健康、物流、农业等。

物联网有助于将信息从单一来源传播到多个客户端。云计算可以认为是物联网的支柱,如果没有云计算,那么物联网的实施是不完整的。早期,"云"这个流行词只是作为互联网的象征。后来,人们创造了"云计算"一词,表示从各种传感器节点远程进行数据存储、数据处理或数据分析(即医生远程访问患者的健康档案,或车主远程监控智能汽车的物理状况)。如今,许多主要市场参与者正在提供云计算服务,如谷歌 Drive 平台、微软 OneDrive 平台、IBM Bluemix 平台、亚马逊 Web Services 平台等,服务具体有用于数据分析的海量数据存储、管理广泛的网络、操作系统(Operating System,OS)和虚拟机(Virtual Machine,VM)等功能。具有各种传感网络的物联网系统肯定会利用这些云服务,物联网设备市场规模及组成设备预计将大幅增长。云服务为设备运行提供了更多的灵活性和速度,人们只为云提供的服务付费,而不用为基础设施付费。

2017 年,Gartner 研究公司预测到 2020 年,数十亿物联网设备的产生会导致出现海量数据。物联网的颠覆性技术和现有技术的快速改进正在创造广泛的事物聚合,导致需要在云中处理和存储大量数据。例如,如果员工要向经理提交报告,现在很容易,不用担心内存空间会用完;相反,如果员工的设备连接到云端,员工可以将大部分数据和报告推送到云平台。

云机器人[24]是机器人技术的一个领域,其中云计算、云存储等技术用作有益的服务。研究人员通过这些服务,使机器人与其他机器无线共享信息,从而在全球任何地方、任何时间、任何地点对其进行控制和监控。此外,研究人员可以远程将任务分配给机器人,简化和易于访问将是重中之重。研究人

---

① 一个开源的物联网平台,使用 Lua 脚本语言编程。——译者

员采用深度学习策略解决机器人监视车的安全问题[30-33]。大多数机器人监视车还添加了手势功能,以控制整体操作[34-37]。物联网的众多应用包括从智能电器、智能医疗、智能农业、智能可穿戴设备、智能建筑、智能汽车、智慧城市到智能机器人,为完全网络化的生态系统铺平了道路[25]。

研究人员开发了监视辅助机器人(监控机器人)的原型,该原型有助于监控或识别日常行为的任何变化并记录下来,以便管理或保护个人资产。监控机器人基于智能系统设计,以树莓派作为其控制器(大脑),还包括4个摄像头、两个直流电机和一个安全的 Windows 10 Azure 云平台。树莓派是一个智能控制器,使用 Noobs 安装程序安装了 Raspbian 操作系统。4 个摄像头有助于提供 360°的环境视图,连接到树莓派控制器的直流电机帮助监控机器人向前、向后、向右和向左移动。

Azure 云平台存储图像或直播视频,内置安全服务。网页是使用 HTML 脚本语言开发的,该语言只允许经过认证的用户访问。这些经过认证的用户可以使用网页中提供的控制命令和按钮小部件来控制监控机器人;还可以借助安全的 Windows 10 云平台[26],通过 Wi-Fi 远程控制监控机器人的动作。这些操作可以远程捕获图像和视频,并在安全的 Azure 云平台存储或检索图像和视频。

本章的组织结构如下:3.2 节讨论了其他研究人员关于将无线机器人车辆用于不同应用的相关工作。3.3 节介绍了 Wi-Fi 控制的机器人监视车的相关工作,包括系统架构和操作细节。3.4 节展示了系统流程图。3.5 节显示了所提出工作的硬件实现,以及实验条件。3.6 节介绍了系统实验结果,并进行了讨论。3.7 节总结了拟提出的研究,并描述了增强此机器人技术的未来范围和可能性。

## 3.2 研究背景

本节讨论不同作者在不同应用领域使用无线机器人车辆的相关工作,主要集中在智能停车系统和监控系统两大应用领域。

### 3.2.1 智能停车系统

在当今世界,停车是人们游览购物中心、电影院、餐厅等时面临的主要挑战之一。因此,研究人员推出了智能停车场原型。该原型在处理从传感器接收到的数据(包括数据的融合和过滤)方面仍然面临困难。"数据融合"是指将来把多个传感器的数据进行积累和整合。"数据过滤"是指去除传感器传输的未使用数据,以减少数据传输延迟时间的过程。数据融合和数据过滤仍然是当今研究人员面临的挑战。

另一个主要挑战在于选择合适的算法来处理收集到的信息。此外,所有节点传感器都需要特殊功能,尽可能防止错误。

2018年,Wael Alsafery等[1]提出了一个系统,最初,该系统用于路边停车的感测数据是从分布在停车场内外的各种传感器获得的。然后,该系统在物联网边缘设备的帮助下实时工作,不断地从传感器接收数据,将获得的数据在本地进行操作和处理。

如图3.1所示,系统通过算法中预定义特征条件,使用人工智能算法分析这些积累的传感器数据。该系统框架由一个多功能应用程序组成,易于理解,鼓励用户通过Google API拒绝可能的交通检查,可以有效地发现最近的空闲区域,持续了解交通状况。

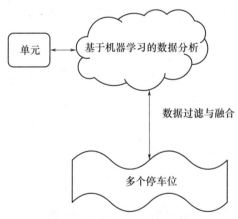

图 3.1　一般物联网停车系统

Muftah Fraifer 和 Mikael Fernstrom[2]为发达城市提出了基于云的智能车辆停车系统。该系统架构包括传感器层、通信层和应用层三个主要层次。服务器根据用户偏好搜索最佳空闲区域,然后向用户发送开车到达那个空置停车区的路线。这篇论文的主要想法是使用已经安装的闭路电视摄像系统。最初,作者的目标是让现有的闭路电视摄像机更加智能,后来,作者又提出了一种低成本且可靠的智能停车控制系统模型。该模型使用嵌入式微型网络服务器,通过IP连接进行远程评估和监控。该系统提高了在不浪费时间的情况下找到首选停车区的可靠性。

Vaibhav Hans等[3]提出了一个对用户来说非常方便的智能停车系统。该系统的主要目标是找到附近的空置停车区并在入口点分配,通过移动应用程序识别车辆。作者将系统设计为可以通过在线交易处理停车费。另外,作者优先考虑老年人和身体不便的人,以便他们可以在最早的时间点和靠近电梯的地方预留停车位。系统使用图像处理技术来识别车牌,进而识别车辆。IBM Blue Mix应用程序已用于云存储[4]。

Abhirup Khanna和Rishi Anand[5]提出了一个基于物联网的智能车辆停车系统,该系统使用移动应用程序通过传感器提取可用停车位的信息,并将信息实时发送到云平台,如图3.2所示。超声波传感器用于确定停车位的可用性。此信息通过连接到树莓派的Wi-Fi芯片发送到云端,树莓派使用MQTT协议充当云端网关。MQTT协议是一个轻量级以数据为中心的协议,比超文本传输协议快93%。用户通过使用移动应用程序,可以看到空闲的停车位。但是由于每个传感器都连接到Wi-Fi芯片,这个框架的执行费用非常高。

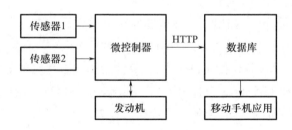

图3.2 基于物联网的传感器赋能智能停车系统

B. M. Mahendra等[6]提出了一个基于物联网的传感器赋能智能停车系统,如图3.3所示。该系统已通过用户认证,还避免了当用户将汽车停在预订以外区域时发生的虚假收费。该系统应用程序使用低成本的红外传感器,总体实施成本低于某些其他系统。

Yanxu Zheng等[7]提出了一个停车空位预测系统,系统中每个停车位都启用了传感器,根据温度、湿度、天气、日期和时间等参数预测等待时间。系统使用这些参数，通过回归树、支持向量回归和神经网络等算法预测等待时间[8-10]。

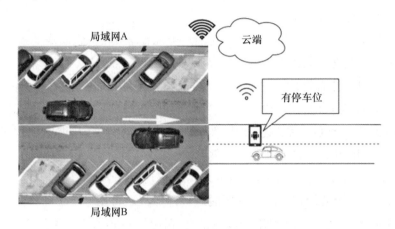

图 3.3　智能停车系统

Juan Rico 等[11]提出了一个使用城市框架信息的简单停车系统。系统的结构设计了空置停车区、预订停车区、使用中停车区和装卸停车区 4 种停车条件。系统中的应付金额可以通过近场通信技术无线支付。地磁传感器有助于检测车辆的存在，完成 4 种停车条件。基于地磁传感器的车辆占用检测的主要缺点是传感器的反应容易受到磁干扰。

F. Zhou 和 Q. Li[12]提出了一种智能停车分类方法。在这种方法中，磁传感器和超声波传感器以无线方式使用，准确检测停车区中是否有车辆。作者还描述了 Min-Max 算法的定制版本，该算法使用磁力计发现车辆。

R. Shyam 和 T. Nrithya[13]提出了一种利用云服务器现有结构的技术，该技术可以合并无限量的空间，无须更改代码。作者开发的移动应用程序可以在 Windows、Android 和 iOS 系统上运行。技术框架具有成本效益低、可靠和兼容性强的特点，使得代码可用于多个平台。

P. S. Saarika 等[14]提出了一个系统，系统中传感器的数据在雾控制器（分散计算或边缘计算）处收集，如图 3.4 所示。靠近客户区域的边缘设备收到收集的数据，开始检查和处理信息。然后，边缘设备将这些经过提炼和处理的信息发送给相应的客户，以引起对交通阻塞最少的相邻空闲空间的注意。客户端还会收到来自云端的响应，显示前往客户所在地停车位交通流量最少的路线。

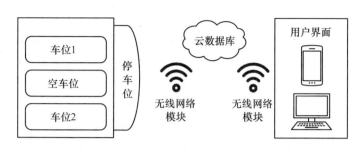

图 3.4 智能交通系统

Burak Kizilkaya 等[15]提出了一个系统,该系统使用带有二叉搜索树(Binary Search Tree, BST)的递进式布局算法来制定和识别最近的可能位置。最初,作者将定位附近的停车区,一旦发现最近的停车位,系统就将用于寻找空闲停车位。这种使用 BST 的递进技术在所需搜索时间和能量效率方面极大地改进了查询系统。作者提出该系统的主要目的是减少寻找空闲停车区的时间。系统通过利用递进式布局算法,在停车场寻找附近的空闲区域所花费的时间更少。停车时间的减少有助于减少电力和燃料消耗,从而降低二氧化碳的产生。

Felix Jesus Villanueva 等[16]提出了一种使用磁力计传感器的框架,该框架可植入目前大部分手机中。作者提出了一个想法,设计了个人能够共享传感器数据的应用程序,在需要时可接收空停车区的数据。

## 3.2.2 监控系统

如今,监控摄像头已被人们广泛接受和认可,并用于检测非法活动和进行检查,如在购物中心、机场、公共汽车站和火车站、个人资产等方面。监控摄像头是一种成熟产品,其发展目标是可以在所有适当的位置使用。

现在,政府机构推荐并强调使用摄像头简化交通系统的重要性。广播电台一直在报道交通详情[17],普通司机都知道交通的实时状况,会避开经常有更多交通障碍的路线。摄像头的主要优势是向公众传达安全措施。监控摄像头也应该正确放置,以减轻民居、商业街和咖啡馆中的不当行为和车辆盗窃问题[17]。下一节将介绍以前一些监控智能车辆的方法。

Poonsak Sirichai 等[17]提出了一个系统,在汽车早期开发阶段,部署了摄像头和无线电接收器以确保安全。这些设备除了用于驾驶,还可以用于监控车祸、调查违规者和寻找方向等方面。如图3.5所示,作者给出了系统架构图,司机使用无线电接收器,还可以避开通勤交通拥堵。此外,收集的信息可以保密,直到管理机构进行必要的检查,以便在两次检查之间做出合理判断。作者可以在框架中添加显示涉嫌不法行为的报警,有助于安全网络、国土安全和保险业务。

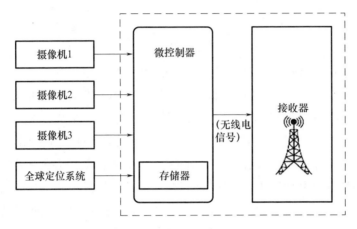

图3.5 带有监控摄像头的智能汽车架构

Chein-Hung Chen 等[18]提出了一种智能相机,该相机基于一种分体式移动深度学习云模型实现,能够拍摄和处理视频。然后,相机从视频剪辑中提炼出重要信息,并将其发送到云平台。作者还展示了Git协议在便携式云设计中的使用。

Sirichai 等[19]在工作中提出了一种称为车用移动通信网络(Vehicular Ad Hoc Network,VANET)的技术,如图3.6所示。VANET是一种智能网络技术,无须任何中央接入点实现安全措施,每辆汽车都充当移动节点来共享信息,如道路状况和交通拥堵情况。移动车辆可以通过VANET技术避免交通系统拥堵来保障交通安全。未来,VANET技术可以捕获用于记录、分析、交通安全和广播的图片。此外,出于安全目的,该技术还可以通过算法对传输的图片进行加密,使得只有监管机构才能访问这些图片。

正如文献所介绍,可以通过云平台远程访问无线环境传输的数据或图像,使用各种算法处理存储在本地或云环境中的数据或图像。这些处理方式的区别在于数据的安全程度,这个有待回答的问题价值数十亿美元。

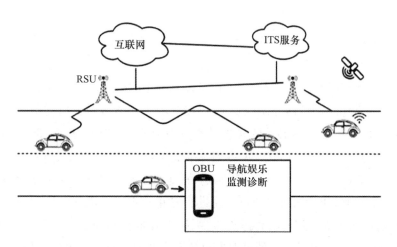

图 3.6　VANET 的架构

这种差距适用于数据和图像在云平台中的安全性,研究重点是在无线环境中进行安全的数据通信。数据安全是当务之急,无论是在服务器端还是在客户端,保护信息免受恶意攻击、网络攻击或数据黑客攻击,都是首要关注的问题。

研究的重点是开发一种监视机器人(监控机器人),机器人的移动可以远程控制,机器人可以捕获图像,并通过安全的 Windows 10 Azure 云平台进行存储和无线通信。该平台提供平台即服务(Platform – as – a – Service,PaaS)的云计算服务,允许用户无须开发和维护复杂的基础架构就可以开发、运行和管理应用程序。Azure 云具有内置的安全服务,包括无与伦比的智能安全功能,有助于在早期阶段识别快速发展的威胁[29]。

## 3.3　监控机器人:Wi–Fi 控制的机器人车

机器人监视车的发展在许多领域都起着至关重要的作用。该系统拟设计可用于监控应用的 Wi–Fi 控制机器人监视车(监控机器人)。在下面的章节中,将讨论监控机器人系统架构图、流程图的完整描述以及该系统的工作原理。

### 3.3.1　Wi–Fi 控制的机器人车架构

一个 12V 锂离子电池为监控机器人供电,监控机器人有三个主要部分:

(1)网页开发(HTML 脚本)。

(2)Windows 10 Azure 云平台。

(3)机器人监视车。

树莓派充当监控机器人背后的大脑,树莓派(树莓派操作系统启动)初始化完成后,等待网页的输入命令。经过授权的用户通过网页向树莓派发出各种命令,来控制监控机器人的各种动作。所有命令(向左/向右/向前/向后/停止)均通过基于 IEEE 802.11 系列标准的 Wi-Fi 技术以无线方式发出。

直流减速电机用于引导监控机器人的运动。该系统中使用 4 个直流电机来控制不同的方向,如向左、向右、前进和停止。由于电流和电压额定值不匹配,直流电机不能直接与树莓派连接,系统需要电机驱动器来驱动直流电机。L298N 电机驱动器[28]是一种可根据树莓派命令驱动直流电机的电机驱动器。该原型系统需要两个电机驱动器,系统借助两个驱动器控制 4 台直流电机,如图 3.7 所示。树莓派根据网页上的用户命令控制所需的一组电机,这些电机控制监视机器人的移动。

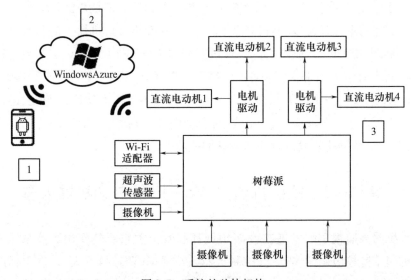

图 3.7 系统的总体架构

监控机器人有 4 个数码相机,内置互补金属氧化物半导体(Complementary Metal Oxide Semiconductor,CMOS)传感器。CMOS 技术在消除光晕和垂直拖光方面有很大的优势。由于摄像机会捕获大量实时图片,还会为监控系统提供实时视频流,为应用选择合适的摄像机也是一项具有挑战性的任务。该系统使用了4个摄像机来捕获各个方向的图像,这是捕获具有360°视图图像的最有效方式。捕获的视频或图像存储在安全的云平台中,以便在需要调查时随时检索。

### 3.3.2 系统主要部件

以下是系统中使用的各种硬件和软件组件:

(1)树莓派2。

(2)带CMOS传感器的数字网络摄像头(机)。

(3)直流减速电机。

(4)双通道L298N电机驱动。

(5)超声波传感器。

(6)微软Azure云平台。

#### 3.3.2.1 树莓派2代单板计算机

该系统使用树莓派2。树莓派2具有吸引人的特点,如900MHz时钟速度、4个USB端口、1GB内存、相机接口连接器等。

系统可靠性最主要的特性之一是时钟速度。表3.1根据时钟速度、内存、使用的处理器和USB端口等方面比较了树莓派的各种版本。树莓派2与其他版本相比性能更好。树莓派2有900MHz的处理速度,这比其他树莓派版本更快,使系统实时工作更可靠[27]。此外,树莓派2比其他版本多了3个USB端口。这一点非常重要,研究人员需要4个USB端口,将4个数字网络摄像头连接到树莓派。因此,在各种版本中,树莓派2是无线监控系统的首选。

表3.1 树莓派各版本比较

| 项目 | 树莓派2 | 树莓派A+ | 树莓派B |
|---|---|---|---|
| 处理器 | 博通BCM2836 32位ARM v7处理器 | 博通BCM2835 32位ARM1176JZF-S处理器 | 博通BCM2835 32位ARM1176JZF-S处理器 |
| 处理器速度 | 900MHz | 700MHz | 700MHz |
| 内存 | 1GB | 256MB | 512MB |
| USB端口 | 4 | 1 | 2×USB 2.0 |

#### 3.3.2.2 数字网络摄像机

数字网络摄像机使用具有500万像素、USB 2.0和传声器的免驱动网络摄像头。4个实时传输视频或图像的数字网络摄像头通过USB插槽与树莓派连接。相机无论何时捕获图像或视频,都可以存储在计算机中并查看,也可以通过互联网以邮件的形式发送给其他用户。这些捕获的视频或图像可以存储在云端供将来参考。相机具有一个可捕捉有声视频的传声器,还具有人脸检测的特殊功能,该功能可以检测人脸且自动提供清晰的对焦。这些数字化网络摄像头可用于安全侦察、计算机视觉、视频广播和录制社交视频。

数字网络摄像机在图片或视频质量、内存等方面与系统能良好兼容。该系统有4个捕获周围图像的数字网络摄像机。

### 3.3.2.3 直流减速电机

机器人监视车使用了高质量、低成本的100转中心轴经济型系列直流减速电机。这种直流减速电机有金属齿轮和小齿轮,具有很长的使用寿命。电机在12V时转速为100r/min,电机可从4V平稳转向12V,并提供广泛的转速和扭矩范围。该系统使用4个直流电机控制机器人监视车中的4个车轮。用户可以控制直流电机转动过程,控制方法是向连接驱动器模块L298N树莓派的GPIO引脚提供高电压或低电压。此L298N驱动器模块用于连接直流电机与树莓派。表3.2描述了直流电机的实验条件。

表3.2 直流电机控制模式

| 输入A | 输入B | 电机状态 |
| --- | --- | --- |
| 0 | 0 | 中断或停止 |
| 0 | 1 | 逆时针运动 |
| 1 | 0 | 顺时针运动 |
| 1 | 1 | 中断或停止 |

### 3.3.2.4 双通道L298N驱动器

L298N是双通道电机驱动器,可以同时控制两个直流电机的转速和轴承。该驱动器具有高电压、高起伏和双通道的功能,可识别标准TTL逻辑电平并驱动电感负载,如继电器、螺线管、直流和步进电机。

树莓派GPIO引脚的电流不足以驱动电机,系统将通过驱动器模块连接直流电机与树莓派。这些驱动模块可以提供足以驱动电机的输出电流。系统可以使用2个双通道L298N驱动器模块驱动4台直流电机。

### 3.3.2.5 超声波传感器

超声波传感器用于发现机器人监视车在探索路径的过程中是否存在任何障碍物[20]。该系统仅使用一个超声波传感器，可利用超声波信号发现障碍物的存在。超声波传感器发射超声波，当这些波碰到任何障碍物时会被反射回来。传感器利用超声波的发射和聚集之间的时间差估算传感器和障碍物之间的距离。

### 3.3.2.6 微软 Azure 平台

Gartner[21]公司预测未来几年云平台的使用将增长38%。Forty Clouds[21]回顾了前5名 IaaS 供应商——亚马逊网络服务(AWS)、谷歌云平台(Goole Cloud Platform, GCP)、IBM 云、Rackspace 云和微软 Azure 云的安全能力，重点关注信息和系统安全以及身份和访问管理(Identity and Access Management, IAM)，对比报告如图3.8所示。

| | amazon web services | rackspace | Google Cloud Platform Live | Windows Azure | IBM Cloud |
|---|---|---|---|---|---|
| 共享云网络 | ✓ (EC2) | ✓ | ✗ | ✗ | ✗ |
| 虚拟私有云网络 | ✓ (VPC) | ✓ | ✓ | ✓ | ✓ 基于VLANS |
| 跨数据中心的虚拟私有云网络 | ✗ | ✗ | ✓ | ✗ | ✗ |
| 防火墙 | 安全组 | ✗ | 使用标签的防火墙规则 | 防火墙(端点) | |
| 使用IPSec进行安全扩展 | ✓ | ✗ | 测试版 | ✓ | ✗ |
| 远程访问各个云服务器 | SSH/RDP | SSH/RDP | SSH/RDP | SSH/RDP | SSH/RDP |
| 基于身份的访问管理 | ✗ | ✗ | ✗ | ✗ | ✗ |
| VPN接入 | ✗ | ✗ | ✗ | ✓ | ✗ |

图3.8　各个云平台(AWS、Azure、Google Cloud 和 IBM Cloud)的比较①

---

① 图3.8为译者根据文献[21]加入，以方便读者更好地理解原著。——译者

在 Nasuni 的一系列基准测试中[22]，微软的 Azure Blob 存储已经超过了亚马逊的 S3 和谷歌云存储。Nasuni 在 2015 年白皮书[22]的云存储现状章节中透露，微软连续两年在实用性、成本和执行力的测试中名列前茅，如图 3.9 所示。亚马逊位居第 2，谷歌位居第 3。微软 Azure 是一个开放的云管理验证平台，支持各种各样的工作框架、编程语言和设备，可以作为 Windows、iOS 和 Android 平台小工具的工作后端。研究人员将 Azure 云用于系统框架的主要动机之一，是利用其广泛的安全工具和功能。Azure 云还提供了修改安全性以满足设计应用程序需要的能力。这些设备和功能有助于在受保护的 Azure 云上做出安全安排。微软 Azure 云为客户信息提供保密性、可靠性和可访问性，同时赋予客户权限。

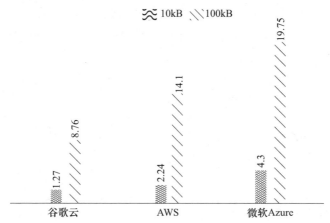

图 3.9 Azure 云在功能和性能方面位居榜首

出于上述原因，系统使用微软 Azure 云，因为以监视为目的捕获的图像和视频存储在安全的环境中非常重要。就系统安全性而言，微软 Azure 是最好的云平台。

## 3.4 系统流程图

系统的总体流程如图 3.10 所示。一旦树莓派启动，与树莓派连接的数码相机就会初始化，并开始捕捉所需的图像。监控机器人等待用户通过网页发出的命令，该命令引导机器人远程捕获图像或直播视频，并将其存储在云平台中以供日后调查。

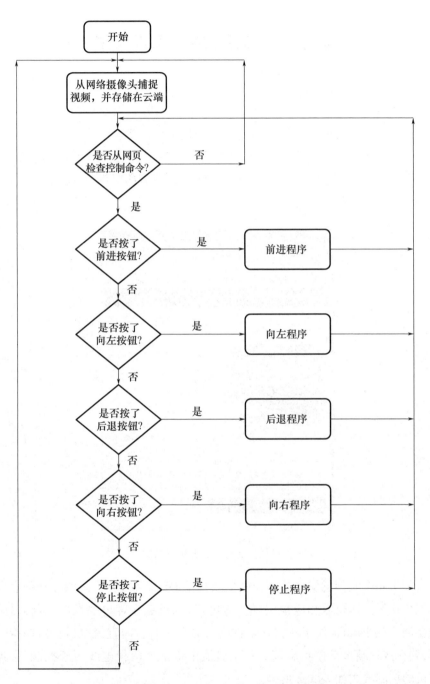

图 3.10 Wi-Fi 控制机器人监视车的流程

## 3.5 监控机器人实验条件

树莓派初始化后,会等待网页输入的命令。但网页只允许经过认证的用户登录并控制监控机器人,这会限制未授权用户访问监控机器人。用户通过认证后,会继续访问网页,按钮图标代表控制监控机器人的命令,屏幕空间可以查看图像或实时视频流,如图 3.11 所示。当用户通过网页输入命令时,PHP 客户端(监控机器人)通过套接字连接上的字节数组接收命令,并相应地控制监控机器人移动的方向。

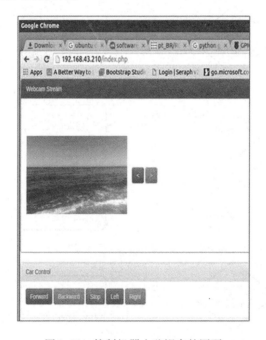

图 3.11 控制机器人监视车的网页

如果超声波传感器在其路径中检测到任何障碍物,会将图像捕获信息发送到树莓派。树莓派相应地引导直流电机,以避免在客户端发生任何碰撞。树莓派中的 Python 程序在收到来自网页的命令时会向直流电机提供控制信号,并在客户端自动避免碰撞。每个直流电机都有两根电线用于控制,直流电机的控制模式如表 3.2 所列。

系统使用 5 个控制命令来控制监控机器人的方向,包括向前、向后、向右、向左和停止。表3.3给出了为直流电机提供相应控制命令的值,以便按照用户的指示移动。

表3.3 直流电机的实验条件

| 条件 | 直流电机1 | 直流电机2 | 直流电机3 | 直流电机4 |
| --- | --- | --- | --- | --- |
| 前进 | 高 | 低 | 高 | 低 |
| 后退 | 低 | 高 | 低 | 高 |
| 右转 | 高 | 低 | 低 | 低 |
| 左转 | 低 | 低 | 高 | 低 |
| 停止 | 低 | 低 | 低 | 低 |

运动的拉格朗日方程[38]用方程表示为

$$n_2 y_2 = a(y_1 - y_2) + b(y_1 - y_2) \tag{3.1}$$

$$n_1 y_1 = b(y_2 - y_1) + a(y_2 - y_1) - a_t(y_1 - q) \tag{3.2}$$

式中:$y_1$和$y_2$为轮子和电机的位移;$n_2$为机器人的质量;$a$为刚度系数;$b$为阻尼比;$n_1$为轮子的质量;$a_t$为等效刚度系数;$q$为路面粗糙度。研究人员可以根据欧拉方程重写输出,即

$$y_1 = y_{10} e^{iwt + \phi} \tag{3.3}$$

$$y_2 = y_{20} e^{iwt + \phi} \tag{3.4}$$

研究人员原型开发的主要元素之一是网页设计,使用HTML脚本语言进行网页开发,网页是一个用户可以访问监控机器人的平台。研究人员在客户端幻灯片上使用网络摄像头客户端,以字节数组格式接收监控机器人拍摄的图像。这种方式使得图像能够以每秒10~15张的速度显示在网页中,可以将图像视为连续的视频。研究人员也可以通过使用网页中预定义的箭头按钮来更改摄像头的视角,即更改视频流的方向,这些视频同时进行传输和录制,录制的视频上传到云端以备将来参考。

## 3.6 系统实验结果和讨论

本章监控机器人系统已成功实施并进行了实时测试,监控机器人的整体设置和硬件实现将在以下部分进行说明。无线机器人监视车的重要组成部分是树莓派、相机、直流电机和Windows Azure平台。系统如果增强运动功

能，机器人监视车的设计复杂性也会增加。因此，研究人员付出很多努力来设计一个监控机器人的原型，让用户可以指挥车辆。这项工作涉及两个主要贡献：智能控制器的设计和云平台的互联以访问实时视频。

### 3.6.1 硬件实现

无线机器人监视车(监控机器人)的整体硬件设置如图 3.12 所示。该图显示系统中使用了 4 个数字网络摄像头，带有 4 个直流减速电机。树莓派充当整个装置的大脑，直流电机可以控制 360°旋转，树莓派控制前进和后退动作。监控机器人一旦通电，就会通过 TCP 协议连接到网页客户端，通过树莓派的静态 IP 地址在网页中视频直播。机器人还会主动捕捉周围的图像，将其记录并存储在安全的 Azure 云中。监控机器人根据用户在网页中给出的命令进行移动。通过身份认证的用户可以通过网页远程控制监控机器人，通过加密的云平台访问实时图像和视频。

图 3.12　系统的硬件设置

### 3.6.2 实验结果

Raspbian 操作系统在将 Python 程序转储到树莓派之前启动，并安装所有必需的驱动程序。Python 脚本在控制台窗口中运行，如图 3.13 所示。Apache 服务器服务加载完成后会重新启动。streamer.sh 文件以 MPEG 格式上传，分辨率为 1024×576，每秒 10 帧。

第3章 基于物联网和云计算的监控机器人

图3.13 树莓派控制台窗口

网页显示用户给出的控制命令,该命令作为树莓派的输入,控制机器人监视车的方向,如图3.14所示。该网页有5个按钮用于控制机器人监视车的方向,两个按钮用于控制相机的视角。用于控制机器人监视车的5个按钮分别是前进、后退、左转、右转和停止。前进按钮用于启动车辆进行移动,接下来可控制车辆朝其他方向移动。显示屏左侧带有左右箭头标记的按钮,用于控制摄像头方向来进行视频直播。

图3.14 带有方向控制的网页设计,用于监控机器人

59

## 3.7 结论与展望

本章介绍了一个 Wi-Fi 控制监控应用的监控机器人原型。该原型已成功通过 Azure 云存储平台上的实时图像传输和测试。监控机器人可以用于军事目的,远程监控边境入侵。相比以前,系统更加可靠和安全,安装有4个数字网络摄像头,可以从4个方向收集信息。研究人员通过跟踪和监视敌人的计划,使政府可以迅速采取行动,有机会避免重大灾难。系统的其他主要应用包括医疗健康监控,可以协助医生远程诊断患者。

未来研究人员可以将更多功能添加到运动系统中,以提高监控机器人的总效率。该设备可以通过机器学习功能进行增强,以构建下一代应用程序。这些监控机器人还可以通过添加更多的应用程序,用于绘制灾难区域的地图,如在监控机器人受到地震影响之后。这些机器人监视车由 Linux 和机器人操作系统(Robot Operating System,ROS)驱动,具有无限的选择,提供了最好的研究平台。总体来说,监控机器人将是执行远程监视应用程序的最佳系统,具有更好的互联性和具有成本效益的组件。

## 参考文献

[1] Alsafery, W., Alturki, B., Reiff-Marganiec, S., Jambi, K., 2018. *Smart car parking system solution for the Internet of Things in smart cities.* In International Conference on Computer Applications & Information Security (ICCAIS). Riyadh, Saudi Arabia: IEEE. doi: 10.1109/CAIS. 2018. 8442004.

[2] Fraifer, M., and Fernstrom, M., 2016. *Smart car parking system prototype utilizing CCTV nodes: A proof of concept prototype of a novel approach yowards IoT - concept based smart parking.* In IEEE 3rd World Forum of Internet of Things (pp. 649 - 654). Reston, VA: IEEE. doi: 10.1109/WF-IoT. 2016. 7845458.

[3] Hans, V., Sethi, A. S., and Kinra, J., 2015. *An approach to IoT based car parking and reservation system on cloud.* In International Conference on Green Computing and Internet of Things (pp. 352 - 354). Noida, India: IEEE. doi: 10.1109/ICGCIoT. 2015. 7380487.

[4] Husni, E., Hertantyo, G. B., Wicaksono, D. W., Candrasyah Hasibuan, F., Rahayu, A. U., and Triawan, M. A., 2016. *Applied Internet of Things: Car monitoring system using IBM Blue*

Mix. In *International Seminar on Intelligent Technology and Its Application* (pp. 417 – 422). Lombok, Indonesia: IEEE doi: 10. 1109/ISITIA. 2016. 7828696.

[5] Khanna, A., and Anand, R., 2016. IoT based smart parking system. In *International Conference on Internet of Things and Applications* (pp. 266 – 270). Pune, India: IEEE. doi: 10. 1109/IOTA. 2016. 7562735.

[6] Mahendra, B. M., Sonoli, S., Bhat, N., and Raghu, R., 2017. *IoT based sensor enabled smart car parking for advanced driver assistance system.* In *IEEE International Conference On Recent Trends in Electronics Information & Communication Technology* (pp. 2188 – 2193). Bangalore, India: IEEE. doi: 10. 1109/RTEICT. 2017. 8256988.

[7] Zheng, Y., Rajasegarar, S., and Leckie, C., 2015. *Parking availability prediction for sensor enabled car parks in smart cities.* In *IEEE International Conference on Sensor Networks and Information Processing (ISSNIP)* (pp. 1 – 6). Singapore: IEEE. doi: 10. 1109/ISSNIP. 2015. 7106902.

[8] Galicia, A., Talavera Llames, R., Troncoso, A., Koprinska, I., and Martínez – Álvarez, F., 2018. Multi – step forecasting for big data time series based on ensemble learning. *Knowledge – Based Systems.* 163, pp. 830 – 841. https://doi.org/10. 1016/j. knosys. 2018. 10. 009.

[9] Andrushia, A. D., and Thangarajan, R., 2017. An efficient visual saliency detection model based on ripplet transform. *Sadhana – Academy Proceedings in Engineering Sciences*, 42(5), pp. 671 – 685.

[10] Andrushia, A. D., and Thangarajan, R., 2020. RTS – ELM: An approach for saliency – directed image segmentation with ripplet transform. *Pattern Analysis and Applications*, 23, pp. 385 – 397.

[11] Rico, J., Sancho, J., Cendon B., and Camus, M., 2013. *Parking easier by using context information of a smart city: Enabling fast search and management of parking resources.* In *IEEE International Conference on Advanced Information Networking and Applications Workshops (WAINA)*, (pp. 1380 – 1385). Barcelona, Spain: IEEE. doi: 10. 1109/WAINA. 2013. 150.

[12] Zhou, F., and, Li, Q., 2014. *Parking guidance system based on ZigBee and geomagnetic sensor technology.* In *IEEE International Symposium on Distributed Computing and Applications to Business, Engineering and Science* (pp. 268 – 271). Xian Ning, Hubei, China: IEEE.

[13] Shyam, R., and Nrithya, T., 2017. *Cloud connected smart car park. IEEE International Conference on I – SMAC(IoT in Social, Mobile, Analytics and Cloud)* (pp. 71 – 74). Palladam, India: IEEE. doi: 10. 1109/I – SMAC. 2017. 8058269.

[14] Saarika, P. S., Sandhya, K., and Sudha, T., 2017. *Smart transportation system using IoT. In*

IEEE International Conference on Smart Technologies for Smart Nation. (pp. 1104 – 1107). Bangalore, India: IEEE. doi: 10. 1109/SmartTechCon. 2017. 8358540.

[15] Kizilkaya, B. , Caglar, M. , Al – Turjman, F. , and Ever, E. , 2019. Binary search tree based hierarchical placement algorithm for IoT based smart parking applications. *Internet of Things*, 5, pp. 71 – 83 .

[16] Villanueva, F. J. , Villa, D. , Santofimia, M. J. , Barba, J. , and Lopez, J. C. , 2015. *Crowd sensing smart city parking monitoring.* In *IEEE Second World Forum on Internet of Things.* Milan, Italy: IEEE. doi: 10. 1109/WF – IoT. 2015. 7389148.

[17] Sirichai, P. , Kaviyaa, S. , and Yupapin, P. P. , 2010. Smart car with security camera for homeland security. *Procedia – Social and Behavioral Sciences*, 2(1) pp. 58 – 61.

[18] Chen, C. – H. , Lee, C. – R. , and Lu, C. – H. , 2017. Smart in – car system using mobile cloud computing framework for deep learning. *Vehicular Communications*, 10, pp. 84 – 90.

[19] Sirichai, P. , Kaviya, S. , Fujii, Y. , and Yupapin, P. P. , 2011. Smart car with security camera for road accidence monitoring. *Procedia Engineering*, 8, pp. 308 – 331.

[20] Panda, K. – G. , Agarwal, D. , Nshimiyimana, A. , and Hossain, A. , 2016. Effects of environment on accuracy of ultrasonic sensor operates in millimetre range. *Perspectives in Science*, 8, pp. 574 – 576.

[21] Edwards, J. , 2015, May 27. How secure is your IAAS? Compare the top 5 CSP's security. https://solutionsreview. com/cloud – platforms/how – secure – is – your – iaas – compare – the – top – 5 – csps – security. Accessed on May 16, 2020.

[22] Edwards, J. , 2015, May 26. Microsoft beats AWS Google on cloud storage benchmark test. https://solutionsreview. com/cloud – platforms/microsoft – beats – aws – google – on – cloud – storage – benchmark – test/. Accessed on May 16, 2020.

[23] Gartner Inc. , 2017, February 7. Gartner says 8. 4 billion connected "Things" will be in use in 2017, up 31 percent from 2016. https://www. gartner. com/en/newsroom/press – releases/2017 – 02 – 07 – gartner – says – 8 – billion – connected – things – will – be – in – use – in – 2017 – up – 31 – percent – from – 2016. Accessed on May 17, 2020.

[24] Kehoe, B. , Patil, S. , Abbeel, P. , and Goldberg, K. , 2015. A survey of research on cloud robotics and automation. *IEEE Transactions on Automation Science and Engineering*, 12(2) , pp. 398 – 409.

[25] Analytics Vidyha, 2016, August 26. 10 real world application of Internet of Things(IoT): Explained in videos. https://www. analyticsvidhya. com/blog/2016/08/10 – youtube – videos – explaining – the – real – world – applications – of – internet – of – things – iot/. Ac-

cessed on May 17,2020.

[26] Calder, B., 2011, November 21. SOSP paper – Windows Azure storage: A highly available cloud storage service with strong consistency. https://azure.microsoft.com/en-in/blog/sosp-paper-windows-azure-storage-a-highly-available-cloud-storage-service-with-strong-consistency/. Accessed on May 17,2020.

[27] Elementzonline,2016, March 1. Raspberry Pi 3 model B: Wireless Pi released! https://elementztechblog.wordpress.com/2016/03/01/raspberry-pi-3-model-b-wireless-pi-relaesed/. Accessed on May 17,2020.

[28] Saifur Rahman Faisal, S. M., Ahmed, I. U., Rashid, H., Das, R., Karim, M., and Taslim Reza, S. M., 2017. *Design and development of an autonomous floodgate using arduino uno and motor driver controller. In* 2017 4th International Conference on Advances in Electrical Engineering (ICAEE) (pp. 276 – 280). Dhaka, Bangladesh: IEEE. doi: 10.1109/ICAEE.2017.8255366.

[29] Microsoft Azure, n. d. Security: Strengthen the security of your cloud workloads with built-in services. https://azure.microsoft.com/en-in/product-categories/security/. Accessed on May 17,2020.

[30] Varshney, T., Sharma, N., Kaushik, I., Bhushan, B., 2019. *Architectural model of security threats & their countermeasures in IoT. In* International Conference on Computing, Communication, and Intelligent Systems (ICCCIS) (pp. 424 – 429). Noida, India: IEEE. https://doi.org/10.1109/ICCCIS48478.2019.8974544.

[31] Tiwari, R., Sharma, N., Kaushik, I., Tiwari, A., and Bhushan, B., 2019. *Evolution of IoT & Data Analytics Using Deep Learning. International* Conference on Computing, Communication, and Intelligent Systems (ICCCIS) (pp. 418 – 423). Noida, India: IEEE. https://doi.org/10.1109/ICCCIS48478.2019.8974481.

[32] Arora, A., Kaur, A., Bhushan, B., Saini, H., 2019. *Security concerns and future trends of Internet of Things. In* International Conference on Intelligent Computing, Instrumentation and Control Technologies (ICICICT) (pp. 891 – 896). Kannur, Kerala, India: IEEE. https://doi.org/10.1109/ICICICT46008.2019.8993222.

[33] Lin, J., Yu, W., Zhang, N., Yang, X., Zhang, H., and Zhao, W., 2017. A survey on Internet of Things: Architecture enabling technologies security and privacy and applications. *IEEE Internet of Things Journal*, 4(5), pp. 1125 – 1142.

[34] Ullah, S., Mumtaz, Z., Liu, S., Abubaqr, M., and Madni, A. M. H. A., 2019. Single-equipment with multiple-application for an automated robot-car control system. *Sensors*, 19, p. 662. https://doi.org/10.3390/s19030662.

[35] Budheliya, C. S., Solanki, R. K., Acharya, H. D., Thanki, P. P., and Ravia, J. K., 2017. Accelerometer based gesture – controlled robot with robotic arm. *International Journal for Innovative Research in Science & Technology*, 3, pp. 92 – 97.

[36] Ankit, V., Jigar, P., and Savan, V., 2016. Obstacle avoidance robotic vehicle using ultrasonic sensor, Android and Bluetooth for obstacle detection. *International Research Journal of Engineering and Technology*, 3, pp. 339 – 348.

[37] Zha, X., Ni, W., Zheng, K., Liu, R. P., and Niu, X., 2017. Collaborative authentication in decentralized dense mobile networks with key pre distribution. *IEEE Transactions on Information Forensics and Security Information*, 99, p. 1.

[38] Ning, M., Xue, B., Ma, Z., Zhu, C., Liu, Z., Zhang, C., Wang, Y., and Zhang, Q., 2017. Design, analysis, and experiment for rescue robot with wheel – legged structure. *Mathematical Problems in Engineering*, 2017. https://doi.org/10.1155/2017/5719381.

/ 第 4 章 /

# 深度学习网络和物联网的多天线通信安全

加里玛·杰恩
拉杰夫·兰詹·普拉萨德

## 4.1 背景介绍

多输入多输出(Multiple – Input Multiple – Output,MIMO)技术通过布置各种发送和接收天线满足多径传播,从而提高无线电连接的限制极限。MIMO技术已经成为远程通信的一个基本组成部分,这些远程通信技术包括 IEEE 802.11n(Wi – Fi)、IEEE 802.11ac(Wi – Fi)、HSPA + (3G)、WiMAX(4G)和长期演进技术(Long – Term Evolution,LTE)。目前,MIMO 技术指的是利用多径广播,在相似的无线电信道上同时发送和接收多个信息信号的方法。从基础层面上来看,MIMO 技术的这种方式与为改善数据信号性能(如波束形成和分集)创造的智能天线方式是不同的。MIMO 框架在无线通信领域发挥着重要作用。选择多天线发展是为了减少 MIMO 系统和设备成本,同时保持 MIMO 框架的优势[1]。近年来,相关研究人员开始关注将人工智能或者机器学习(Machine Learning,ML)广泛应用于通信领域,因为机器学习能够将传统的网络转换为信息驱动网络,以完成更低的恒定在线计算复杂度[2-4]。用于多天线框架的卷积神经网络(Convolutional Neural Network,CNN)策略[5]是电信行业的最新基准。在电信领域,基站的特征是可以在移动电信网络中摆脱的无线电发射器、接收器或天线。基站通过无线电链路维护网络和移动用户之间的通信。无线电链路是指数据网络中两个节点或无线电单元之间的无线连接。每个无线电单元由收发器和高度定向的天线组成,通常在 6 ~ 23GHz 的微波频率范围内工作。根据不同的频率,无线电链路的最大通信范围从几米到几百千米不等。随着5G 技术的快速发展,无线多输入、多输出的应用正在利用高数据率和带宽;与单个天线元件需要更多的功率相比,MIMO 技术更能节省功率;同时,MIMO 链路具备改善和拥有多路径传播的优势[6-7]。5G中的服务质量先决条件及其规范化问题,以及 5G 与物联网和人工智能的协调效果仍在讨论中[8]。研究人员已经证明,关于各种天线和波束设计,可以重新配置以扩展波束。MIMO 技术使用半波长的元件间距,这种天线系统框架已广泛应用于众多领域[9]。

对于多天线电信系统,基站在发送端使用有限的协议进行编码,接收端使用协议对信息进行解码。MIMO 天线系统是满足即将到来的第五代(5G)

无线移动通信系统需求最有前途的解决方案之一[10]①。在发送端,发送方为了启动任何类型的发送操作,需要打开主机和端口。如果这些主机和端口不可用,那么双方的进程都会终止。一旦主机和端口可用,读取器就会从数据库中读取字符串。多个接收进程会占用这些从数据库中读取的值。当这项任务完成时主机和端口就会关闭。在接收端,接收方的本地端口打开,使用几个常规进程开始信息接收操作。一旦常规进程接收到这些信息,这些信息就会存储在数据库中。当接收确认信息发送给发送操作方时,说明消息已经收到。

  GOB 命令起源于一个数据结构,该结构由数个字段、一个切片、一个映射和一个指向自身的指针组成。当执行 GOB 命令时,GOB 包可顺利在网络上运行。GOB 命令包含一个特别的自组织网络协议,该协议中客户端和服务器均认可命令是一个字符串,后面是新的一行,然后再加上数据。对于每个命令,服务器应该知道确切的数据格式以及如何处理这些数据。光学信息框架使用发射器和接收器,发射器将对应的信息编码到光学信号通道中,该通道将信号传达给目标接收方,接收器重复光学信号信息。当不使用电子硬件时,接收器是一个从外部观察和破译信号的人,这个信号可能是直接的(如参考点火的接近程度),也可能是复杂的(如使用阴影代码的灯光或以摩斯电码闪烁的灯代码分组)。GOB 函数使用形成表格的固定光束来生成对 UE 请求的响应。但是由于结构和过程的复杂性,GOB 函数并不是最佳的。GOB 函数不能及时处理用户的请求,而且在控制过程中要经过大量的计算才能得到想要的性能、载波分布、功耗、下行链路和上行链路的吞吐量等结果。

  本章强调使用深度学习(Deep Learning,DL)模型和带有 GOB 函数的物联网以获得更好的性能、最佳的载波分布、低功耗,以及更好的上行链路和下行链路吞吐量等。DL 模型将直接控制基站获得反光束(相位、振幅、宽度)值。这个概念会配合 GOB 函数选择大多数光学类型,以实现更快的响应(缓存适合不同情况的模块并快速使用)、更精确的数据控制(减少或增加数据层和不同站点的光束与周期),以及极高的能效和低数据消耗。这个概念强调有一个 gNodeB 或 eNodeB 可以作为主站,而其他邻站作为从站。主从站通过物联网标准相互连接,主站连接所有从站和用户请求,然后将其发送到 DL 系统,该系统将 GOB 和 DL 优化模型进行比较,并选择最佳模型作为自己的智

---

① 5G 通信在中国已经部署,并已大规模商用。——译者

能网络来控制该位置的光束。这将降低网络的复杂程度,并优化整个网络。

本章的组织结构如下:4.2 节对文献进行了综述。4.3 节介绍了具有多天线波束的物联网理论和概念,并用于分析未来实现所依据的算法。4.4 节讨论了多天线波束中的 DL。4.5 节详细分析了带有物联网和 DL 的多天线波束,并比较了所提出的模型。4.6 节为深度学习的数学基础。4.7 节讲述了安全评估。4.8 节是本章的结论,解释了对进一步研究工作的建议。

## 4.2 文献综述

根据 Kaisa Zhang 等[11]介绍,随着远程设备的改进和便携式客户端的扩展,管理员中心的职能已经从对系统的开发转向对系统的活动支持。管理员迫切需要了解便携式系统的行为和客户的持续体验,这需要利用真实信息来准确预测未来的系统状况。检查广泛的信息并找出通常收到的信息,可以作为上述需求的解决方案。尽管如此,对于便携式系统增强的信息检查和预测仍然存在困难,如预期的实用性和准确性。本章推荐了一个合理的城市远程通信流量调查和预期框架,该框架通过整合真实呼叫详细记录信息检查和多变量预测计算来组织。从这一点出发,因果关系检查可应用于相应的信息调查,这种方式是通过多变量长瞬时记忆模型来预测未来的呼叫详细记录信息。最后,研究人员利用预测计算对城市中各种场景的真实信息进行处理,检查整个框架的显示效果。

根据 Alberto Mozo 等[12]的说法,未来几年 90% 的系统流量将经历通信延迟。在这种情况下,研究人员建议利用 CNN 算法来衡量通过服务器群的流量测量瞬时变化值。此值是虚拟机操作的一个标记,同样可以用来描述服务器群框架。以秒为单位的系统流量行为异常混乱,因此,习惯性的时间安排检查方法(如自回归整合移动平均模型(Autoregressive Integrated Moving Average Model,ARIMA))无法获得准确的测量结果。因为当测量粒度超过 16s 的目标值时,CNN 方法可以利用系统流量的非直线规律,极大改善信息的平均总量和标准偏差,与 ARIMA 方法相比具有明显优势。为了扩大确定模型的精确性,该研究利用一个互联网服务提供商的中心系统在 5 个月内收集的信息索引进行了广泛试验,共收集了总计 70 天在 1s 目标内的流量。

根据 Guiyang Yu 和 Changshui Zhang[13]的研究,切换强大的直接模型是描述提前时间安排变化的一种常用技术,其中交换模型是一个特殊的案例。瞬时流量是一个合理流量框架的基本部分。作者将交换的 ARIMA 模型应用于流量管理。结果显示,常用的交换模式对于刻画动态变化的场景是不合适的。因此,作者提出了一个长度变量,利用 sigmoid 函数来描述对上述实验的可能影响范围。针对交换的 ARIMA 模型,Guiyang Yu 和 Changshui Zhang 引入了一种估计计算方法,将提出的模型应用于北京高峰期交通堵塞的 UTC/SCOOT 框架真实信息试验。试验结果表明,该模型是可行的和成功的。

根据 Yuri Hua 等[14]的说法,时间序列预测可以概括为从可验证记录中收集有用数据,随后确定未来质量的过程。深度学习在时间序列中的长期依赖情况是大多数计算的障碍。然而,长短期记忆(Long-Short-Term Memory,LSTM)模型作为深度学习中一种处理时间序列的模型,可以克服这个问题。在媒体传播组织中,流量预测和客户端的可移植性会影响实际数据集,并可以从时间序列预测技术的发展中直接获益,对于 RCLSTM 这种类似于 LSTM 的预测模型来说,需要的计算时间可以大大减少。

根据 Khadija Mkocha 等[15]的说法,流量建模是通信设计的核心。历史表明,这两种广播通信系统的进展和相关设计策略之间有着密切的联系。这篇综述利用主观报告,依次调查了从 20 世纪 90 年代到现在流量建模和移动通信系统之间的发展与关系。

根据 Mourad Nasri 和 Mohamed Hamdi[16]的说法,LTE 宽带远程系统的基本要素是向客户开发互联网应用。这种系统使工程人员能够准确了解当前提供给客户的服务质量,并采取适当的措施来管理网络资源。目前,主流通用互联网应用具有不同的流量模型,如游戏、语音管理、流媒体和社交网络应用程序,因此对于服务质量的要求非常高。最后,作者通过几个案例研究,显示了理想直接容量在描述系统服务质量开发设计和调整现有功能方面的能力。

在 2019 年的一篇文章中,Asad Arfeen 等[17]根据有关不同连接和主干中心连接的双路由拥塞问题开展广泛调研,并分析了当流量从接入连接转移到中心连接时,互联网流量收敛为威布尔分布的原因。同时,该文章也分析了威布尔分布在不同访问和主干中心连接时,对于包、流和会话级别捕捉互联网流量随机特性的适应性。这些结果得到了真实流量信息健康测试的证实。

## 4.3 采用多天线波束的物联网

在物联网的帮助下,物体可以在没有人为干预的情况下做出智能决策和协作[18]。物联网网络通常依赖于具有固定辐射质量的天线,这在基本层面上不仅限制了通用网络,而且限制了单个无线电连接的工作距离和信息速率[19-20]。多天线通过尖端的计算机化信号处理和无线电波成束程序改变物联网组织。这些优势体现为无须系统管理,也无须采用物联网配置工具或无线电协议,工作人员仅需检测物联网入口终端即可。一些智能天线会根据不断变化的信号情况调整其辐射质量。这些智能天线会产生无线波束,无线波束体现为多天线波束[21]。

多天线是为了消除阻碍单个无线电连接时的障碍。当信号在物联网网络入口处传输时,具备计算能力的智能天线可以自主地服务于各种物联网设备,并就接收到的信号提供有用的数据,如关于设备标识的准确数据。同时,智能无线电链路可以改善远程物联网设备的性能,物联网设备内的无线电手持设备通常是能源消耗的主要模块。手机使用的功能可以通过在设备和门上安装无线电链路来直接识别。物联网入口终端的智能天线能够改善与所有设备的无线电连接,可以降低传输功率,减少每个物联网设备功耗。这些设备通常采用电池或收集的能量工作,通过这种方式可能增加物联网设备的电池寿命;物联网设备同样可以通过使用小型电池和一般的无线电收发模块来减少功耗。图4.1显示了多天线波束物联网相关技术的描述。

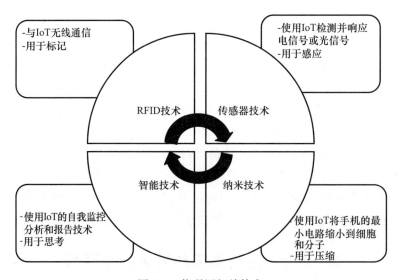

图4.1 物联网相关技术

## 4.3.1 射频识别系统

射频识别(Radio Frequency Identification, RFID)系统是一种与物联网一起用于标记用户数据的远程程序。RFID 框架是由标签(发送器或响应器)和阅读器(发送器或收集器)组成的。RFID 通常视为物联网的先决条件,图 4.2 显示了一个典型的包括标签和阅读器的 RFID 系统。

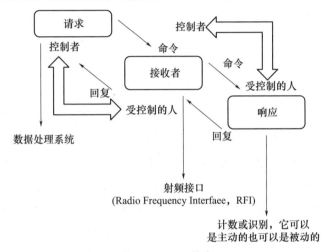

图 4.2 RFID 技术

## 4.3.2 传感器技术

传感器检测物联网设备是通过所使用的电或光信号来检测并响应环境中的变化。传感器构成了物联网中的前端结构,图 4.3 所示为了传感器技术与物联网的典型工作,该图描述了一个可以测量事件发生并将其转换为信号的传感器。

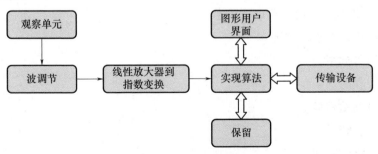

图 4.3 传感器技术

### 4.3.3 智能技术

智能技术是一种显示物联网设备使用细节情况的自检协议。智能技术主要用于信号处理、跟踪和射电望远镜,一般用于蜂窝网络,如 W-CDMA、UMTS 和 LTE。智能技术具备多种功能,如波束形成、阻抗归零和一致的模数保存。主要的智能天线包括切换波束智能天线和通用天线两种。智能天线会根据网络现状,在某个随机的时间点上,对访问哪个网络做出选择。

### 4.3.4 纳米技术

纳米技术是在物联网的亚原子尺度上建立一种有用的框架。纳米技术以不同的方式与物联网框架融合,从固体传感器的组装,到处理物联网传感器收集的信息。纳米技术是在核、亚原子和超分子尺度上的控制技术。某国纳米计划对纳米技术做出了更普遍的解释,该计划将纳米技术描述为对一次测量估计在 1~100nm 范围内的任何事件的控制。这一定义反映了量子力学影响在量子域尺度上的重要意义。因此,该定义从探索具体创新的目标出发,综合了广泛的研究和改进,以管理发生在特定尺寸边缘下问题的独特属性。以这种方式,研究人员通常会看到"纳米技术"以及"纳米尺度创新"的复数结构,以表示研究和应用的广泛范围,其常规属性是尺寸。

## 4.4 采用多天线波束的深度学习

深度学习是一种可以提供函数逼近、分类和预测能力强大的机器学习方法[22]。图 4.4 描述了在一个深度学习模型中,首先是训练即将到达主站的用户数据。该数据可能包含以下信息:

(1)用户要求的位置。

(2)数据率。

(3)状况。

(4)基站容量。

(5)吞吐量。

(6)响应时间。

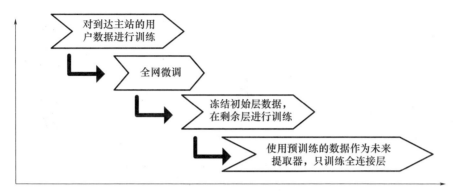

图 4.4 深度学习模型

其次,整个电信网络会对用户数据进行微调。在特定的网络调优领域,无论网络是正常还是异常,部分参数都需要调整。

再次,研究人员冻结初始层数据。在本例中,20%的数据被冻结,80%的数据用于训练。

最后,研究人员使用预训练的信息作为未来的提取器,只训练完全关联的层。

## 4.5 物联网和深度学习中的多天线波束

在众多机器学习方法中,深度学习近年来在许多物联网应用中得到了积极的应用[23]。高级天线系统(Advanced Antenna System,AAS)是 AAS 无线电和一组 AAS 亮点相结合的系统。AAS 无线电由牢固集成到设备中的接收线显示器、传输和收集无线电信号所需的程序,以及信号处理计算组成,有助于运行 AAS 亮点。人们为了使传感器可以提供多样化的服务,引入了机器学习技术,这有助于提高效率[24]。

图 4.5 描述了基站和从站之间通过 IoT 连接的基本通信模型,这意味着每一个信号都是在基站和从站之间通知通信设备。所示的深度学习模型将添加到基站中来处理用户请求、数据率、状态和基站容量,并使用 GOB 函数将用户请求发送到基站。这个过程旨在避免通信开销,并减少从服务器向用户获取响应所需的时间。

与常规框架相比,就调整接收设备辐射实例以适应快速时移流量和多路无线电扩散条件而言,这种安排提供了更多值得注意的适应性和可控性。

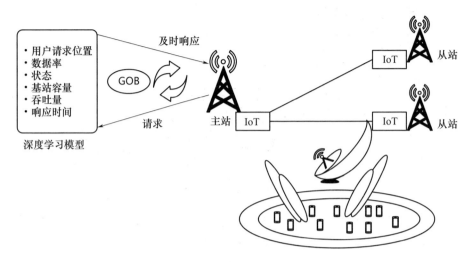

图 4.5　站点之间的通信

　　此处提到的作为 AAS 亮点的多无线电布线过程包括波束成形和 MIMO。这些功能现在与当前 LTE 系统中的标准框架一起使用。将 AAS 功能应用到 AAS 无线电结果中会在关键执行中获益,这是由于更多的无线电链路提供了更多的机会,也就是所谓的大规模 MIMO 技术。

　　图 4.6 描述了一个提议解决方案的覆盖层,该解决方案通常涉及与复制或其他点状事物相融合的卷积层开发。授权工作通常由整流线性单元(Rectified Linear Unit,ReLU)层完成,并且以类似的方式紧随其后的是其他的卷积层,如集合层、完全相关层和规范化层。另外,建议授权工作作为覆盖层,因为覆盖层的信息源和收益被激励限制和最后的卷积所隐藏。因此,最后一次卷积通常包括反向传播,以更精确地权衡最终结果。

　　图 4.7 显示了该方案的总体情况。尽管研究人员讨论了很多出色的 DL 算法,但 CNN 算法仍是解决基本问题的最佳方案。本章利用 CNN 算法的概念来高效地设计解决方案。

　　CNN 算法是一种深度学习算法,从用户那里获取来自基站的不同数据,并可以选择区分一个不同的数据形式[25-26]。CNN 层是该算法的中心结构,该层的参数包括许多可学习的通道(或比特位),这些通道有一个小的响应字段作为用户数据请求的一部分,但是随着信息容量的完全透明而延伸。深度学习在开发人员中流行的原因是传统的机器学习技术在物联网应用中无效[27]。

第4章 深度学习网络和物联网的多天线通信安全

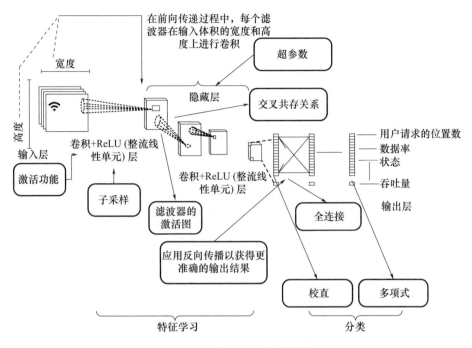

图4.6 提议解决方案的覆盖层

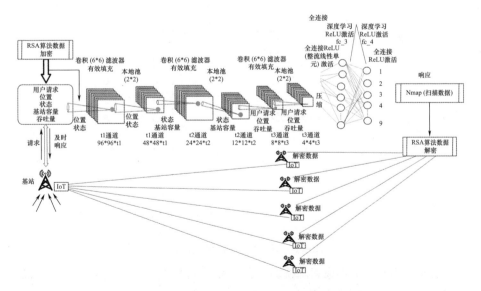

图4.7 带有深度学习和物联网通信的多天线结构

## 区块链在数据隐私管理中的应用

在继续传递的过程中,每个通道都围绕用户数据的大小和重要性进行卷积,确定网络部分和数据之间的点,并发布该通道的二维驱动监视器。相应地,当系统识别到信息中某些空间情况下某种特定的高亮时,系统就会吸收这些通道。与其他顺序计算相比,CNN 中的准备工作是次要的。

以一个用户数据的案例说明,其中:

(1) 位置数据编码为 1 3 0 4。

(2) 状态数据编码为 0 6 7 1。

(3) 吞吐量数据编码为 9 8 5 2。

(4) 容量数据编码为 0 1 3 2。

在 CNN 中,这些信息表示为像素值矩阵的图像,而像素值矩阵又可以表示为扁平值数组。图 4.8 描述了一种扁平化形式的 CNN 数据表示。

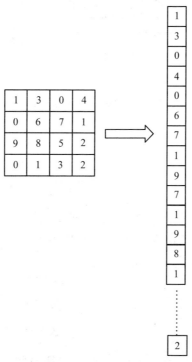

图 4.8　扁平化的用户数据结构

此外,CNN 算法将像素降低为一种更简单的处理格式。图 4.9 以一种简单的格式描述了用户数据像素表示的示例。CNN 算法描述一个图像为蓝色、绿色和粉红色三种颜色的平面。

第4章 深度学习网络和物联网的多天线通信安全

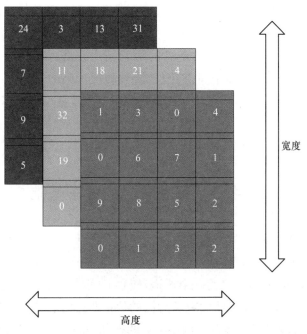

图4.9 简单格式的用户数据像素

CNN算法可以通过使用适用的通道,有效地检测信息需求图像的空间和时间相关性。由于所含参数数量的减少和负载的可重复使用,该工作实现了更适合图像处理的数据集。图4.10给出了在内部进行的从图像到更简单格式的数据汇集,其中有两种处理方式:

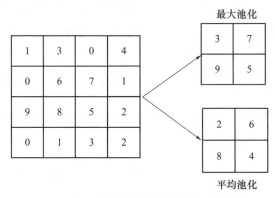

图4.10 用户数据的最大池化和平均池化

(1)最大池化:从内核持有的图像bit位中还原出最大的激励,也同样继续作为一个离群点抑制器,将有活力的起始点排列出来,并进行去噪和降维处理。

(2)平均池化:从图像片段中重新建立典型显著数量的特征,并将维度下降作为一个合理的平滑部分。

池化层和CNN层连同来自基站的配置用户数据,一起进入CNN的第$i$层。一旦输入图像通过一个通道,图像就被转换成列向量,扁平化的输出成为神经网络下一个通道的输入。训练模型在用户数据(用户请求位置、数据速率、状态、基站容量、吞吐量和响应时间)的帮助下成功准备好后,可以与未来的数据集结合使用,以产生及时响应。

## 4.6 深度学习的数学基础

本章提出的解决方案的数学背景分为以下几点:

(1)CNN的工作原理为比特卷积,可以用数字描述为这样一个过程:取一个小的数字矩阵,将其定义为一个通道,转移到信号上,并根据通道的相关质量进行更改。由此产生天线波束高亮图的值由附带方程决定,其中给定的输入用$l$表示,比特位用$p$表示。网格结果的行和列的值分别用$m$和$n$表示,即

$$G[m,n] = (l*p)[m,n] = \sum_j \sum_k p[j,k]l[m-j,n-k] \quad (4.1)$$

(2)图像每经过一次卷积都会缩小。因此,卷积的过程不能重复进行,图像有可能会完全消失。信号中引入了抑制的概念,以确定这些情况,并选择有效卷积和相同卷积两种不同类型的卷积方式。"有效"是指使用原始信号,"相同"意味着正在研究一个周围有边界的信号。这样做旨在使输入和输出的网络波束信号大小相似。在随后的情况下,缓冲宽度应满足伴随条件,其中$q$为缓冲,$l$为通道测量,即

$$q = \frac{l-1}{2} \quad (4.2)$$

(3)传感器卷积。结果输出矩阵,包括填充和步长,使用所给的公式进行评估,即

$$n_{\text{out}} = \frac{n_{\text{in}} + 2q - l}{s} + 1 \quad (4.3)$$

(4)过渡到第三维度。研究人员提出的想法是在同一网络天线上使用多个过滤器,对每个传入的信号波束分别进行卷积。接收张量的维度符合给定的公式,即

$$s[n,n,n_c] * [l,l,n_c] = \left[\left[\frac{n+2q-l}{s}+1\right], \left[\frac{n+2q-l}{s}+1\right], n_l\right] \quad (4.4)$$

式中:$n$ 为信号大小;$l$ 为滤波器大小;$n_c$ 为信号中的通道数;$q$ 为使用的填充物;$s$ 为使用的步幅;$n_l$ 为滤波器的数量。

## 4.7 安全评估

人工智能方法的安全性和保护守恒是在物联网中利用这些技术的最重要组成部分。物联网安全涉及保护物联网中连接的网络和设备[28],是确保物联网系统中关联的网络和天线波束信号得到保障的相关领域。物联网安全允许天线信号建立关联,如果天线信号没有受到保护,信号就会出现问题。物联网系统支持及时通信,如信息通过信号在 CNN 层以矩阵格式传输时,使用平均池和最大池处理,直至信息到达目的地。研究人员针对目标函数攻击提出了一些解决方案,其中包括黑盒攻击。该攻击基于统计学使用 DE 技术,在寻找有效目标角色的优化问题上没有对有效声明给予假设,但这种攻击直接增加了标记目标值的机会。此外,还有可扩展性的攻击,能够攻击不同类型的 CNN 算法[29]。在本章中,研究人员提出的方案包括各种网络安全攻击,还提供了适合当前技术解决方案的网络映射器(Network mapper,Nmap)方案。网络拓扑结构是根据中继节点之间的无线连接确定的,中继节点是物联网设备[30-32]。

本章所提出的安全解决方案 Nmap 是一种系统披露和安全评估装置。该装置以简单明了和易于操作的记忆信号而著称,提供了一个强大的过滤方法。Nmap 可用于对输出进行扫描,主要包括:

### 4.7.1 TCP 扫描

TCP 扫描通常用于检查和完成两个不同框架之间的三路由握手。TCP 过滤器通常特征非常明显,几乎可以毫不费力地加以区分。鉴于主管部门可以记录发送方的天线信号这一事实,"噪声"很有可能会触发入侵检测系统。

### 4.7.2 SYN 扫描

SYN 扫描是另一种类型的 TCP 检查。重要的是,对于一个典型的 TCP 过滤器来说,这是不正常的,Nmap 本身创建一个 syn 包,这是在传入和传出的结果信号之间建立 TCP 映射的主要信号。

### 4.7.3　FIN 扫描

FIN 扫描与 SYN 扫描类似,只是前者发送了一个 TCP FIN 包。如果天线信号得到这个信息,几乎所有的天线信号都会返回 RST 信号。所以,FIN 扫描显示了正面和负面的信息,然而,FIN 扫描可能会被某些 IDS 程序和不同的反措施所忽视。如表 4.1 所列,Nmap 以及其标志和天线信号传输使用可用于发出各种命令,具体定义为:

表 4.1　Nmap 命令

| 命令 | Determination | 标识符 |
| --- | --- | --- |
| Nmap – sA 192.168.1.1 | 确认端口 | – sA |
| Nmap – sS 192.168.1.1 | 同步端口 | – sS |
| Nmap – sT 192.168.1.1 | 连接端口 | – sT |
| Nmap – sU 192.168.1.1 | 端口扫描 | – sU |

注:这是扫描运行中的服务命令,Nmap 包含一个大约 2200 个知名服务和相关端口的数据库。

本章介绍了新的网络安全扫描模式 Nmap,以提供扫描不同方面的安全性,如 TCP 扫描、密码扫描等。图 4.11 描述了该方案中安全测量的整体流程。当期望完成时,编码的信息和端口将通过 Nmap 过滤,并在等价检查后,利用相同的 RSA 解密算法对加密的信息进行解码。考虑所有的因素,信息将在整个通道中以密文形式存在。

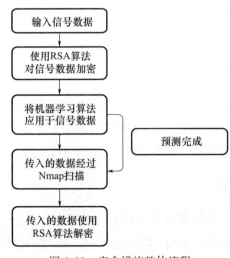

图 4.11　安全措施整体流程

## 4.8 结论与展望

本章提出了一种创新的解决方案,通过 DL 和 IoT 的多天线波束技术,可以提供更好的性能、最佳的载波分布、更低的功耗,以及更好的下行和上行吞吐量等。另外,研究人员利用 CNN 算法对来自基站的用户数据进行解析,并准备生成一个即时响应模型,这些响应通过物联网设备分发到不同的从站。本章所采用的基本概念与客户端 – 服务器通信协议非常相似,用以提供基站和 CNN 层之间的交互。DL 和 IoT 技术是通信行业的趋势,这些技术已在通信领域得到了大量的应用。

多天线技术是通信行业的核心技术。因此,本章以现代趋势性技术为主线深入分析通信行业的核心技术,还讨论了所提技术方案中涉及的数学背景。在本章中,研究人员引入了新的网络安全扫描模型 Nmap,为不同方面的扫描提供安全性,如 TCP 扫描、密码扫描、端口扫描等。未来人们可以研究利用自然语言处理技术的多天线波束通信,其中从站可以由主站借助基于区域、位置等自然语言进行寻址。物联网也将在多天线通信技术中发挥重要作用。

## 参考文献

[1] Cai, J. ‐ X. , Ranxu, Z. , and Yan, L. ,2019. Antenna selection for multiple – input multiple – output systems based on deep convolutional neural networks. *PloS One*, 14(5), e0215672. doi: 10. 1371/journal. pone. 0215672.

[2] Joung, J. , 2016. Machine learning – based antenna selection in wireless communications. *IEEE Communications Letters*, 20(11), pp. 2241 – 2244.

[3] Yao, R. , Zhang, Y. , Qi, N. , Tsiftsis, T. A. , and Liu, Y. , 2019, June. *Machine learning based antenna selection in untrusted relay networks*. In Proceedings of the 2019 2nd International Conference on Artificial Intelligence and Big Data (ICAIBD) (pp. 323 – 328). Chengdu, China: IEEE.

[4] Leeladhar Malviya, R. , Panigrahi, K. , and Kartikeyan, M. V. , 2017. Four element planar MIMO antenna design for long – term evolution operation. *IETE Journal of Research*. 64(3), pp. 367 – 373. doi: 10. 1080/03772063. 2017. 1355755.

[5] Mahey, R., and Malhotra, J., 2014. *Multi antenna techniques for the enhancement of mobile wireless systems:Challenges and opportunities.* In *IEEE 2014 International Conference on Advances in Engineering & Technology Research(ICAETR－2014)*(pp. 1－5). Unnao:IEEE. doi:10. 1109/ICAETR. 2014. 7012900.

[6] Patwary, M. N., Nawaz, S. J., Rahman, M., Sharma, S. K., Rashid, M. M., and Barnes, S. J.,2019. The potential short－and long－term disruptions and transformative impacts of 5G and beyond wireless networks:Lessons learnt from the development of a 5G testbed environment. *IEEE Access*,8,pp. 11352－11379. arXiv Preprint arXiv:1909. 10576.

[7] Shafique, K., Khawaja, B. A., Sabir, F., Qazi, S., and Mustaqim, M.,2020. Internet of things (IoT)for next－generation smart systems:A review of current challenges, future trends and prospects for emerging 5G－IoT scenarios. *IEEE Access*,8,pp. 23022－23040. doi:10. 1109/ACCESS. 2020. 2970118.

[8] Ishfaq, M. K., Abd Rahman, T., Himdi, M., Chattha, H. T., Saleem, Y., Khawaja, B. A., and Masud, F.,2019. Compact four－element phased antenna array for 5G applications. *IEEE Access*,7,pp. 161103－161111.

[9] Wang,J., Wang,Y., Li,W., Gui,G., Gacanin,H., and Adachi,F.,2020. Automatic modulation classification method for multiple antenna system based on convolutional neural network. TechRxiv. Preprint. pp. 1－5,https://doi. org/10. 36227/techrxiv. 12129801. v1.

[10] Amiri,A., Carles Navarro,M., and de Carvalho,E.,2020. Deep learning based spatial user mapping on extra large MIMO arrays,pp. 1－6. arXiv preprint arXiv:2002. 00474. Zhang, K., Chuai,G., Gao,W., Liu,X., Maimaiti,S., and Si,Z.,2019.

[11] A new method for traffic forecasting in urban wireless communication network. *EURASIP Journal on Wireless Communications and Networking*,2019. doi:10. 1186/s13638－019－1392－6.

[12] Mozo,A., Ordozgoiti,B., and Gómez－Canaval,S.,2018. Forecasting short－term data center network traffic load with convolutional neural networks. *PLOS ONE*,13(2), e0191939. doi: 10. 1371/journal. pone. 0191939.

[13] Yu, G., and Changshui, Z.,2004. *Switching ARIMA model based forecasting for traffic flow*. In *IEEE International Conference on Acoustics*,*Speech*,*and Signal Processing*(Vol. 2), pp. ii－429). Montreal:IEEE.

[14] Hua,Y., Zhao,Z., Li,R., Chen,X., Liu,Z., and Zhang,H.,2019. Deep Learning with long short－term memory for time series predictionn. *IEEE Communications Magazine*,57 (6),pp. 114－119. doi:10. 1109/mcom. 2019. 1800155.

[15] Mkocha, K., Kissaka, M. M., and Hamad, O. F., 2019, May. *Trends and opportunities for traffic engineering paradigms across mobile cellular network generations*. In *International Conference on Social Implications of Computers in Developing Countries*, pp. 736 – 750. Cham: Springer.

[16] Nasri, M., and Hamdi, M., 2019. *LTE QoS parameters prediction using multivariate linear regression algorithm*. In *IEEE 22nd Conference on Innovation in Clouds, Internet and Networks and Workshops (ICIN)*. (pp. 145 – 150). Paris: IEEE. doi: 10. 1109/ icin. 2019. 8685914.

[17] Arfeen, A., Pawlikowski, K., McNickle, D., and Willig, A., 2019. *The role of the Weibull distribution in modelling traffic in Internet access and backbone core networks*. *Journal of Network and Computer Applications*. 141, pp. 1 – 22. doi: 10. 1016/j. jnca. 2019. 05. 002.

[18] Alam, N., Vats, P., and Kashyap, N., 2017. *Internet of Things: A literature review*. In *Recent Developments in Control, Automation & Power Engineering (RDCAPE)* (pp. 192 – 197). Noida, India: IEEE. doi: 10. 1109/rdcape. 2017. 8358265.

[19] Jindal, M., Gupta, J., and Bhushan, B., 2019. *Machine learning methods for IoT and their future applications*. In *International Conference on Computing, Communication, and Intelligent Systems (ICCCIS)* (pp. 430 – 434). Greater Noida, India: IEEE. doi: 10. 1109/icccis48278. 2019. 8974551 \\.

[20] Farhady, H., Lee, H., and Nakao, A., 2015. *Software – defined networking: A survey*. *Computer Networks*, 81, pp. 79 – 95.

[21] Wang, T., Wen, C. – K., Wang, H., Gao, F., Jiang, T., and Jin, S., 2017. *Deep learning for wireless physical layer: Opportunities and challenges*. *China Communications*, 14(11), pp. 92 – 111. doi: 10. 1109/cc. 2017. 8233654.

[22] Puri, D., and Bhushan, B., 2019. *Enhancement of security and energy efficiency in WSNs: Machine Learning to the rescue*. In *International Conference on Computing, Communication, and Intelligent Systems (ICCCIS)* (pp. 120 – 125). Greater Noida, India: IEEE. doi: 10. 1109/icccis48278. 2019. 8974465.

[23] Tiwari, R., Sharma, N., Kaushik, I., Tiwari, A., and Bhushan, B., 2019. *Evolution of IoT & data analytics using deep learning*. In *2019 IEEE International Conference on Computing, Communication, and Intelligent Systems (ICCCIS)*. (pp. 418 – 453, 418 – 423). Greater Noida, India: IEEE. doi: 10. 1109/icccis48278. 2019. 8974481.

[24] Mohammadi, M., Al – Fuqaha, A., Guizani, M., and Oh, J. – S., 2018a. *Semisupervised deep reinforcement learning in support of IoT and smart city services*. *IEEE Internet of Things Journal*, 5(2), pp. 624 – 635. doi: 10. 1109/jiot. 2017. 2712560.

[25] O' Shea, T. J., Erpek, T., and Clancy, T. C., 2017. Deep learning based MIMO communications. arXiv preprint pp. 1 – 9. arXiv:1707. 07980.

[26] Uysal, A. K., and Gunal, S., 2012. A novel probabilistic feature selection method for text classification. *Knowledge Based Systems*, 36(6), pp. 226 – 235.

[27] Blot, M., Cord, M., and Thome, N., 2016, September. *Max – min convolutional neural networks for image classification*. In *IEEE International Conference on Image Processing (ICIP)* (pp. 3678 – 3682). Phoenix:IEEE.

[28] Mohammadi, M., Al – Fuqaha, A., Sorour, S., and Guizani, M., 2018b. Deep learning for IoT big data and streaming analytics:A survey. *IEEE Communications Surveys & Tutorials*, 4, pp. 2923 – 2960. doi:10. 1109/comst. 2018. 2844341.

[29] Su, J., Vargas, D. V., and Sakurai, K., 2019. Attacking convolutional neural network using differential evolution. *IPSJ Transactions on Computer Vision and Applications*, 11, pp. 1 – 16. doi. org/10. 1186/s41074 – 019 – 0053 – 3.

[30] Choi, Y. – S., Park, J. – S., and Lee, W. – S., 2020. Beam – reconfigurable multi – antenna system with beam – combining technology for UAV – to – everything communications. *Electronics*, 9(6), p. 980. doi:10. 3390/electronics9060980.

[31] Arora, A., Kaur, A., Bhushan, B., and Saini, H., 2019. *Security concerns and future trends of Internet of Things*. In *2nd International Conference on Intelligent Computing, Instrumentation and Control Technologies (ICICICT)*. (Vol 1, pp. 891 – 896). Kannur, Kerala, India: IEEE. doi:10. 1109/icicict46008. 2019. 8993222.

[32] Kwon, M., Lee, J., and Park, H., 2019. Intelligent IoT connectivity:Deep reinforcement learning approach. *IEEE Sensors Journal*, 20, pp. 2782 – 2791. doi:10. 1109/ jsen. 2019. 2949997.

# 第 5 章

# 物联网技术的安全漏洞、挑战和方案

西丹特·班亚尔

阿马蒂亚·帕拉什

迪帕克·库马尔·夏尔马

区块链在数据隐私管理中的应用

## 5.1 引言

在过去的20年里,无数前沿技术的发展推动了社会进步,并且这种发展已经使社会运行发生了极大变化。技术已经越来越多地与人们的生活方式和日常生活相结合,结合范围从人们在家里醒来使用智能家电的那一刻,到工作场所、健康监测以及睡眠分析等各类场景。这种发展已经改变了各行业对技术的认知和使用方式,人们越来越多地尝试将现有的发展整合到运营中以提高效率。报告显示,截至2020年前,连接到互联网的物联网设备预估数量将增加到500亿台[1]。物联网生态系统涉及无数的元素,如物联网设备、传感器、执行器、网络元素(服务器、路由器等)和相关工业系统。IoT 和万维物联网(Web of Thing,WoT)在催化和满足跨网连接传统设备的需求方面发挥了关键作用。作为一项新兴技术,物联网为新型工业操作提供了一种全新的解决方案和优化模式。其中,一个案例是智慧交通系统(Intelligent Transportation System,ITS)领域的创新型交通方案,在物联网和相关技术的帮助下,可以通过监控与预测交通位置来实现智能交通管理和交通预测。

物联网起源于射频识别技术的出现,物联网被设想为可识别的、可相互操作的连接对象。通俗地说,物联网包括一个全球性的、动态的、自配置的网络基础设施,其基础是与无数物理和虚拟实体协同工作的通信协议[2]。物联网的历史可以追溯到20世纪80年代的 RFID 技术,该技术在20世纪90年代转变为无线传感器网络。WSN 涵盖了智能传感网络、健康护理监测、工业监测、环境监测和其他一些领域。这最终与其他新兴趋势融合为现在人们认定的现代物联网技术。本章作者对主要的学术研究数据库进行了文献回顾,包括但不限于 IEEE Xplore、Web of Knowledge、ACM 数字图书馆和 Science Direct,以便充分确定总体趋势。我们发现关于物联网的出版物仍在快速增长,正是这种增长使得该技术蓬勃发展。这种发展不仅限于物联网这一行业,还促进了其他行业特别是区块链行业的发展[3],继而又促进了全球范围内加密货币的更广泛应用[4]。正如前面所述,截至2020年,500亿台物联网设备已是全世界人口数量的数倍,这种设备激增催生了我们现在所认知的物联网。随着对技术依赖性的增加,物联网对网络空间威胁的

## 第5章 物联网技术的安全漏洞、挑战和方案

敏感性也在增加,这些威胁也通过物联网设备传导到物理世界。某新闻杂志恰如其分地指出,毁灭性武器正通过 GPS 进行操控,无人机正由远程操控的飞行员进行监控和引导,而传统的士兵现在正通过使用外骨骼等技术进行升级[3]。这种互联或数字化是一把双刃剑,伴随着威胁的增加而增加。现在,比特和字节比炸弹和子弹更具破坏性。这种对数字的依赖使社会更容易受到网络攻击,如前所述,这可能会造成严重的破坏。基于物联网的信息共享技术的出现改变了信息学领域的前景。随着网络和信息交流范围的扩大,数据安全问题也随之而来。在当今时代,随着信息交换和网络的日益普及,数据安全是必要的。Mansi Jindal 等[5]已经解释了这一点,并特别强调了数据安全未来的前景。研究人员对信息破坏和数据泄露的模式识别进行了研究,攻击被定义为网络钓鱼、拒绝服务攻击(Denial of Service Attack,Dos)、暴力攻击、恶意软件等。每种攻击都采用了不同的方法来阻碍或破坏信息交换,具有不同的网络侵占意图。图 5.1 涵盖了各种流行的网络威胁类型。

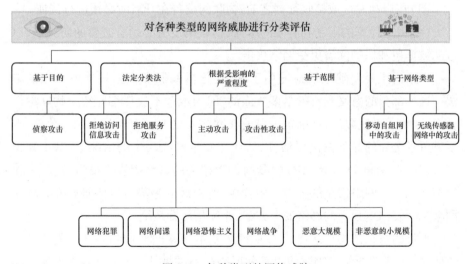

图 5.1　各种类型的网络威胁

图 5.1 给出了各种网络攻击的案例。对于安全范式的设计,研究人员需要考虑针对每种攻击的安全性。这为网络入侵检测和抵抗措施的建模技术奠定了基础,为遏制用于入侵和信息攻击的标准范式行动而量身定做。"网络安全"是指为保护计算机网络、硬件和软件免受恶意活动与漏洞(如通过网

络攻击者引发的未经授权访问)的侵害而开发的技术和流程。网络安全的主要目标是确保数据的机密性、可用性和完整性,这是所有数据处理、网络、信息和技术应用的宗旨。Gitika Babar 和 Bharat Bhushan[6]详细介绍了这方面的相关框架,特别强调了工业 4.0 的安全性。这包括保护互联网和网络免受未经授权的篡改。互联网不仅是一个交流的论坛,而且会对人类的工作和生活造成严重影响,因为互联网已经融入人类生活的物质、社会和金融等方方面面。在这方面所面临的重大挑战可以分为广泛的系统性挑战和具体的安全挑战。一些作者已经提出了针对物联网网络中潜在漏洞恶意攻击的对策,采用现代化新技术(如机器学习)的方法,以便更好地理解和预防此类攻击[7-9]。导致安全挑战的因素有专业性、多样性和原则性。研究人员通过从各种网络入侵实例中汲取相关见解,可以为物联网设备制定出以下安全实践要求[10]:

(1)所有物联网设备的开发和生命周期都应在安全范围内。

(2)认证和授权对于物联网设备和相关数据管理至关重要。

(3)在启动发送或接收数据之前,物联网设备在开启时必须进行认证。

(4)由于计算的限制和有限的缓冲,物联网设备必须有必要的防火墙,以过滤数据包和保护网络免受网络攻击。

本章的主要贡献包括描述用于评估、分析漏洞和安全挑战所使用的方法。这一部分的意义和贡献是多方面的,因为本章不仅详细介绍了物联网设备,还介绍了系统漏洞,并确定了目前在网络安全方面存在的瓶颈。此外,本章进行了全面的数学案例评估,以估计在发生网络攻击的情况下,基于知识产权(Intellectual Property,IP)的漏洞行为相关的各种因素。最后,这项工作旨在深入了解网络安全的各种应用领域,所强调的趋势可以使研究界为物联网系统开发出更强大的网络安全方案,并优化现有系统。

本章的组织结构如下:5.2 节探讨了基本物联网架构和与之相关的系统性威胁。5.3 节介绍了物联网设备和网络面临的挑战。5.4 节侧重于现有的网络攻击检测软件和安全方案,以及该领域的各种技术趋势。5.5 节通过得出相关结论对本章进行了总结,涵盖了该领域的公开挑战以及今后安全改进方案中现有技术的应用可行性。

表 5.1　网络攻击案例

| 安全威胁名称 | 案例 |
| --- | --- |
| 侦察攻击 | 数据包嗅探器、端口扫描、Ping 扫描和分布式网络服务(Distributed Network Service, DNS)查询 |
| 访问攻击 | 端口信任的利用、端口重定向、字典攻击、人肉搜索、中间攻击和网络钓鱼 |
| 拒绝服务 | Smurf、SYN flood DNS 攻击、分布式拒绝服务(Distributed Denial of Service, DDOS) |
| 网络犯罪 | 身份盗窃、信用卡欺诈 |
| 网络窃密 | cookie 追踪、远程木马控制 |
| 网络恐怖主义 | 基地组织通过网络破坏电网,污染供水系统 |
| 网络战争 | 某国对爱沙尼亚(2007 年)和格鲁吉亚(2008 年)的网络攻击 |
| 主动攻击 | 伪装、回复、修改消息 |
| 被动攻击 | 流量分析,信息内容的发布 |
| 恶意攻击 | Sasser 攻击 |
| 非恶意攻击 | 注册表损坏,硬盘意外擦除城域网中的攻击 |
| 移动自组网中攻击 | 拜占庭攻击、黑洞攻击、急速泛洪攻击、拜占庭式虫洞攻击 |
| 无线传感器网络攻击 | 应用层攻击、传输层攻击、网络层攻击、多层攻击 |

## 5.2　物联网架构和系统性挑战

下文将详细阐述物联网的多层结构以及构成物联网体系框架的众多因素、参数和条件。物联网的用途多种多样,从智能建筑节能到绿色建筑管理和智能自动化,物联网已成为每个行业不可或缺的技术工具[11]。在所有这些应用过程中,有必要确定每一步的挑战。Tanishq Varshney 等[12]在"物联网安全威胁的架构模型及其对策"中详细描述了这些挑战。本节还介绍了在该框架不同层所面临的威胁。

### 5.2.1　传感层威胁

在人类周围的大量物联网设备中,最常见的是传感器、执行器、RFID 阅读器、RFID 标签等。这些设备构成了一组设备,统称为物联网架构的传感层。

该层在物联网中的关键作用可以大致概括为对环境参数的感知和对传感数据的传输,以便在下一层面进行处理[13]。在传感层中需要考虑以下几个参数:

(1)成本、资源和能源消耗:设备配备最少的能源和内存,以降低成本。

(2)通信:设备作为信息的接收端,旨在与网络上的其他设备进行通信。

(3)网络:无线传感器网络和无线网状网络(Wireless Mesh Network,WMN)在一个复杂、无线、自主的网络中连接着一类独特的设备,用于数据采集、传输和操作。

图5.2解释了物联网网络中面向服务架构的基本原理及其与物联网基础设施其他层的交互。研究人员认为,物联网再加上同步的计算和通信能力,可以挖掘这些单个传感器提供的潜力,从经典传感器变为智能传感器。在这方面,由于数据控制的不确定性,网络传感层的终端节点安全变得非常重要。物联网安全机制的首要前提是有理由做出自己的决定,包括批准接受、执行或终止命令。然而,"事物"的限制设置为最小的能量消耗和有限的内存,这在传感层和终端节点上造成更大范围的安全漏洞。在对物联网传感层所面临的各种安全风险和威胁进行分类后,一些安全前提条件是必不可少的,包括物联网终端节点的安全前提条件:机密性、完整性、隐私性、访问控制、认证、物理安全防护和不可否认性。物联网传感层的安全先决条件包括设备认证、信息源认证、可用性、完整性和机密性。

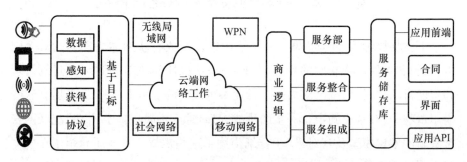

图5.2 面向服务的物联网架构

为了在物联网网络的传感层实现上述要求,研究人员建议采取的行动包括:建立一个值得信赖的数据传感系统,恢复网络中所有设备的隐私和机密性,识别用户的来源进行取证并进一步追踪,设计物联网的软件或固件以确保终端节点的安全,并对所有物联网设备的安全标准进行管理。

### 5.2.2　网络层威胁

为了优化利用在传感层中获得的数据,数据传输在物联网基础设施之间也同样重要。因此,网络层提供了交换信息的必要媒介。为了在物联网设备之间顺利运行和协调,网络的合理安排、组织和管理非常重要,其前提条件包括:有效的网络管理,如无线网络、固定网络或移动网络;网络层内的能源效率;服务质量要求;维护隐私、保密性和安全性,以及发掘和搜索机制。

本章介绍了基于物联网网络的复杂性和移动性,隐私、机密性和安全性的维护,其重要性至关重要。①现有的安全协议和框架已经提供了针对威胁和漏洞的安全性,但仍有许多问题需要解决,包括制定广泛的安全规定,以确保团体认证的机密性、完整性和隐私性,密钥的保护和数据的可用性。②物联网安全需要防止隐私泄露:物联网网络中某些设备的位置和复杂性常常困扰着开发者,开发者担心敏感数据容易受到攻击(如用户身份和证书)。③物联网网络要有安全的通信:一个物联网系统必须加强对攻击的防御,并加强健壮性、可信赖性和保密性。④物联网网络存在虚假的网络信息:创建假信号会在整个网络的设备之间传播错误信息。⑤中间人攻击(Man - in - the - middle Attack,MITM):攻击是由攻击者通过网络独立执行,在攻击者控制整个对话的同时伪造私人连接。

尽管目前的创新和技术直到最近才阻止了主要的威胁,但攻击者日益增长的影响力已经在全球范围内引发了震动。人们在以下方向采取的一系列步骤可以有助于物联网在未来提供更大的安全,这些措施包括严格的认证、授权和安全传输加密。

### 5.2.3　服务层威胁

在感知和传输时,研究人员获取的数据需要利用和整合硬件以及软件平台的服务同时进行操作。服务层是基于应用程序需求、应用程序编程接口和服务协议以及服务提供商、供应商和组织的标准而设计的。因此,服务层被称为中间件技术。该层负责 UI 和事件处理服务的集成、分析、安全和管理[14]。为了提供这些服务,研究人员所采取的步骤包括:①服务检测。定位有效地开展服务所需的最佳基础设施。②服务组合和集成。通过交互、调度或重新创建的方式,从而进一步拓展服务间的交互范围并引导更可靠的服务目标。③认证管理。重点是其他服务对可信设备的验证。④服务应用程序接口(Application Program Interface,API)有助于改善服务之间的互联。

为了应对众多的挑战和威胁,开发商和企业一直在坚持不懈地提供解决方案,以增强和改善互联网网络中的服务。雄心勃勃的 SOCRADES 集成架构旨在有效地改善应用层和服务层之间的交互[15]。设备互联中的"物"通常仅限于提供服务,同时利用这些设备来发现网络、交换元数据,以及异步发布和订阅事件[16]。在 Pedro Peris - Lopez 等[17]发表的文献中,研究人员为了提高松散耦合设备和分布式应用程序的互操作性,设置了一个表示状态的转移,并在服务层中引入了一个服务提供过程,该过程可以加强应用程序和服务之间的联系与支持合作。

鉴于上述挑战和为应对这些挑战而提供的解决方案,研究人员必须了解某些安全预防措施、要求和协议,如果采取这些措施,物联网可以屏蔽服务层的攻击。这些措施包括:服务验证的专用授权方法、组的认证、用于维护和存储密钥的隐私和完整性保护、防止隐私泄漏和位置跟踪、跟踪涉及未授权使用和未订阅服务,最后是预防潜在威胁,如 DoS 攻击、节点识别伪装、重放攻击、服务信息操纵和通信以及拒绝服务攻击。本节大致涵盖了主要潜在安全威胁的解决方案。

### 5.2.4　应用层威胁

应用接口层是物联网网络中最明显的互动层,包含了无数应用程序,从基于射频识别的跟踪到通过标准化协议和其他技术实现的智能家居管理[18]。应用程序的维护需要一定的安全前提条件,如基于安全的隔离、获取软件和更新的安全方法、增强安全性的补丁、管理员的验证手段,以及加强安全的集成平台。物联网架构的不同层为了维持层间通信的安全性需要以下要求:跨层通信、管理员跨层验证和批准、关键数据隔离需要维持三大安全原则(隐私性、机密性、完整性)。

规章制度可能有助于设计安全解决方案。这些节点的安全性需要引起高度重视,因为这些节点大部分都是不受监督的,考虑节点数量庞大,在设计安全解决方案时,节点的能源效率是最重要的。

### 5.2.5 跨层挑战

在跨越数据共享的物联网架构的所有层时,必须维护某些标准,以确保网络的安全性和完全互操作性。随着网络中网络设备数量的增长,用户有权确定自身的数据受到保护,以抵御体系结构层之间的挑战。跨层的安全需求实际上是整个物联网网络面临挑战的融合:在设计和执行时间方面保护安全,确保高隐私标准以通过增强技术保护个人数据,以及恢复对物联网架构的信任。

## 5.3 物联网技术的挑战和相关漏洞

### 5.3.1 认证和授权相关挑战

随着物联网设备的日益普及,每个系统都需要对共享的敏感传感器数据进行安全认证,这已成为当务之急。尽管密码是虚拟世界中广泛使用的最安全的认证方法之一,但由于工作中的物联网网络规模巨大,普遍认为密码与物联网系统不兼容,而且难以实施。医疗健康行业是许多采用物联网的行业之一。在医疗健康行业的物联网架构中存在数据传输,在将数据转发出去之前,首先由接收节点(医疗服务网关)进行验证。其次,在转发数据时云端也会验证该数据。最后,一旦物联网应用程序和服务对系统进行验证,就会对获取的数据进行分析和操作。物联网方案中的认证方法是基于安全令牌的。两种最常用的认证过程分别为单向认证和相互认证。

基于OAuth的认证方案在过去几年中逐渐受到重视。这是一种开放标准的认证,在不暴露密码的前提下调用第三方网站进行登录。这个方案的关键好处是授予客户对服务器的安全委托访问。图5.3中解释了OAuth的流程。

基于OAuth的方案为物联网应用程序提供了应用程序接口,该方案通过以下方式帮助物联网服务和应用层,进而帮助用户:

(1)允许在API提供商处与IoT用户或终端节点达成协议的不受信任的应用程序执行操作。

(2)授权执行操作,通过验证设备或用户的权限而不泄露用户密码。

(3)给不受信任的用户一定的权限。

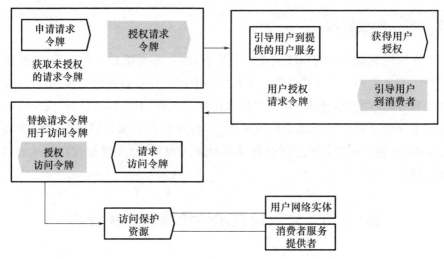

图 5.3  OAuth 流程

OAuth 2.0 是一种认证技术,对下一代 Web 应用程序、移动电话和物联网客户端非常有帮助,但该技术也面临着一系列挑战,包括可信的 API 和委托证书。物联网系统中的某些应用程序使用国家机构提供的数字 ID 来识别用户或设备。物联网系统缺乏集中授权管理。跨各种平台的多样化安全管理接口使得物联网终端节点难以管理云交互。对于 OpenID 和 OAuth,在基本操作方面,研究人员可以在两者之间找到一些相似之处:登录请求;请求者的认证;为身份提供者重定向统一资源定位器(Uniform Resource Locater,URL);身份认证者认证用户;通过发送重定向处理提供者的请求和响应;以及向请求者发送 URL 和请求者的响应。

研究人员仔细观察网络,发现认证层构成了物联网体系结构的基石,认证层依赖于身份信息来提供和验证物联网设备。这些物联网或机器对机器设备建立了一种信任关系,允许设备根据信息的身份访问基础设施。虽然主要在企业网络中存储和向用户提供身份信息之间存在很大的区别,但终端是使用人体生物特征或口令进行识别的。人们一直在尝试通过使用物联网终端指纹来减少或消除人机交互。在此过程中演进的标识符包括 RFID、终端的 MAC 地址和 X.509 证书。其中,X.509 认证具有强大的认证体系,但存储证书的内存不足和用于计算认证加密操作的 CPU 算力对物联网设备构成了挑战。除了 X.509,物联网设备还有其他一些身份标识(如 802.1AR),以及认证协议(如 IEEE 802.1X),这些身份标识和协议有利于能够处理存储强凭据所需的 CPU 算力和内存设备。这些挑战引发了新的研究，以开发更小的指纹凭证，这在计算密集型较少的加密框架中是可持续的。

物联网架构的第二个决定因素是授权，在整个网络架构中管理设备的访问。访问数据的授权是基于所执行的认证操作，采用设备的身份信息来启动和增强信任联盟与信任关系，以传递合适的信息。信任关系允许最低限度、必需的数据传输，以及相对自由的数据流动。现有的架构和政策机制有效地满足了消费者和企业网络中终端的需求。最大的瓶颈是进一步提高物联网或 M2M 设备的规模，在架构中增强具有多样化的信任关系。重点可能会转向改善策略和控制，以尽量减少和隔离网络流量，改善端到端的通信。

物联网网络安全管理的主要区别是，在添加新设备之前，网络必须在共享数据之前进行自我认证，这与网站在浏览器上使用安全套接层（Secure Socket Layer，SSL）进行认证或用户必须使用密码进行认证不同。创建物联网网络的驱动力是减少人为干预，增加事物之间的协调，为用户提供有用的数据，因此引入用户输入的凭证来访问网络将是一种退步。那么，有哪些措施可以确保设备正确地取得访问物联网网络的授权？基于用户认证，机器认证使用一组类似的凭证来取得授权，这些凭证安全地存储在内存中。

确保传输、存储和操作的数据在物联网网络中保持安全，对于防范以未经授权的方式利用物联网的威胁至关重要。物联网容易受到外部威胁的脆弱点包括：

（1）车辆、医疗健康系统和控制系统可能被用来操纵人体（无线体域网）以造成伤害甚至更坏的结果。

（2）操纵保健诊断，可能导致不当的治疗或修改提供给患者的健康信息。

（3）家庭或商业企业可能面临针对电子、遥控门锁机制的攻击，造成物理闯入。

网络中的设备往往在不同层面上存在风险。第一个层次是单用户层面，通过小规模物联网设备，可能存在利用持续远程监控进行非法监视的风险。对网络、地理追踪和物联网元数据的检查会导致不适当的文件配置和分类。资产使用和管理开发的使用模式可能导致未经授权的用户位置跟踪。用户的位置和通过基于位置的传感信息跟踪个人行为、选择和活动，可能会出现未事先通知用户的情况下非法储存信息的风险。第二个层次是商业业务，通过 POS 机和对 POS 机的访问对金融交易进行未经授权的跟踪、分析和操纵。失控的服务可能会导致经济上的损失,而在偏远地区或者缺乏安全控制的场景下,物联网资产遭到毁坏或者盗用,可能会进一步加剧损失。第三个层次是物联网的可访问程度,攻击者有可能获得对物联网终端节点的未经授权访问,攻击者通过利用嵌入式设备升级软件和固件的漏洞来肆无忌惮地窃取数据,这种攻击案例发生在汽车、房屋或医疗健康场景。攻击者通过操纵、违反或利用信任关系和联盟来获取对企业物联网的未授权访问,从而危害物联网终端的可能性是存在的。攻击者有可能破坏物联网终端以形成僵尸网络,也有可能通过伪造物联网设备,获取存储在设备中的密钥和其他机密数据来加入网络。物联网网络中的这些设备在不知不觉中受到了安全问题的困扰。

物联网系统中最关键的操作是对设备和各层传输的数据进行认证。从授予物联网设备访问权到转发获取的数据或对这些数据进行操作,再到应用层在请求数据时获得授权,整个物联网都围绕着安全和认证展开。为此,物联网中最兼容和最佳的方法之一是安全令牌,物联网使用收到的令牌将一个应用程序或用户或设备验证给另一层的设备或应用程序。这有助于将第一个行为者验证给另一层的另一个操作者,从而授予访问和授权。为了检查授权和验证,用户必须了解如何传输、分析或操作数据,以及每个行为者授权另一个人访问数据的程度。

OpenID Connect 1.0 和 OAuth 2.0 是与上述模型一起运行的两个最广泛使用的认证工具。两个框架都使用令牌进行认证以授予特权和控制权。OpenID Connect 1.0 的一个显著特征是其提供了一种发现和注册机制,非常适合于扩展网络。OpenID Connect 1.0 和 OAuth 由于使用了物联网 HTTP 协议而面临最大的挑战。HTTP 协议是设备间进行安全交互的障碍之一。消息队列遥测传输协议和限制性应用协议的开发已被证明是合适的 HTTP 替代方案,但在结合以物联网为中心的框架方面仍存在许多障碍。

## 5.3.2 访问控制的安全风险

大多数在线服务和基于计算机的网络使用以下算法来授权用户:用户提供自己的身份,根据组织内指定的角色,身份一旦建立,用户就会获得特权和控制权。几乎所有可用的协议和框架(LDAP、SSH、Kerberos 和 RADIUS)都遵循这种算法,称为基于角色的授权过程。一个类似的情况是利用 HTTP cookie 的在线服务,一旦确定了身份,这些 cookie 就会保存在浏览器中。这些协议建立用户身份的方法可能有所不同,但核心思想都是围绕着验证详细信息和在验证时授予特权。

下一个最重要的任务是为用户授予访问权限和进行权限控制。这是为了确保用户能够访问最少数量的强制性资源来执行其操作。在系统破坏的情况下,通过控制用户权限,以减轻损失。这与基于设备的访问控制机制是一致的,后者又构成了基于网络的访问控制系统的基础,如微软活动目录(MAD)。这些机制的最大优点是将从网络中获取数据的权利限制在只有那些由特定凭证授权的人,以尽量减少对安全的任何破坏,这称为最小权限原则。

#### 5.3.2.1 基于角色的访问控制系统

与计算机不同的是,基于角色的访问控制的广泛普及并没有在物联网系统中复制,因为在基于角色的系统中,单个设备身份可能是未知的。此外,访问控制侧重于其他标准,如位置、坐标、结构等。因此,需要一个更广泛的基于属性的访问控制系统。OAuth 在此领域的唯一缺点是其使用令牌验证应用程序,而不是验证用户。

#### 5.3.2.2 基于列表的访问控制系统

为了进一步维护记录以确定授予每个用户、应用程序或终端节点的权限,系统需要维护一个访问控制列表(Access Control List,ACL)。图 5.4 描述了基于 ACL 的系统,用于访问或授予物联网设备或应用或用户权利。换句话说,ACL 是一套规则,列出了许可的物联网用户或应用程序。

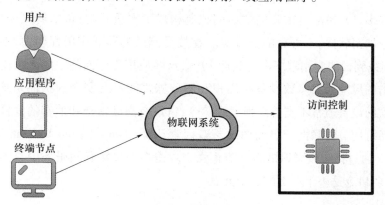

图 5.4 基于 ACL 的系统

#### 5.3.2.3 基于性能的访问控制系统

FTP 通过指定的端口接收信息,使该端口极易受到攻击。为了限制端口的可访问性,设置了用户名和密码,尽管这对物联网日益增长的受众来说是不可行的。这限制了端口的使用,因此,该方法正在被废止。此外,设备和终端的有限复杂性引起了人们的关注。图5.5提供了一个相关的系统介绍。

对现状的一种安全和最佳的替代方案是利用"能力",这是用于访问某些活动的加密密钥,例如设备之间的通信。

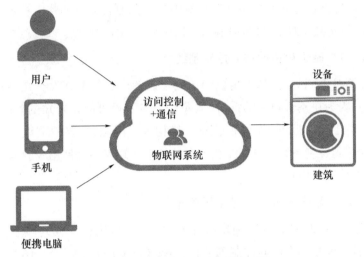

图5.5 基于能力的访问控制系统

#### 5.3.2.4 访问控制方面的挑战

许多日常挑战对物联网的访问控制构成了严重威胁,包括弱口令、较弱的口令加密软件、不可靠的协议等。在接受测试的移动应用程序中,不使用SSL连接到云的应用程序占总数近19%,这些应用程序面临中间人攻击或连接攻击的风险。大多数设备在用户和服务器之间没有安全的认证系统。许多物联网设备通常不支持高强度的口令,也没有高度安全和加密的固件及软件更新可用。物联网云界面中缺乏双因素认证(Two-Factor Authentication,2FA)。通过锁定或延迟措施来防止强力攻击在许多物联网服务中是不可实现的,弱口令是一个严重的安全问题。

### 5.3.3 物理层安全

在过去的几年里,人们越来越关注物理层的安全性。顾名思义,在这种技术中,不是依靠传统的加密方法,而是利用物理层属性来实现保密性,如信道安全、热噪声和干扰来确保物联网系统的安全。物理层安全是在物理层运行的,这里不假定敌手的计算能力和信息。计算能力是可以确认的,用每秒每赫兹的比特数来衡量,可以通过编程、信号处理和通信来实现。

第一类漏洞是物理层漏洞。包括物联网设备捕获,物联网系统的终端实体面临被攻击者捕获、操纵和篡改的风险。这可能反过来导致通信密钥等敏感信息的泄露,并进一步威胁到整个物联网网络。第二类漏洞需要增加伪造的物联网设备。通过输入假代码来访问其他用户的数据以访问系统,可以将伪造设备添加到系统中。第三类漏洞是来自旁路的攻击。在操作设备时,经常由于侧信道泄露遭黑客入侵;这包括无线电干扰和能源及时间消耗。此外,漏洞还包括基于时间的攻击,即通过评估系统加解密算法访问关键数据所需的时间来执行高精度攻击。因此,网络中完美的物联网设备将是能源效率、性能、灵活性和成本效益的综合体。最优先使用的算法有3DES、AES、RSA和ECC。

### 5.3.4 数据传输加密

基于数据传输的加密一直是保护物联网设备安全和隐私的关键领域。设计加密传输协议的先决条件是确认、保护和加密数据的完整性,以及密钥握手。广泛应用的传输协议包括传输层安全(Transport Layer Security,TLS)和SSL。SSL、安全传输层协议(Transport Layer Security,TLS)和HTTP是常用的基础加密方法。

#### 5.3.4.1 传输层安全

用户和服务器通过以下步骤建立TLS连接,这种连接称为"握手"。用户请求访问服务器。客户端从服务器收到一个证书。服务器对用户传输的"预主密钥"进行解密,确保HTTP服务器的身份。用户和服务器发送一个最终验证的结论信息,以确保双方拥有相同的会话密钥。

#### 5.3.4.2 超文本传输安全协议

HTTP协议的主要功能是验证所访问的网站,并保护所交换数据的隐私性、完整性和保密性。针对HTTP协议保障的不同攻击是伪造内容、操纵和歪曲内容、窃听、MITM攻击等。HTTP协议在发送方和接收方之间提供双向加密功能。

#### 5.3.4.3 物联网中的传输信任

大多数物联网设备和传感器的首要挑战之一是要在有限资源内进行安

全传输。MQTT 和 CoAP 是已证明的有效协议，包含了多种特性，如作为开放标准，易于实现，系统带宽更高效且通信更节能。图 5.6 描述了物联网中的传输安全。

| | MQTT+交互认证TLS | AWS认证+HTTP |
|---|---|---|
| 服务器认证 | TLS+证书 | TLS+证书 |
| 客户端认证 | TLS+证书 | AWS API密钥 |
| 机密性 | TLS | TLS |
| 协议 | MQTT | HTTP |

图 5.6　物联网中的传输安全

### 5.3.5　安全云和网络接口

一个高效、智能的物联网网络是由数以千计的智能设备组成的，设备依靠协同运作来改善业务管理；云被认为是高效物联网网络的关键要素。云帮助提供采购数据的设备和提供有用数据设备之间的安全互联，这在图 5.7 中进行了说明。M2M 网关有助于连接设备和应用，物联网 M2M 网关需要获得探测和侦查数据。用规则规定如何将数据提供给用户，并在物联网云中对其进行分析和控制。

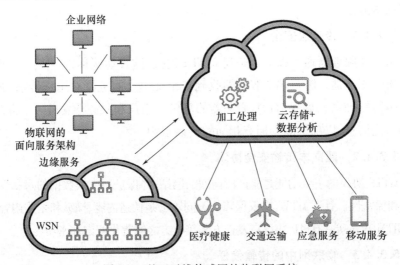

图 5.7　基于无线传感网的物联网系统

### 5.3.6 安全软件和固件

硬件安全为物联网系统的安全带来了许多好处,如强大的基础设施建设所造就的安全网络可为用户提供无缝管理。另一个好处是可提供多方面的保护,以保障和捍卫整个物联网架构与应用层的服务质量。此外,硬件安全由于其多样化的保护和灵活的结构,在医疗健康服务、智能家居、工业自动化等追求安全的行业中越来越受欢迎。

物联网基础设施中的安全控制涉及以下基本要素:

1. 密码学和密钥的管理

(1)机密性、完整性、认证、授权和加密,这些都是密码学的基石。

(2)密码变量,其中包括熵源或池、对称密钥和随机数。

(3)通过存储和维护密钥以及密钥材料来管理密钥。

2. 各层的协议

(1)设备认证或授权,确保完整性和保密性。

(2)网络层认证、信号通信认证和保密性。

(3)应用层的完整性和信号通信认证。

过去,许多以软件为中心的创新都集中在安全设备上。然而,软件本身也有以下缺点和弱点。

(1)为了保证软件的安全,必须要了解什么是软件——软件是一种可以阅读、分析和执行的程序代码,因此,软件可以被随意地访问或拆解。

(2)在以软件为中心的保护系统中,攻击者很容易识别密钥。

考虑上述软件的细微差别和缺点,安全性好的软件和强大的、受保护的硬件组合使系统更加可靠和安全。此外,软件可以由硬件来保护。对于更新,物联网设备要设计成可以用所安装的软件和固件的新版本进行更新,这可以通过以下步骤完成。软件和固件解密≥签名验证≥更新启动过程≥更新签名的软件和固件。这些更新既提高了系统的安全性和设备的可信度,又有助于解决技术问题和修复错误,而且避免了昂贵的软件购置和技术支持服务,提高了成本效率。此外,软件和固件更新的好处还包括保证了从服务提供商到授权用户的安全交付。

## 5.3.7 网络入侵成本估算

到目前为止,我们已经了解为什么需要网络安全;为了了解网络安全的重要性,本节将提供一个案例分析。考虑一个假想的案例,即信息技术领域的一家名为"Things of Things"的公司。该公司总部设在美国,大约有5万名员工,评估价值为400亿美元。这家公司的主要业务领域是为无数物联网技术开发基于软件的管理工具。该业务的利润率大约为12%,并通过其研究和开发部门在知识产权方面取得了重大发展。在新产品发布前6个月,该公司被一个联邦机构告知,其负责的一款新产品出现了网络漏洞,而该产品预计将在未来半个月内贡献公司业务总收入的25%。虽然攻击者的意图值得商榷,但有了这些新发现的信息,网络漏洞已经对该公司的现有技术构成了威胁。此外,一家调查媒体报道称,攻击者正试图对基于网络的产品进行逆向仿制,从而有可能破坏该公司的物联网业务市场,因为该公司已在其开发中投入了数百万美元。

作为回应,该公司聘请了一家高级公共关系公司来协调应对措施,并联系所有相关人员,如客户、终端用户和其他各种人员,试图减轻公共关系的损失。公司还聘请了顶级律师和网络取证团队来进一步调查此事,以确定产生漏洞的原因和其他潜在漏洞。此外,公司还聘请了一家网络安全公司来帮助处理和补救漏洞。在影响管理阶段,该公司被迫暂停已经计划好的发货,同时为被入侵的设备推出升级方案。为了防止收入完全损失,公司将设备的推出时间提前了两个月,以便在假冒产品到来之前占领市场。在这期间,投资者信心的丧失导致政府中止了一项重要合同,因为该公司表现出其基础设施防护能力的缺乏。这个项目本应带来5%的收益;由于客户的回撤,导致了5%的损失。作为其长期管理的一部分,该公司被迫采取多项政策措施,如为加强网络风险管理进行全企业评估并制订行动计划,包括知识产权清单、部门风险分类和预防策略,导致了业务成本的增加。

从表面上看,这种性质违约行为的损失属于间接损失且并不明显。这些损失包括知识产权的损失、运营方面的中断、合同丢失、保险费的增加、品牌受损以及投资者信心的丧失。研究人员根据Deloitte的14个基于影响的定性因素分析[18]得出全部损失约为32亿美元,如表5.2所列。在这个案例研究之后,我们面临的问题是给出的要素是否可信。事实上,我们有很多对物联网设备或通过物联网设备进行安全攻击的实例;攻击者已经精心策划了重大的网络攻击。网络安全风险公司的一份年度网络犯罪报告估计,到2021年与网络犯罪相关的损失将达到6万亿美元[21]。这一数字自2015年以来几乎每年翻了一番①,当时约为30亿美元。仅勒索软件每年造成的损失就高达200亿美元。这些数字反映了我们在网络安全方面所面临威胁的规模。

表 5.2 Things of Things 公司的损失估计

| 成本因素 | 损失/百万美元 | 占总损失的百分比/% |
| --- | --- | --- |
| 技术调查 | 1 | 0.03 |
| 客户泄密通知 | 不适用(不是 PII 泄露) | 0.00 |
| 信息泄密后的客户保护 | 不适用(不是 PII 泄露) | 0.00 |
| 监管合规 | 不适用(不是 PII 泄露) | 0.00 |
| 公共关系 | 1 | 0.03 |
| 律师费和诉讼 | 11 | 0.35 |
| 网络安全的改进 | 13 | 0.40 |
| 增加的保险费 | 1 | 0.03 |
| 成本与债务比率增加 | 不适用 | 0.00 |
| 业务中断 | 1200 | 36.83 |
| 客户关系的价值损失 | 不适用 | 0.00 |
| 损失的合同收入价值 | 1600 | 49.11 |
| 品牌的贬值 | 280 | 8.59 |
| 知识产权的损失 | 151 | 4.63 |
| 总计 | 3258 | 100 |

## 5.4 现有网络攻击检测软件和安全方案

### 5.4.1 常规网络安全方案

本小节涵盖了结合物联网技术,为确保数据的机密性和完整性而采用的各种常规网络安全方案。

---

① 原书表达的可能是"这一数字自2015年以来几乎每年翻了一番"。——译者

#### 5.4.1.1 访问控制技术

访问控制技术是基于物理安全和虚拟安全方案的交叉技术。访问控制技术的三个关键原则是边界保护、认证和授权。

这些技术旨在防止未经授权的各方查看或访问其安全许可权限之外的数据。这构成了世界各地实施的所有分层安全模型的基础,这些模型根据保密性和访问控制的程度来分割数据。边界保护方案包含通过在受保护的数据和用户之间建立有形边界或逻辑边界来分离不同程度信息的方法。通俗的说法称这些区域为非管控区。边界保护技术的例子包括阻止通过私有服务器非法访问的主机端防火墙系统、内容管理系统以及对不适当内容(包括但不限于垃圾文件或机密信息)的流量控制。图5.8所示为访问控制技术及其相关架构。研究人员依赖于认证的技术,根据三种定性类型来识别身份与权限:个人身份,如生物识别或虹膜扫描;个人拥有,如智能卡和令牌;个人权限类型,如口令或代码。双因素认证似乎已经成为行业规范,以便通过访问控制加强安全性。

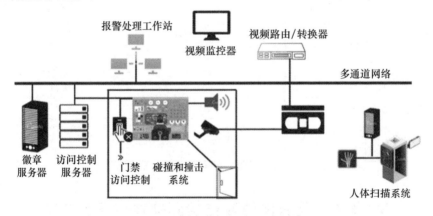

图 5.8 访问控制系统的简化架构

#### 5.4.1.2 系统完整性检查

完整性包括系统的可靠性,或者说是完整性检查机制,确保恶意的有效载荷或攻击不会影响系统的完整性。反病毒和反间谍软件是用于这一目的的典型技术产品。本质上,系统完整性检查器的任务是确保恶意软件没有修改、破坏或损坏系统。有关的恶意软件可能是病毒、木马、蠕虫、间谍软件、广告软件等[22]。图5.9所示为一个系统完整性检查器的简化结构[23]。

该软件保护系统网关,阻止任何企图进入的恶意软件,并修复恶意软件造成的损害。

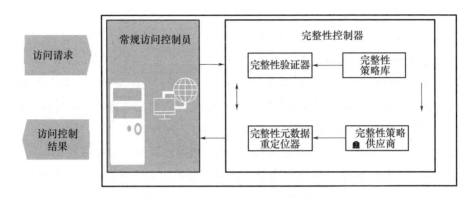

图 5.9　系统完整性检查器的简化结构

#### 5.4.1.3　密码学方案

密码学是保护计算机系统信息不可缺少的工具,涉及密码学系统和共享密钥的原理。密码学的起源可以追溯到 RSA 算法的发展,该算法最终获得了美国专利[24]。"密码学"被定义为一种对数据进行修改的研究方式,通过这种方式,数据获得了一种隐藏其真实信息的形式,本质上使其成为一个秘密。密码学包含三类算法:首先是非对称算法,使用两个密钥,一个公开的,一个私有的。公钥支持将明文消息转换为密文,私钥支持解密算法。顾名思义,密钥存储在安全服务器上,并不是所有人都知道。其次是对称算法,该算法使用一个密钥,该密钥可以将明文转换为密文,并将密文转换回明文。最后是哈希算法,通过哈希函数将普通消息转换为固定长度的消息。当哈希值在发送方和接收方都匹配时,可以确保消息完整性。虚拟专用网络(Virtual Private Network,VPN)、TLS、点对点隧道协议(Point‐to‐Point Tunneling Protocol,PPTP)和 SSL 分别是上述算法的实例。

#### 5.4.1.4　审计和监控

审计和监控工具记录系统的活动,为调查目的而监测响应信息。此外,这些工具评估设备的安全状态,对正在进行或已经结束的攻击进行分析。审计和监控的主要三类软件是入侵检测系统、入侵保护系统、S‐E 关联和网络取证。

入侵检测可以进一步分为滥用检测和异常检测。滥用检测（Misuse Detection,MD）包括由专家通过类似于知识系统的方式,提供关于检测到的攻击和系统弱点的深入信息。MD四处搜寻决定执行这些攻击或基于系统弱点获得优势的攻击者。尽管MD在检测众所周知的攻击方面通常是正确的,但这些技术不能识别系统知识库中未知的网络威胁。异常检测（Anomaly Detection,AD）依赖于对网络连接、系统用户和主机常规行为的配置文件评估。AD通过使用大量方法来识别常规的授权网络活动,然后使用一系列定量和定性指标来识别常规活动中出现的异常(前瞻性异常)。在这方面,AD的优点是可以检测到未知的攻击,缺点是有很高的误报率。值得注意的是,AD算法识别的异常可能不是异常实例,实际上可能是合法但非常规的系统行为案例。表5.3所列为滥用检测和异常检测常用技术。

表5.3 滥用检测和异常检测技术

| 滥用检测技术 | 异常情况检测技术 |
| --- | --- |
| 数据挖掘技术 | 基于统计学 |
| 基于规则的方法 | 基于规则的方法 |
| 基于状态转换分析的算法 | 基于距离的技术 |
| 签名方法 | 剖析方法 |

### 5.4.1.5 配置管理和保证工具

配置管理和保证工具涉及验证系统上的执行设置是否正确的方法和技术。涉及的各种工具有策略执行工具、网络管理工具、持续运营工具以及扫描器和补丁管理。表5.4所列为本节讨论的各种安全实例。

表5.4 网络安全及其子类类型

| 安全计划类别 | 子类和实例 |
| --- | --- |
| 访问控制 | 边界保护:防火墙和内存管理<br>认证:生物识别技术、智能令牌<br>授权:用户权利和权限 |
| 系统完整性 | 完整性检查器和反病毒及垃圾邮件 |
| 密码学 | VPN、数字证书 |
| 审计和检测信息系统 | IDS、IPS、相关工具、取证工具 |
| 配置、管理和保证工具 | 策略执行、网络管理、持续运营工具,扫描器和补丁管理 |

## 5.4.2 基于嵌入式编程的方案

网络攻击检测系统(Cyberattack Aetection System,CADS)是网络攻击分析的重要组成部分,这些系统通常采用各自的方法。在基于嵌入式编程的方法中,为了减少 CADS 的处理负载,在信息到达 CADS 之前已经完成了大量的处理。网卡采用了相同的方法[25],这减少了计算量,从而解放了中央处理器的处理能力。图 5.10 所示为与物联网技术相关的关键攻击向量。物联网设备中最常见的漏洞之一是缺乏处理能力,这将导致 DoS 攻击,如 5.2 节所述。研究人员已证明嵌入式编程对避免这种攻击是非常有用的。

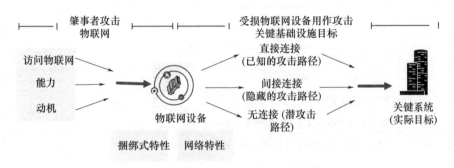

图 5.10 与物联网技术相关的关键攻击向量

## 5.4.3 基于代理人的方案

在分析方法学的支持下,另一种在 CADS 系统中实施的流行方法是基于代理人的方法。这种方法的工作原理是服务器之间能够交换信息,并就可能发生的破坏或恶意活动相互通知和提醒。如果受感染的子网与主网断开连接,就有可能控制漏洞,从而从根本上限制损害的发生。这种策略适用于被破坏的服务器、路由器、交换机和网络的其他设备。这种方法的缺点是在网络上执行这些措施增加了检测系统的工作和处理流程。这种方法可以分为自主分布式系统和多代理系统,前者管理并执行与环境中其他实体的必要通信,后者需要基本代理、协调代理、全球协调代理和接口代理 4 个基本代理[26]。这些单独的代理在系统中各自承担特定的任务,以便有效地在 CADS 中进行分工。

### 5.4.4 基于软件工程和人工智能的方案

CADS 系统中使用的软件通常是系统的关键功能和骨干环节,因此,重新激发了 CADS 开发者通过更新技术以改善系统的兴趣。文献中大量的论文讨论了各种系统,这些系统使用了新颖的编程工具以提高效率[27],这种基于签名的方法,属于滥用检测和异常检测的范畴。此外,随着人工智能和机器学习的发展,这一领域的研究也很活跃,涉及的技术包括模糊逻辑、遗传算法和人工神经网络。表 5.5 给出了目前使用的各种 CADS 系统的实例。

表 5.5 各种 CADS 系统的实例

| 序号 | CADS 系统 |
| --- | --- |
| 1 | Haystack |
| 2 | MIDAS:网络攻击检测中的专家系统 |
| 3 | IDES/NIDS |
| 4 | 智慧与感应探测 |
| 5 | NADIR:检测网络攻击和滥用的自动系统 |
| 6 | Hyperview:用于网络攻击检测的神经网络组件 |
| 7 | 分布式入侵检测系统(Distributed Intrusion Detection System,DIDS) |
| 8 | 用于审计跟踪分析的 ASAX 架构和基于规则的语言 |
| 9 | USTAT:状态转换分析 |
| 10 | GrIDS:基于图的大型网络入侵检测系统 |
| 11 | Honey Pot |
| 12 | EMERALD:事件检测,能够对异常的现场干扰做出反应 |

## 5.5 结论与挑战

物联网设备和技术的广泛应用,还伴随着对隐私、安全和个人数据机密性的威胁。这些不断发展的技术,特别是网络空间中的技术,如机器学习等,已经准备好为人类如何感知虚拟领域创造一个永恒的印记[28]。随着物联网在大城市智能交通系统[29]、纳米技术、生物医学工程和生物信息学[30]中的广泛应用;同时考虑到物联网应用架构中大量元数据的涌入,以及物联网网络无处不在的特性,物联网在人类生活中的重要性已经无法忽视。一方面,物联网通过基础设施中连接的对象将数据编织在一起,这大大减少了人力成本。另一方面,新兴架构缺乏一个标准的国际框架来指导机构和研究人员解决系统差异、沟通障碍和数据隐私问题,需要在不久的将来提出可行和适当的解决方案[31]。这些情况因那些急于提倡和采用这种先进技术来改善人类生活的行业行为而进一步恶化,这些行业可能成为攻击者获取数据的温床。因此,本章强调了与医疗健康行业相关的架构挑战,并重点关注改进物联网网络系统和基础设施,以应对满足现代虚拟世界需求的挑战。

# 参考文献

[1] Al-Fuqaha, A., Guizani, M., Mohammadi, M., Aledhari, M., and Ayyash, M., 2015. Internet of Things: A survey on enabling technologies, protocols, and applications. *IEEE Communications Surveys & Tutorials*, 17(4), pp. 2347–2376.

[2] Van Kranenburg, R., 2008. *The Internet of Things*. Amsterdam: Institute of Network Cultures.

[3] Sharma, D. K., Ajay Kumar, K., Aarti, G., and Saakshi, B., 2020. Internet of Things and Blockchain: Integration, need, challenges, applications, and future scope. In Krishnan, S., Balas, V. E., Golden, J., Robinson, Y. H., Balaji, S., and Kumar, R. (eds.) *Handbook of Research on Blockchain Technology*. London: Elsevier, pp. 271–294. doi: 10.1016/b978-0-12-819816-2.00011-3.

[4] Pal, S., García Díaz, V., and Le, D., 2020. IoT, 1st ed. Boca Raton: CRC Press, pp. 134–157.

[5] Jindal, M., Gupta, J., and Bhushan, B., 2019. Machine learning methods for IoT and their future applications. In *2019 International Conference on Computing, Communication, and Intelligent Systems (ICCCIS)* (pp. 430–434). Greater Noida, India: IEEE.

[6] Babbar, G., and Bhushan, B., 2020. Framework and methodological solutions for cyber security in industry 4.0. *SSRN Electronic Journal*. doi: 10.2139/ssrn.3601513.

[7] Vashishth, V., Chhabra, A., and Sharma, D., 2019. GMMR: A Gaussian mixture model based unsupervised machine learning approach for optimal routing in opportunistic IoT networks. *Computer Communications*, 134, pp. 138–148.

[8] Chhabra, A., Vashishth, V., and Sharma, D., 2017. A fuzzy logic and game theory based adaptive approach for securing opportunistic networks against black hole attacks. *International Journal of Communication Systems*, 31(4), p. e3487.

[9] Chhabra, A., Vashishth, V., and Sharma, D., 2017. *A game theory based secure model a-

gainst Black hole attacks in Opportunistic Networks. In *2017 51st Annual Conference on Information Sciences and Systems( CISS )* ( pp. 1 – 6 ). Baltimore, MD: IEEE.

[10] Gilchrist, A. , 2017. *Iot Security Issues*, 1st ed. Boston: De/G Press.

[11] Bhardwaj, K. K. , Anirudh, K. , Deepak Kumar, S. , and Chhabra, A. , 2019. Designing energy – efficient iot – based intelligent transport system: Need, architecture, characteristics, challenges, and applications. In Mittal, M. , Tanwar, S. , Agarwal, B. , and Goyal, L. M. ( eds. ) *Energy Conservation for Iot Devices*, pp. 209 – 233. Springer, Singapore. doi: 10. 1007/978 – 981 – 13 – 7399 – 2_9.

[12] Varshney, T. , Sharma, N. , Kaushik, I. , and Bhushan, B. , 2019. *Architectural model of security threats & their countermeasures in IoT*. In *2019 International Conference on Computing, Communication, and Intelligent Systems ( ICCCIS )* ( pp. 424 – 429 ). Greater Noida, India: IEEE. doi: 10. 1109/CCCIS48478.

[13] Li, S. , Xu, L. , and Zhao, S. , 2014. The internet of things: A survey. *Information Systems Frontiers*, 17( 2 ), pp. 243 – 259.

[14] Choi, J. , Li, S. , Wang, X. and Ha, J. 2012. *A general distributed consensus algorithm for wireless sensor networks*. In *2012 Wireless Advanced( WiAd )* ( pp. 16 – 21 ). London: IEEE.

[15] Fielding, R. , and Taylor, R. , 2002. Principled design of the modern Web architecture. *ACM Transactions on Internet Technology( TOIT )*, 2( 2 ), pp. 115 – 150.

[16] van Kranenburg, R. , and Bassi, A. , 2012. IoT challenges. *mUX: The Journal of Mobile User Experience*, 1( 9 ). doi: 10. 1186/2192 – 1121 – 1 – 9.

[17] Peris – Lopez, P. , Hernandez – Castro, J. , Estevez – Tapiador, J. , and Ribagorda, A. , 2009. Cryptanalysis of a novel authentication protocol conforming to EPC – C1G2 standard. *Computer Standards & Interfaces*, 31( 2 ), pp. 372 – 380.

[18] Deloitte United States. 2020. Deloitte identifies 14 business impacts of a cyberattack: Press release. https://www2. deloitte. com/us/en/pages/about – deloitte/articles/press – releases/deloitte – identifies – 14 – business – impacts – of – a – cyberattack. html Accessed on April 1, 2020.

[19] Cybercrime Magazine, 2019. Cybercrime damages $ 6 trillion by 2021. https://cybersecurityventures. com/cybercrime – damages – 6 – trillion – by – 2021/. Accessed on September 5, 2019.

[20] Ning, H. , Hong, L. , and Yang L. T. , 2013. Cyberentity security in the Internet of Things. *Computer*, 46( 4 ), pp. 46 – 53. doi: 10. 1109/mc. 2013. 74.

[21] Sridhar, S. , and Manimaran, G. , 2010. *Data integrity attacks and their impacts on SCADA*

control system. In *IEEE PES General Meeting*, Providence, RI: IEEE. pp. 1 – 6. doi: 10. 1109/PES. 2010. 5590115.

[22] Quisquater, J., and Couvreur, C., 1982. Fast decipherment algorithm for RSA public – key cryptosystem. *Electronics Letters*, 18(21), p. 905.

[23] Otey, M., Parthasarathy, S., Ghoting, A., Li, G., Narravula, S., and Panda, D., 2003. Towards NIC – based intrusion detection. In *Proceedings of the Ninth ACM SIGKDD International Conference on Knowledge Discovery and Data MiningKDD' 03* (pp. 723 –728). Washington, D. C.: Association for Computing Machinery.

[24] Ran, Z., Depei, Q., Chongming, B., Weiguo, W., and Xiaobing, G., n. d. *Multi – agent based intrusion detection architecture*. In *Proceedings 2001 International Conference on Computer Networks and Mobile Computing* (pp. 494 –504). Beijing: IEEE.

[25] Vigna, G., Valeur, F., and Kemmerer, R., 2003. Designing and implementing a family of intrusion detection systems. *ACM SIGSOFT Software Engineering Notes*, 28(5), p. 88.

[26] Abraham, A., Jain, R., Thomas, J., and Han, S., 2007. D – SCIDS: Distributed soft computing intrusion detection system. *Journal of Network and Computer Applications*, 30 (1), pp. 81 –98.

[27] Bhardwaj, K. K., Khanna, A., Sharma, D. K., and Chhabra, A., 2019. Designing energy efficient IoT – based intelligent transport system: Need, architecture, characteristics, challenges, and applications. In Mittal M., Tanwar S., Agarwal B., Goyal L. (eds.) *Energy Conservation for IoT Devices: Studies in Systems, Decision and Control*, vol. 206. Springer, Singapore, pp. 209 –233.

[28] Bhardwaj, K., Banyal, S., and Sharma, D., 2019. Artificial intelligence based diagnostics, therapeutics and applications in biomedical engineering and bioinformatics. In Balas, V. E., Son, L. H., Jha, S., Khari, M., and Kumar, R. (eds.) *Internet of Things in Biomedical Engineering*. London: Elsevier, pp. 161 –187.

[29] Jain, A., Crespo, R., and Khari, M., 2020. *Smart Innovation of Web of Things*, 1st ed. Boca Raton: CRC Press, pp. 21 –51.

[30] Banyal, S., Bhardwaj, K., and Sharma, D., 2020. Probabilistic routing protocol with firefly particle swarm optimisation for delay tolerant networks enhanced with chaos theory. *International Journal of Innovative Computing and Application*, 12(2), pp. 25 –37.

[31] Goel, A. K., Rose, A., Gaur, J., and Bhushan, B., 2019. Attacks, countermeasures and security paradigms in IoT. In *2019 2nd International Conference on Intelligent Computing, Instrumentation and Control Technologies* (ICICICT) (pp. 875 –880). Kannur, Kerala, India: IEEE.

/ 第 6 章 /

# 基于区块链和分布式账本技术的安全性增强

M. 阿拉维

A. 埃尔奇

## 6.1 引言

20世纪70年代末,计算机开始得到普遍应用,IBM的第一台个人计算机出现在20世纪80年代初。起初,黑客行为似乎只是技术狂热的青少年的一种消遣行为。然而,从那时起,黑客行为随后逐渐演变成了国际战争。如今,互联网已经成为新型冲突的战场,各种电子破坏工具,如专门用于破坏政府和非政府网站的间谍软件和恶意软件,以及努力控制和操纵重要设施(如发电厂和核反应堆)的敏感数据,还有破坏和盗窃银行与国家存款。这种不良后果促使研究人员开发出基于密码学的电子方法以保障和保护数据在传输与存储过程中的安全,密码技术是这一路线的科学回应。2008年,中本聪(Satoshi Nakamoto)[①]介绍了那本现在已经很著名的白皮书[1],该白皮书彻底改变了网络安全的世界。中本聪出色地结合了加密算法以实现最终的不可篡改性,并使用一种称为分布式账本技术(Distributed Ledger Technology,DLT)的方法[2],该方法为数据以分布式方式传输和存储提供足够的保护。DLT也称为加密货币交易日志,这使数据在不断增长的区块链中防止被篡改。DLT可以安全地进行贵重物品的交易,如资金、股票或数据访问权。与传统系统需要经纪人或中心控制节点来跟踪交易不同,区块链使各方能够直接相互沟通和进行交易。

区块链是一个不可变的数据库,在自愿参与者的社区中共享和同步,所有参与者具有相同的能力来扩展区块链。比特币是区块链在现实世界中的第一个应用,一直沿用至今。以太坊[3]的发明紧随比特币以及其他电子货币,这些电子货币强调了人们在当今快速发展的世界中对金融领域透明度和去中心化的需求。区块链技术不仅仅限于金融领域,也应用于许多不同的行业,如数字版权[4-5]、投票[6]、医疗健康[7-8]、电子治理[9-11]和物联网[12-13],许多其他行业人员[14-15]也对区块链表现出兴趣并尝试利用该技术,以实现完全可信的数据保护。

本章对区块链、DLT的出现,以及该技术如何应用于解决许多行业的安全问题(如信任、不可篡改性、可用性、透明度等)进行了系统的回顾。研究人员调研了一些关键的文献资料,以及区块链在非金融领域的潜在应用。大量

---

① Nakamoto是区块链创新者在2008年发布的比特币原始白皮书中用来标识自己的化名。——译者

# 第6章 基于区块链和分布式账本技术的安全性增强

的研究集中在区块链及其应用的安全性上[16-19],然而,这种研究侧重于区块链的特定结构及其优越特性,这些特性具有对抗传统数据库网络安全漏洞的潜力。本章引导读者了解不同类型区块链的机制,以及传统数据库和区块链之间可以增强系统安全性的结构差异。

在本章中:6.2节中介绍了什么是区块链和分布式账本技术、两者的类型、两者的区别以及特性。6.3节讨论了传统数据库和基于区块链的数据存储之间的差异。6.4节分析了区块链技术在未来网络安全领域的重要性。6.5节和6.6节分别讨论了区块链未来可能的发展趋势,以及区块链在比特币之外的应用。6.7节讨论了安全问题,特别是威胁管理和防御措施。6.8节为本章的结论和展望。

## 6.2 区块链和分布式账本技术

中本聪将区块链定义为一个线性序列封装结构(称为"区块"),该结构作为一个可以存储并防止数据修改的账本[20]。区块链账本完全复制在对等网络的分布式节点上,称为DLT[2]。区块链也定义为所有加密货币交易数字化、去中心化的公共账本。尽管可以对任何类型的数据通证进行编码、数字化和插入区块链中,但目前区块链主要与数字货币一起使用。

以完全分布式为原则的DLT技术,通过摒弃中心节点或主导方(即不存在单一数据中心),实现了新的保护方式。简单地说,这项技术的本质是每个节点都作为数据的中心节点工作,节点包含了建立在区块链之上任何软件全部数据的完整副本。图6.1所示为中心化、去中心化和分布式三种网络类型。

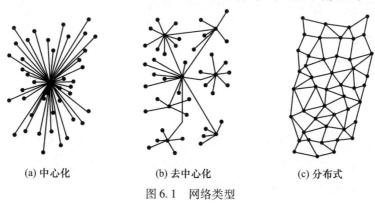

(a) 中心化　　(b) 去中心化　　(c) 分布式

图6.1　网络类型

区块链网络依赖于一组节点,而不是单一的数据中心,每个节点都执行许多任务:存储交易、验证交易,以及通信和传输系统内行为过程。在本节中,我们将介绍区块链的类型和这种新技术背后的机制。

## 6.2.1 区块链类型

DLT 不可否认是一种天才发明,其开源理念使得分布式账本的许多迭代都得以发展,因此,加密货币社区一直在努力设计一种通用的方案来解决区块链存在的问题。例如,以太坊通过使用与比特币不同的属性形成其区块链平台,对于以太坊的开发人员而言,这样做更实用[21]。同样,许多所谓的加密货币已经出现,在匿名性方面与比特币竞争。国家和利益相关者在努力和尝试将分布式账本技术的性质从开放网络变为私有(许可)网络之后(如在银行开始使用分布式账本技术的核心原则)出现了许多新的设计,如哈希图(Hashgraph)[22]、Tangle[22]、有向无环图(Directed Acyclic Graph,DAG)[23]等。本节将区块链分为非许可、许可和混合型三个不同的类别,后者结合了非许可和许可两种类型。图6.2对区块链类型进行了简单说明。

根据其用途,每种类型的区块链都有相应的优势和劣势。更准确地说,这取决于用户需求,以及系统要求、成本、透明度、速度和可扩展性。下面介绍了各类型区块链以及不同类型之间的区别。

(a) 公共区块链　　　　(b) 混合区块链　　　　(c) 私有区块链

图 6.2　区块链类型

### 6.2.1.1 非许可区块链

非许可(或"公共")区块链是区块链的原始类型,是比特币的基础技术。非许可区块链之所以称为"非许可",是因为该区块链允许匿名的参与者通过系统民主决策来加入网络。更简单地说,只要结果通过共识协议得到验证[24],任何参与者都有权创建区块、验证交易以及传输或贡献数据。该协议确保各节点就交易追加到链上的唯一顺序达成一致[25]。非许可区块链有以下特征:

(1)公开:任何个人或组织(网络已知或未知)都可以加入网络、访问、扩展、验证网络中存在的交易并创建区块,创建的区块只有在验证后才会被共识接受。

(2)透明:区块链以金融和非金融系统中不存在的方式保持区块数据透明或向公众开放,以此作为透明度的新标准。

(3)可用:公共区块链网络是由许多组节点组成的复合体,所有的节点都采用对等(Peer to Peer,P2P)连接,但彼此未知。随着节点数量的增加,系统的强度和可用性也随之增加。这种结构允许网络持续工作,而不受一个或许多节点故障的影响,无论故障的原因是故障还是伪造。网络可以通过剔除故障节点、重建健全的数据副本,或将其强行放在损坏的节点上(如果可用)继续工作。

(4)分布式:如前所述,区块链是一个去中心化的分布式数字账本,不依赖于中心节点;相反,区块链账本在许多节点上复制自身,对所涉及的记录强制执行无限不变性。因此,如果改变链上的所有后续区块,则无法追溯修改这些记录。

(5)非中介化:这意味着向区块链追加区块不需要任何第三方中介或主导节点同意该过程。任何一个节点都可以单独行动,验证并向区块链添加区块。然而,通过共识协议,新的区块链必须获得51%的网络参与者对其有效性的投票,才能被网络接受为最长的链(最新的有效版本)。

比特币和以太坊加密货币是这些关于非许可区块链特征可信度的实例和证明。

#### 6.2.1.2　许可区块链

私有区块链是利用公共区块链技术设计的,但是以一种相反的方式运作:私有区块链通过设置特定的组或实体,在一个由许可节点内部参与的封闭网络中工作。这意味着网络各方相互了解且互信,这与允许任何人加入网络的公共区块链不同。

公共区块链和私有区块链在验证交易、管理和审计机密权限方面存在一些重大差异,这些特权只能由获得许可的区块链(即私有区块链)所有者实施。至于阅读权限,也要由所有者或公司来决定,阅读权限可以向公众开放,也可以仅限于授权的个人或群体。在这样的区块链中,开发人员必须为想要进行更改的个人或团体提供特殊的访问权限和特权。

私有区块链适合于更传统的商业和治理模式,因为其性质要求私有链更加集中化。这种技术也可以通过利用其可扩展性和密码学标准来获得机密性,从而增强网络安全。私有区块链通过限制网络参与者的数量来提供更好的可扩展性,这也有助于实现更高的处理速度[26]。Hyperledger Fabric 是最知名的联盟区块链之一,其平台于 2015 年由 Linux 基金会推出,作为一个开源区块链,除了支持金融和非金融大型企业的全球商业交易,还有利于提高性能和可靠性[27]。

#### 6.2.1.3 混合区块链

一方面,需要高计算能力的公共区块链运行缓慢且成本高昂;另一方面,私有区块链的参与者数量有限,权限有限,同时也具有更集中的性质,这使得恶意行为者更容易操纵私有链。然而,这两种类型也各有其特点,使得研究人员发明了一种公共区块链和私有区块链的混合体,称为混合区块链。这种类型的区块链结合了两种类型区块链的高效特性,同时试图减少其缺陷。因此,国家机构、企业和利益相关者可以使用这种技术来限制受信任机构的访问权限。例如,新芬(XinFin)是混合区块链的一个真实案例[28],在透明度方面,可以对私人或隐蔽部分的信息或数据进行修改和维护,同时将便于阅读和验证的未隐蔽信息与交易公开给公众。

#### 6.2.1.4 分类方案

本节提出了一个按访问权限、速度、安全、身份、资产、成本、能源消耗和审批时间分类的许可与非许可区块链的比较,如表 6.1 所列。

表 6.1 非许可链和许可链的比较

| 特征 | 公有 | 私有 |
| --- | --- | --- |
| 访问权限 | 不需要读/写权限来参与(公有/非许可) | 需要有读/写的权限(有权限/有限制) |
| 速度 | 更慢 | 更快 |
| 安全 | 工作量证明、权益证明等 | 预先批准的参与者 |
| 身份 | 匿名/假名 | 已知/已确认身份 |

续表

| 特征 | 公有 | 私有 |
|---|---|---|
| 资产 | 原生资产 | 任何资产 |
| 成本 | 高成本 | 低成本 |
| 能源消耗 | 能源消耗大 | 能源消耗较小 |
| 审批时间 | 交易审批时间长 | 交易审批时间长 |

## 6.2.2 区块链机制

本节深入探讨区块链的架构和运行机制,展示区块链的工作原理及其增强数据安全性的方法。

### 6.2.2.1 密码学

区块链由相互链接的区块组成,这些区块以哈希方式依次串联在一起①,如图6.3所示,每个区块由区块头和区块体两部分组成。

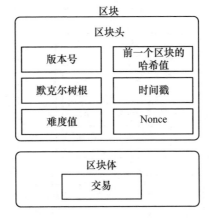

图 6.3  区块链上单个区块的结构

1. 区块头

(1)版本号。

(2)时间戳。

(3)前一个区块的哈希值,这是连接一个区块和链中前一个区块的链接,如图6.3所示。

---

① 区块不是以加密方式依次串联在一起,而是以哈希的方式连接在一起的。——译者

(4) Nonce,"仅使用一次的数字"术语,是一个递增地添加到块中的数字,直至找到提供区块指定哈希零位的挑战[1]。

(5)难度值。

(6)默克尔树根,是作为区块一部分选定交易的哈希值,在默克尔树中计算组合。

2. 区块体

区块体即交易列表。

区块链的结构保证了存储交易和整个链到第一个区块("创世区块")的完整性。创世区块(区块0)是区块链的第一个区块,几乎被硬编码到使用区块链的每个应用程序中。

我们对区块头和区块体的内容作哈希运算①,为该区块聚合一个唯一哈希值,即"区块哈希值",以实现区块的完整性,同时也将该区块哈希值存储在下一个区块中,如图6.4所示。

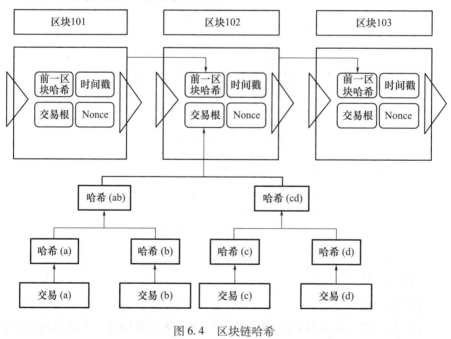

图6.4 区块链哈希

---

① 区块链中"加密区块头和区块体的内容"表述不妥,应为对区块头和区块体作哈希运算。——译者

区块链平台采用 SHA-256 算法,该算法具备一个很好的优势,即无论输入如何,哈希值的长度是恒定且唯一的,任何矿工的数据更改都会导致哈希值的改变。此外,区块哈希值的任何变化都会导致链的崩溃。这种非凡的结构是这项技术的杰作之一,也是对网络安全界贡献的最重要的保护功能之一。

#### 6.2.2.2 分布式对等网络

对等(P2P)一词是指节点与节点之间通过分布式网络进行价值交换。一个 P2P 平台使网络参与者能够直接在彼此之间进行交易,而不需要中介机构。P2P 网络架构是分布式账本技术的一个重要特征。对等点也称为节点,是任何自愿连接到网络的设备(计算机、移动设备等),节点负责验证交易并可以创建区块。一旦一个设备加入网络,该设备就会收到区块链的同步副本。每个节点都是一个管理员,和所有其他节点一样,每个节点都执行相同的工作。加入网络的每个节点都有激励(如挖掘加密货币),根据共识协议,节点将有平等的机会来挖掘比特币或以太坊。

在对等网络中,区块链平台通过定义共识协议发起交易[25]。许多类型的共识协议用于非许可和许可的区块链中,如工作量证明(Proof of Work,PoW)、权益证明(Proof of Stake,PoS)、权益授权证明(Delegated Proof of Stake,DPoS)、实用拜占庭容错(Practical Byzantine Fault Tolerance,PBFT)等[25]。其中,PoW 和 PoS 是当今金融业中最知名的加密货币挖矿协议。

工作量证明[29]:PoW 是一种"挖矿"算法,用于验证和确认原始区块链中的交易,以产生新的区块进入链中。PoW 的概念从 20 世纪 90 年代中期就已经存在了,在 1996 年,由亚当·贝克(Adam Back)以"Hashcash"[30]的名义提出。这种机制使网络中的匿名对等节点能够达成协议,同时确保安全。在这种机制中,矿工必须找到一个以若干个零开头的区块哈希结果,这也反映了网络上的矿工数量。零的数量越多,矿工就越难找到结果。这一机制也应用于比特币的区块链中,迫使矿工们相互竞争,根据挖矿过程的速度来决定谁胜出。获胜者,即第一个创建区块的人,将因实现分布式共识以扩展区块链而获得奖励。

共识是指获得网络参与者的投票以决定新创建的区块是否有效,接受新(扩展)区块链作为最长链版本的过程。在非许可区块链中,任何人都可以创建一个区块,不管该区块是否有效,也无论其合法性如何。因此,该协议通过验证新区块的合法性,以及其中包含的交易来保证链的完整性和有效性,同时防止双花攻击的企图。目前,许多加密货币都采用该算法,包括比特币、以太坊和其他货币。然而,这种协议的缺点是需要大量的计算时间和高性能的计算硬件。

权益证明[31]:PoS 算法与 PoW 分布式共识目标相同,但矿工的竞争机制与 PoW 不同。该算法也迫使矿工通过投注一定数量的资金作为自身在网络中的股份来相互竞争。矿工下注越多,其在创造区块和获得奖励的竞争中获胜的机会就越大。为了防止网络中最富有的节点或矿工总是获胜,该竞争过程实施了"随机区块选择"和"币龄选择"方法。

这种对等网络基于强同步,即一个节点发生的任何变化都会通知相邻节点,因此,51% 的网络节点必须使用共识算法同意更新是有效的。然后,网络内每个节点都会用更新后的区块链最新副本来覆盖原副本。如果恶意攻击者操纵节点更新或使更新不正确(即链被破坏),网络将排除破坏的节点或销毁修改的版本,用分布式确认的区块链版本覆盖错误副本。

### 6.2.2.3 智能合约

智能合约(也称加密合约)是由尼克·萨博(Nick Szabo)在 1994 年首次提出的[32]。他在论文中将智能合约定义为计算机化的交易协议,自我执行合约的条款。后来,在 2008 年,中本聪引入了智能合约,智能合约也是计算机代码,但在区块链之上运行,直接控制数字资产的转移,并根据合约条款在双方之间强制履行约定[33]。这是最简单的去中心化的自动化形式。智能合约是非常复杂的电子合约,其功能超出了资产转移的范畴,在广泛的领域进行交易,如保险、财产、法律程序、集体融资协议等[34]。智能合约使交易执行更高效,如可追溯性、透明度和不可逆转性。此外,此类合约直接由签约方直接执行,这便于运行大量的常规流程,并节省了安排第三方服务的费用,如律师或银行提供的服务可能产生大量费用,如图 6.5 所示。

第6章 基于区块链和分布式账本技术的安全性增强

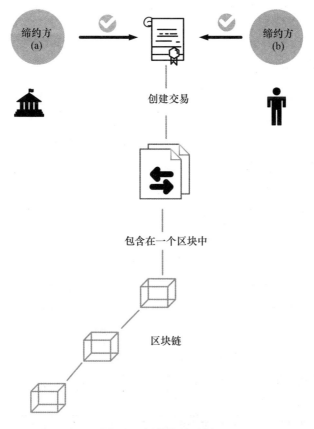

图6.5 智能合约示例

## 6.3 传统数据库和区块链的结构差异

分布式账本技术是分布式数据库的一种形式。区块链和传统数据库都是存储数据的,但两者的结构有根本区别。传统数据库由一个中央机构(管理员)来维护、控制、复制或分发数据,并将读写权限分配给其他机构。另外,传统的数据库是在中心化网络上运行的。通常情况下,数据库运行在数据中心防火墙后面的专用网络中,控制、安全和信任由提供存储服务的大企业来负责。相比之下,区块链是一个接收、加密、分发和存储交易的数字账本,也不需要受信任的第三方(即去中心化)。例如,今天的比特币是作为一种加密货币而存在的[35]。区块链的存储方式是由一系列线性区块组成的,每个区块都与前一个区块相连接,具有很高的数据防篡改性和透明度。本节将重点介绍区块链作为数据基础的卓越特性。

### 6.3.1 防篡改性

与中心化数据库相比,区块链中存储的数据不可消除,几乎无法修改。区块链与传统数据库不同,传统数据库允许用户进行创建、读取、更新和删除操作(C. R. U. D);区块链只允许插入和读取操作。区块链将交易存储在一个区块中,并通过默克尔根哈希算法将区块相互连接[36],如图 6.6 所示。然后,区块链通过对区块的信息作哈希运算,包括前一个区块的"哈希",将所有区块连接起来,形成一个相互连接的链。

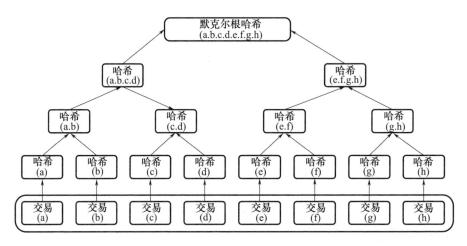

图 6.6　默克尔树

默克尔根哈希值是包含在区块中交易的最终密码运算结果,以提供交易的防篡改性。因此,区块内交易的任何变化,无论多么简单,都不仅会使默克尔根哈希值改变,也会使区块哈希值改变,从而导致链的中断。

### 6.3.2 性能差异

与区块链相比,传统数据库的速度非常快,因为区块链使用密码学来链接其区块,还采用了共识原则提供充分的分配,通过允许大多数对等方就交易结果达成一致,接受交易结果上链。区块链网络中每个节点都包含一份完整的数据账本副本,任何节点遇到故障都将关闭,所以不影响网络上其他节点完成工作。在分布式数据库的情况下,为了保持数据的完整性,各方之间的信任因素必须得到显著保证。区块链在操作上废除了信任因素,而不管各方的身份,允许各方独立转移交易。总之,传统的数据库是快速的,但不是完全分布式的。非许可区块链使用共识机制,这使得运行很慢;许可区块链相对较快,但并非完全分布式。

### 6.3.3　鲁棒性和去中心化

区块链交易包含有效性证明和授权证明,不需要一些集中的应用程序逻辑来强制执行这些约束。因此,交易可以由多个节点独立验证和处理,区块链利用共识机制确保这些节点保持同步。区块链的精髓是能够跨越信任的界限共享账本,而不需要中心主导节点背书。

## 6.4　区块链技术是网络安全的未来

如今,现有技术的发展促进了无处不在的数据生成和获取。这给人们保护自己的隐私带来了困难,尤其是当个人信息和敏感数据通过智能手机与计算机在互联网上存储和传输时。数据是当今世界(信息时代)最有价值的资产,是帮助世界上最大的知名公司发展壮大的工具,从维基百科(Wikipedia)、脸书(Facebook)、亚马逊(Amazon)到其他社交网站。因此,保护手段应该进行改进,以对抗当前的入侵、渗透和破坏手段。

在分布式账本技术出现之前,一些机构曾经授予有限数量的受信任员工访问敏感数据的特权。然而,这种方式作为保护数据安全因素的可信度不足。关于这个领域,信任概念有很多问题,如一个员工是否可靠,答案永远是模糊的,而且员工可靠度很可能随着时间的推移而改变。信任一个不值得信任的中间方会导致敏感数据丢失、被盗或被入侵。在过去的10年里,区块链的蓬勃发展及其首次应用(比特币)引发世界考虑放弃受信任方的可能性,无论这个信任方是一个组织还是个人。由于其固有的设计特征,区块链为改善网络安全提供了以下关键优势:

(1)安全数据分发:区块链将数据分发在整个网络中,以可复制的方式存储在每个节点上,而不是使用单一的数据存储库或云存储。因此,数据损失几乎降为零,如前所述,如果一个或多个节点宕机,数据不会受到影响,除非整个网络中的所有节点发生故障,而这种概率极低。在处理数据的过程中,剔除了中间方、中央机构或受信任的第三方,实现了分布式防篡改的数据记录账本。图 6.7 显示了区块链网络和传统数据库网络结构之间的区别。

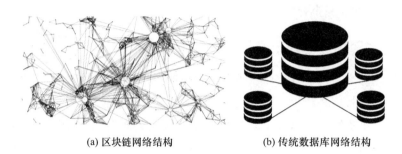

(a) 区块链网络结构　　　　　　(b) 传统数据库网络结构

图 6.7　区块链网络结构和传统数据库网络结构

(2) 加密和验证:区块链建立在两个基础上,即区块的分发和序列化,一种提供数据可信度和完整性(不可撤销的数据)的机制。以文件完整性验证为例,区块链网络节点通过为特定的文件生成数字签名,然后将其存储在区块链上。文件的完整性可以通过将存储的签名与经过验证的文件签名进行匹配来确认,以验证只要区块链网络一直在运行,就不会有任何更改影响该文件。在此基础上,区块链的加密和验证有助于增加对数据的保护,使其免受无端的读取、操纵和伪造。

(3) 黑客攻击难度:传统的数据库网络往往容易受到篡改并导致数据损坏的恶意攻击。正如第一个区块链应用程序比特币所证明的那样,区块链网络可以对抗黑客攻击。该技术为了获得足够的数据隐私,对数据进行哈希运算,并将其附加到区块上,然后将这些区块连接起来,之后将数据分布在对等网络中。因此,攻击者必须一次性攻破大多数网络节点,这实际上是不可能的,因为这需要耗费大量的计算能力和时间。

(4) 区块链的多样性:过去 10 年的区块链"热"导致了各种区块链版本的产生,如私有区块链、公共区块链和混合区块链。每种类型都提供了可用于各种领域的有效功能。例如,公共区块链提供透明度和完全分布式(去中心化)优势,有利于金钱、合同、所有权和版权等多种交易场景。私有区块链也允许使用对等网络,但在已知方之间实现部分分布式,适合银行、运输公司和医疗健康公司。混合区块链同时满足私有和公共区块链的操作，应用场景取决于具体设计。

## 6.5 区块链的未来趋势

Gartner 研究公司宣布，在其网站上搜索的第二大热门词汇是"区块链"[37]①。同样，DLT 将继续在许多行业占据重要地位。然而，区块链技术仍处于早期突破阶段，因为这项技术的潜力还尚未被大品牌公司发现。沃尔玛、IBM 和亚马逊正在探索采用该技术的方法，前面提到的只是这项技术的广泛应用以及发展的几个实例。区块链在 2020 年会带来什么？一些机构将开始在区块链技术之上构建其应用程序以增强安全性，因为这项技术已经证明了保护敏感数据免受渗透和对抗常见网络攻击的终极能力[38]，基于区块链的应用开发将彻底改变技术进步的走向。

此外，区块链技术通过利用去中心化的通信模型来实现提升可靠性、降低风险、减少成本、加快交易速度，从而改善物联网系统。因为在物联网系统中，设备通过中心化的云服务器进行识别、验证和连接，依赖中心化的通信模型与系统互动，这是物联网的主要缺点。下一节将介绍区块链是如何超越加密货币的，以及是如何彻底改变许多行业的。

## 6.6 区块链 ≠ 比特币

区块链技术已经解决了许多诸如隐私、所有权、信任、伪造等安全问题。另外，区块链采用审计跟踪、分布式存储、机密性和去中心化等手段作为解决方案为网络安全提供支持。中心化系统和区块链系统之间的真正区别在于后者利用代码和算法摒弃了对中央机构的需求。从根本上说，任何中央机构可能都是不可靠的，不合作的，容易出错或者成本高昂。例如，人们利用区块链在世界各地转移资金，不需要中介银行。同样，在购买房屋或任何财产时，各方可以彼此间直接进行交易，而不需要通过房地产经纪人来完成交易。下面讨论利用区块链的不同用例。

---

① 该报告时间为 2020 年 1 月。——译者

(1)智能合约:自动执行的智能合约是目前区块链技术最流行的应用。这种情况类似于正常的现实世界合同,但智能合约用密码代码取代了合法化和监督合同的第三方,不需要中间方而促进两方或多方之间的协议[39-40]。

(2)跨境汇款:区块链支持全天候向海外转移资金,无须银行或任何第三方经纪人的干预,从而避免了可能的高额费用及花费很长时间来处理交易。资金可以使用区块链在两个或更多的人之间以更容易、更快速、成本更低且绝对透明的方式进行转移[41]。

(3)数字身份证:近年来,在区块链基础上建立电子身份的研究和实验取得了长足的进步。世界上有近10亿人没有电子身份,作为克服这一问题的尝试,微软已经开始创建基于区块链的电子身份[42]。数字身份证将有助于识别难民和贫困人口,如为这类群体提供正规的金融证券服务[43-44]。

(4)供应链管理:区块链技术在供应链行业有着巨大的潜力。这项技术摒弃了纸张和传统数据库,采用区块链技术对产品的生命周期进行可追踪、透明、不可篡改、可验证和准确的记录,让客户和企业都可以追溯产品的源头[45-47]。

(5)数字投票:全球范围内关于操纵选举和计票欺诈的指控逐年增加。研究人员通过设计将电子身份整合到选举系统中,并将选票存储在区块链的防篡改账本中以消除计票欺诈,从而实现健全和公平的选举[6,44,48]。塞拉利昂是第一个在投票系统中采用区块链进行验票的国家,其他国家也纷纷效仿。

(6)去中心化的应用程序(Decentralized Application,DApp):建立在P2P服务器网络之上的应用程序,而不是单一的服务器,每个人都可以无须经过中间方维护自己的数据与别人打交道。这不同于当今需要第三方运行或管理用户数据及信息的应用程序(如亚马逊或脸书)[49]。

(7)金融市场:区块链通常与智能合约相关联。全球市场正在探索将这一概念用于金融资产的方法,如证券、衍生合约和货币。金融市场利用这项技术可以保护市场参与者和整个社会金融体系[50-51]。

如表6.2中的案例所示,区块链技术正在彻底改变比特币以外的许多行业。

表6.2 基于区块链的金融和非金融应用

| 类别 | 类型 | 应用程序/使用方 | 运行中 | 开发中 | 思考中 |
|---|---|---|---|---|---|
| 非金融领域 | 网络安全 | Guardtime[52]<br>REMME[53] | | | |
| | 媒体 | Kodak[54]<br>Ujomusic[55] | | | |
| | 房地产 | Ubiquity[56] | | | |
| | 医疗健康 | GeM[57]<br>Everledger[58]<br>MedRec[59]<br>SimplyVital Health[60] | | | |
| | 制造业 | Provenance[61]<br>Hijro[62]<br>Blockverify[63]<br>STORJ.io[64] | | | |
| | 政务 | 阿联酋(迪拜)[65]<br>韩国[66]<br>爱沙尼亚[67] | | | |
| | 交通和旅游 | Arcade City[68]<br>Webjet[69] | | | |
| | 智能合约 | Slock.it[70]<br>Neo[71] | | | |
| | 投票 | Follow My Vote[72]<br>BlockVotes[6]<br>Blockchain-based digital voting system[44]<br>eVoting[41] | | | |
| | 去中心化的物联网(IoT) | Filament[73] | | | |
| 金融领域 | 加密货币 | 以太坊[21]<br>瑞波币[74]<br>门罗币[75]<br>莱特币[76] | | | |

## 6.7 威胁风险的管理和防御

由于区块链是一项相对较新的技术,其研究和实践领域比较活跃[16]。根据共识算法和网络特征,研究人员正在针对一些固有的概念性问题开发不同的解决方案。本节按攻击风险分类,描述一些可能会影响区块链高效运作的攻击。

(1)51%多数攻击:理论上,区块链的共识机制存在51%的漏洞,攻击者可以利用这个漏洞来破坏区块链网络中至少51%的节点。攻击者通过控制加入网络中的一些节点,使其聚集的哈希算力等于或超过区块链总哈希算力的51%,从而在竞争中占据主导地位。恶意攻击者可以利用51%攻击进行以下尝试:

①进行双花攻击:这意味着在比特币的案例中,两次花费同一货币。

②改变区块内交易的顺序。

③阻止公平的挖矿竞争,自己主导区块生成来破坏网络。

然而,在PoW中,虽然多数攻击在理论上是可能的,但实际上是不可行的。

(2)自私挖矿攻击:这是区块链网络安全的另一个基本问题。在不考虑诚实矿工或公平竞争条件时,自私的矿工可以生成链的私有分叉,然后将其公开,以期获得更多的奖励。Qianlan Bai 等[77]建立了一种新颖的马尔可夫链模型来表征公有链和私有链的所有状态转换。随着自私矿工哈希率的降低,作者所提出的链允许盈利延迟增加,迫使矿池对执行自私挖矿更加谨慎。

(3)竞赛攻击:这种攻击是绕过双花的另一种方式,要求被攻击者接受未经确认的交易进行付款[78]。攻击者可以向接收者提供未确认的交易作为付款,同时,攻击者向网络广播一个冲突的交易。攻击者通过在网络确认之前在接收者节点上显示交易,为接收者制造一种假象。但后续网络注意到双花会取消收款人的交易。因此,该问题应对方法是建议至少等待6次确认后的交易才有效,以检查参与者没有收到伪造的代币。

(4)女巫攻击:女巫(Sybil)一词来自西比尔·多塞特(Sybil Dorsett)的名字,此人是一个患有分离性身份识别障碍的精神病患者,也称为多重人格障碍。从理论上讲,女巫攻击是在线系统的安全漏洞,个人或节点试图通过声称有多个身份、账户或计算机来接管网络,其行为类似于一个人有多个社交媒体账户。在去中心化系统的世界里,攻击者可能控制区块链网络上的多个节点。攻击者可以拒绝传输或接收区块,从而在网络中有效地阻断诚实的用户和参与者。尽管女巫攻击仍然是理论上的,但研究人员在过去10年中已经做了许多尝试,以实现陌生人之间的完全信任。在"信任链:一个抗女巫、可扩展的区块链"(TrustChain: A Sybil – Resistant, Scalable Blockchain)一文中[79],作者创建了一个区块链,通过在个人之间建立信任,使匿名用户之间的可信交易在没有中央控制的情况下广播。作者通过建立交易的有效性和完整性机制取代 PoW 来提供可扩展性、透明度和抗女巫攻击的能力。

(5)平衡攻击:这种攻击在使用 PoW 共识算法的区块链系统中很活跃,可以在以太坊和比特币区块链中实现双花。攻击者可以利用区块链网络中多个子节点之间的延迟通信和平衡的挖矿能力。在"针对工作证明区块链的平衡攻击"一文中,作者进行了基于配置和其他相关统计数据的理论研究,这些数据与 R3 联盟利用的区块链基础设施相似[80]。

## 6.8 结论与展望

在过去的20年里,互联网改变了人们的生活,尽管从那时起,互联网就面临着许多隐患,即为黑客和网络攻击打开了大门。然而,比特币货币在过去10年中不断取得成功,特别是这种加密货币被许多发达国家认可为官方货币,这证明了加密货币背后区块链技术的强大和高效。人们认为区块链技术是一种哲学上的开创,可以重新塑造社会,使世界变得更美好。这是由于区块链能够减少系统性风险,促进整体交易,并帮助减少欺诈。

区块链也有一些隐患,例如:
(1)区块链有环境成本。
(2)区块链的复杂性意味着终端用户很难体会到相应好处。
(3)区块链可能是缓慢而烦琐的。
即便如此,区块链还是有很大的优势可供利用,即使这些优势在未来可能会被忽视或减少。
在本章中,研究人员将区块链和分布式账本技术作为可以提高系统安全水平的网络安全功能进行讨论。另外,研究人员还提到区块链的用例不仅与金融市场有关,而且超越了加密货币本身,还包括政务、健康档案、财产、投票等。区块链技术创新因素是数据的去中心化和更高级别的加密,隐藏了敏感信息,防止未经授权的读取或更改。这些因素彻底改变了互联网中的数据存储技术,尤其涉及影响人们生活的非常重要的数据,具体包括个人健康档案、选举投票、数据资产以及金钱。维护此类数据之前总是需要一个可靠的第三方,人们把资金或数据来源委托给第三方。即使第三方是可靠的,也始终存在对存储在传统数据库或网络中的数据进行操纵或更改的可能性。区块链技术通过提供无限的防篡改性和去中心化,从而增强许多领域的安全性,这将彻底改变许多金融和非金融行业,更加方便人们的生活。

(1)在金融领域,资金可以很容易地从一个人转移到另一个人身上,而不需要像银行等第三方收取高额费用并可能需要很长的时间来执行交易。

(2)在法律领域,通过使用智能合约,双方之间可以很容易地完成财产的出售、出租甚至共享,而不需要中间方来批准和编纂协议。

(3)在投票领域,投票过程的可信度经常受到质疑,包括电子选举是否公平,还需考虑多种网络攻击的漏洞,或者操纵选举结果的可能性。采用区块链技术可以保证选票和选民身份的安全存储,为选民的选举过程提供便利,并保持选举结果的完整性和不可篡改性。

(4)大数据和人工智能是当今在线服务的精髓,大公司坐拥所收集的大量数据。例如,谷歌拥有的数据越多,就越能向用户提供更好的搜索结果,亚马逊、脸书等也是如此。到目前为止,所有这些组织都是独立工作的,彼此之间几乎没有任何协作。区块链可以使组织间合作,通过以安全、有隐私保证和去中心化的形式共享数据来为人们提供更好的服务。

(5)重要的是,数据出处、数据库与云之间的数据跟踪记录对于取证和提升许多领域的数据可信度,以及了解有助于构成数据的中间来源都是至关重要的。由于数字资产的原始证据有可能被篡改、伪造、黑客攻击和操纵,数据的历史记录往往很难确定。通过分布式账本技术的防篡改性和已证实的防护特性,数据源以及用户对数据的每一次操作都可以得到保护。区块链可以提高数据来源的隐私性和可用性,提供一个去中心化和透明的防篡改历史记录,并负有强大的数据责任。

## 参考文献

[1] Nakamoto, S., 2008. Bitcoin: A peer-to-peer electronic cash system. https://citeseerx.ist.psu.edu/viewdoc/summary?.doi:10.1.1.221.9986.

[2] Wattenhofer, R., 2017. *Distributed Ledger Technology: The Science of the Blockchain*. South Carolina: CreateSpace Independent Publishing Platform.

[3] Dannen, C., 2017. *Introducing Ethereum and Solidity - Foundations of Cryptocurrency and Blockchain Programming for Beginners*. New York: Apress.

[4] Mehta, R., Kapoor, N., Sourav, S., and Shorey, R., 2019. *Decentralised image sharing and copyright protection using blockchain and perceptual hashes*. In *2019 11th International Conference on Communication Systems & Networks(COMSNETS)* (pp. 1-6). Bangalore, India: IEEE.

[5] Liang, W., Lei, X., Li, K.-C., Fan, Y., and Cai, J., 2019. *A dual - chain digital copyright registration and transaction system based on blockchain technology*. In *International Conference on Blockchain and Trustworthy Systems* (pp. 702-714). Guangzhou, China: Springer.

[6] Wu, Y., 2017. *An E-voting system based on blockchain and ring signature*. University of Birmingham. https://www.dgalindo.es/mscprojects/yifan.pdf. Accessed on December 20, 2018.

[7] Witchey, N. J., 2019, July 02. Healthcare transaction validation via blockchain, systems and methods. https://patents.google.com/patent/US10340038B2/en. Accessed on August 14, 2019.

[8] Shieber, J., 2017. Gem looks to CDC and European giant Tieto to take blockchain into healthcare. https://techcrunch.com/2017/09/25/gem-looks-to-cdc-and-european-giantti-eto-to-take-blockchain-into-healthcare/. Accessed on May 2, 2019.

[9] Petkova P., and Jekov, B., 2018. *Blockchain in e-governance. Anniversary International Scientific Conference*, (pp. 149-156).

[10] Markusheuski, D., Rabava, N., and Kukharchyk, V., 2017. Blockchain technology for e-governance. http://sympa-by.eu/sites/default/files/library/blockchain_egov_brief_eng.pdf. Accessed on May 5, 2019.

[11] Pal, S. K., 2019. *Changing technological trends for E-governance*. In *E-Governance in India*, pp. 79-105. doi:10.1007/978-981-13-8852-1_5.

[12] Sharma, T., Satija, S., and Bhushan, B., 2019. *Unifying blockchian and IoT: Security requirements, challenges, applications and future trends*. In *2019 International Conference on Computing, Communication, and Intelligent Systems(ICCCIS)* (pp. 341-346). Greater Noi-

da, India: IEEE.

[13] Huh, S., Cho, S., and Kim, S., 2017. *Managing IoT devices using blockchain platform*. In *2017 19th International Conference on advanced Communication Technology (ICACT)* (pp. 464 – 467). Bongpyeong, South Korea: IEEE.

[14] Arora, D., Gautham, S., Gupta, H., and Bhushan, B., 2019. *Blockchain – based security solutions to preserve data privacy and integrity*. In *2019 International Conference on Computing, Communication, and Intelligent Systems (ICCCIS)* (pp. 468 – 472). Greater Noida, India: IEEE.

[15] Zīle, K., and Strazdiņa, R., 2018. Blockchain use cases and their feasibility. *Applied Computer Systems*, 23(1), pp. 12 – 20.

[16] Syed, T. A., Alzahrani, A., Jan, S., Siddiqui, M. S., Nadeem, A., and Alghamdi, T., 2019. A comparative analysis of blockchain architecture and its applications: Problems and recommendations. *IEEE Access*, 7, pp. 176838 – 176869.

[17] Soni, S., and Bhushan, B., 2019. *A comprehensive survey on blockchain: Working, security analysis, privacy threats and potential applications*. In *2019 2nd International Conference on Intelligent Computing, Instrumentation and Control Technologies (ICICICT)* (Vol. 1, pp. 922 – 926). Kannur, India: IEEE.

[18] Al – Jaroodi, J., and Mohamed, N., 2020. Blockchain in industries: A survey. *IEEE Access*, 7, pp. 36500 – 36515.

[19] Zhang, J., Zhong, S., Wang, T., Chao, H. – C., and Wang, J., 2019. Blockchain based systems and applications: A survey. *Journal of Internet Technology*, 21(1), pp. 1 – 14.

[20] Nofer, M., Gomber, P., Hinz, O., and Schiereck, D., 2017. Blockchain. *Business & Information Systems Engineering*, 59(3), pp. 183 – 187.

[21] Wood, G., 2014. Ethereum: A secure decentralised generalised transaction ledger. *Ethereum Project. Yellow Paper*, 151, pp. 1 – 32,.

[22] Schueffel, P., 2017, December 15. Alternative distributed ledger technologies Blockchain vs. Tangle vs. Hashgraph: A high – level overview and comparison. *Computer Science*. http://dx.doi.org/10.2139/ssrn.3144241. Accessed on May 18 2019.

[23] Benčić, F. M., and Žarko, I. P., 2018. *Distributed ledger technology: Blockchain compared to directed acyclic graph*. In *2018 IEEE 38th International Conference on Distributed Computing Systems (ICDCS)* (pp. 1569 – 1570). Vienna: IEEE.

[24] Baliga, A., 2017. Understanding blockchain consensus models. *Persistent*, 2017(4), pp. 1 – 14.

[25] Cachin, C., and Vukolić, M., 2017. *Blockchain consensus protocols in the wild*. In *31st Inter-*

national Symposium on Distributed Computing (DISC 2017) (pp. 1 – 16). Vienna: Dagstuhl Publishing.

[26] Lu, N., Zhang, Y., Shi, W., Kumari, S., and Choo, K. - K. R., 2020. A secure and scalable data integrity auditing scheme based on hyperledger fabric, *Computer Security*, 92, p. 101741.

[27] Cachin, C., 2016. *Architecture of the hyperledger blockchain fabric*. In *Workshop on Distributed Cryptocurrencies and Consensus Ledgers* (Vol. 310).

[28] West, A., and Fin, X., 2019. *An enterprise – ready hybrid blockchain platform that delivers secure andeEfficient international transactions*. https://cointelegraph.com/explained/proof – of – work – explained. Accessed on May 22, 2019.

[29] Tar, A., 2018. *Proof – of – work, explained*. https://cointelegraph.com/explained/proof – of – work – explained. Accessed on May 28, 2019.

[30] van Wirdum, A., 2018. The genesis files: Hashcash or how Adam Back designed Bitcoin's Motor Block. https://bitcoinmagazine.com/articles/genesis – files – hashcash – or – how – adam – back – designed – bitcoins – motor – block. Accessed on August 10, 2019.

[31] Kiayias, A., Russell, A., David, B., and Oliynykov, R., 2017. *Ouroboros: A provably secure proof – of – stake blockchain protocol*. In *Annual International Cryptology Conference* (Vol. 10401 pp. 357 – 388). Cham: Springer.

[32] Szabo, N., 1997. The idea of smart contracts. *Nick Szabo's Papers and Concise Tutorials 6*.

[33] Cong, L. W., and He, Z., 2019. Blockchain disruption and smart contracts. *Review of Financial Studies*, 32(5), pp. 1754 – 1797.

[34] Wang, S., Ouyang, L., Yuan, Y., Ni, X., Han, X., and Wang, F. – Y., 2019. Blockchain enabled smart contracts: Architecture, applications, and future trends. *IEEE Trans. Syst. Man, Cybern. Syst.*, 49(11), pp. 2266 – 2277.

[35] Dinh, T. T. A., Liu, R., Zhang, M., Chen, G., Ooi, B. C., and Wang, J., 2018. Untangling blockchain: A data processing view of blockchain systems. *IEEE Transactions on Knowledge and Data Engineering*, 30(7), pp. 1366 – 1385.

[36] Szydlo, M., 2004. Merkle tree traversal in log space and time. In *International Conference on the Theory and Applications of Cryptographic Techniques* (Vol. 3027, pp. 541 – 554). Berlin: Springer.

[37] Gartner, Inc., 2020. *Blockchain technology: What's ahead?* Be ready for the next phase of the blockchain revolution. https://www.gartner.com/en/information – technology/insights/blockchain. Accessed on January 15, 2020.

[38] Saini, H., Bhushan, B., Arora, A., and Kaur, A., 2019. *Security vulnerabilities in informa-*

tion communication technology: Blockchain to the rescue(A survey on Blockchain Technology). In *2019 2nd International Conference on Intelligent Computing, Instrumentation and Control Technologies(ICICICT)* (Vol. 1, pp. 1680 – 1684). Kannur, Kerala, India: IEEE.

[39] Zhang, Y., Kasahara, S., Shen, Y., Jiang, X., and Wan, J., 2018. Smart contract – based access control for the internet of things. *IEEE Internet Things J.*, 6(2), pp. 1594 – 1605.

[40] Karamitsos, I., Papadaki, M., and Al Barghuthi, N. B., 2018. Design of the blockchain smart contract: A use case for real estate. *Journal of Information Security*, 9(3), pp. 177 – 190.

[41] Adams, R., Parry, G., Godsiff, P., and Ward, P., 2017. The future of money and further applications of the blockchain. *Strategic Change*, 26(5), pp. 417 – 422.

[42] Microsoft, 2020. *Own your digital identity*. https://www.microsoft.com/en – us/security/business/identity/own – your – identity. Accessed on February 7, 2020.

[43] Chalaemwongwan, N., and Kurutach, W., 2018. *A practical national digital id framework on blockchain(NIDBC)*. In *2018 15th International Conference on Electrical Engineering/Electronics, Computer, Telecommunications and Information Technology(ECTI – CON)* (pp. 497 – 500). Chiang Rai, Thailand: IEEE.

[44] Al – Rawy, M., and Elci, A., 2018. A design for Blockchain – based digital voting system. In Antipova T., Rocha A. (eds.) *Digital Science. DSIC 2018: 32nd International Symposium on Distributed Computing*. Advances in Intelligent Systems and Computing, vol. 850, pp. 397 – 407. Cham: Springer.

[45] Korpela, K., Hallikas, J., and Dahlberg, T., 2017. *Digital supply chain transformation toward blockchain integration*. In *Proceedings of the 50th Hawaii International Conference on System Sciences*. (Vol 50, pp. 4182 – 4191). University of Hawaii at Manoa: HICSS.

[46] Abeyratne, S. A., and Monfared, R. P., 2016. Blockchain ready manufacturing supply chain using distributed ledger. *International Journal of Research in Engineering and Technology*, 5(9), pp. 1 – 10.

[47] Tian, F., 2016. *An agri – food supply chain traceability system for China based on RFID & blockchain technology*. In *2016 13th International Conference on Service Systems and Service Management(ICSSSM)* (pp. 1 – 6). Kunming: IEEE.

[48] Al – Rawy, M., and Elci, A., 2019. Secure i – voting scheme with Blockchain technology and blind signature. *Journal of Digital Science*, 1(1), pp. 3 – 14.

[49] Khan, S., Al – Amin, M., Hossain, H., Noor, N., and Sadik, M. W., 2020. *A pragmatical study on Blockchain empowered decentralized application development platform*. In *Proceedings of the International Conference on Computing Advancements*(pp. 1 – 9). Dhaka, Bangladesh:

Assocation for Computing Machinery.

[50] Lewis, R., McPartland, J., and Ranjan, R., 2017. Blockchain and financial market innovation. *Economic Perspectives*, 41(7), pp. 1 – 17.

[51] Nguyen, Q. K., 2016. *Blockchain: A financial technology for future sustainable development*. In *2016 3rd International Conference on Green Technology and Sustainable Development (GTSD)* (pp. 51 – 54). Kaohsiung, Taiwan: IEEE.

[52] Guardtime Cyber, 2020. Guardtime cyber helping to achieve cyber resilience. Available: https://cyber.guardtime.com/. Accessed on July 9, 2019.

[53] Yasin, D., 2019. Remme is revolutionizing password protection through the Blockchain. https://cryptopotato.com/remme-revolutionizing-password-protection-blockchain/. Accessed on July 15, 2019.

[54] Businesswire, 2018. KODAK and WENN Digital partner to launch major blockchain initiative and cryptocurrency. Accessed on July 9, 2019. https://www.businesswire.com/news/home/20180109006183/en/KODAK-WENN-Digital-Partner-Launch-Major-Blockchain. Accessed on July 10, 2019.

[55] ConsenSys, 2018, September 13. Ujo and capitol records bring blockchain innovation to music. https://media.consensys.net/consensys-ujo-and-capitol-records-bring-blockchaininnovation-to-music-319f2c649790. Accessed on June 1, 2019.

[56] Ubitquity, 2020. One block at a time. https://www.ubitquity.io/. Accessed on July 12, 2019.

[57] Gem, 2020. The best crypto portfolio tracker does the work for you. https://gem.co/. Accessed on March 15, 2019.

[58] Everledger, 2020. Everledger: Traceability. Provenance. Authenticity. https://www.everledger.io/. Accessed on March 15, 2019.

[59] MedRec, n. d. What is MedRec? https://medrec.media.mit.edu/. Accessed on March 15, 2019.

[60] Damiani, J., 2020. SimplyVital health is using blockchain to revolutionize healthcare. https://www.forbes.com/sites/jessedamiani/2017/11/06/simplyvital-health-blockchain-revolutionize-healthcare/#75f9cd1a880a. Accessed on March 15, 2019.

[61] Provenance, 2020. Provenance: Every product has a story. https://www.provenance.org/. Accessed on March 15, 2019.

[62] Businesswire, 2020. Fluent rebrands as Hijro, announces blockchain trade asset marketplace. https://www.businesswire.com/news/home/20161117005566/en/Fluent-Rebrands-Hijro-Announces-Blockchain-Trade-Asset. Accessed on March 15, 2019.

[63] Hulseapple, C., 2020. Blockverify. https://cointelegraph.com/news/block-verify-uses-

blockchains – to – end – counterfeiting – and – make – world – more – honest. Accessed on May 05,2019.

[64] Storj Labs,2020. Decentralized cloud storage is here. . https://storj. io/. Accessed on March 15,2019.

[65] Radcliffe,D. ,2017. Could blockchain run a city state? Inside Dubai's blockchain – powered future. https://www. zdnet. com/article/could – blockchain – run – a – city – state – insidedubais – blockchain – powered – future/. Accessed on March 15,2019.

[66] Buck,J. ,2017. Samsung wins public sector Blockchain contract for Korean Government. https://cointelegraph. com/news/samsung – wins – public – sector – blockchain – contract – forkorean – govt. Accessed on March 15,2019.

[67] Guardtime,2020. Blockchain – enabled cloud:Estonian government selects Ericsson,Apcera and Guardtime. https://guardtime. com/blog/blockchain – enabled – cloud – estonian – government – selects – ericsson – apcera – and – guardtime. Accessed on March 15,2019.

[68] Arcade City,Inc. ,2020. Connect freely. https://arcade. city/. Accessed on March 15,2019.

[69] Foxley,W. ,2020. Digital travel firm webjet has launched its booking verification Blockchain. https://www. coindesk. com/digital – travel – firm – webjet – has – launched – its – booking – verification – blockchain. Accessed on March 15,2019.

[70] Slock. It,2020. Slock. it connects devices to the blockchain,enabling the economy of things. https://slock. it/. Accessed on March 15,2019.

[71] Neo,2020. An open network for the smart economy. https://neo. org/. Accessed on March 15,2019.

[72] Followmyvote,2020. Introducing a secure and transparent online voting solution for the modern age. https://followmyvote. com/. Accessed on March 10,2019.

[73] Filament, 2020. Filament. https://www. iotone. com/supplier/filament/v2122. Accessed on February 25,2019.

[74] Ripple,2020. Move money to all corners of the world. https://ripple. com.

[75] MONERO,n. d. A reasonably private digital currency. https://www. getmonero. org/.

[76] Litecoin Project,2020. The cryptocurrency for payments based on blockchain technology. https://litecoin. org/. Accessed on February 30,2019.

[77] Bai,Q. ,Zhou,X. ,Wang,X. ,Xu,Y. ,Wang,X. ,and Kong,Q. ,2019. *A deep dive into blockchain selfish mining*. In *ICC 2019 – 2019 IEEE International Conference on Communications(ICC)*(pp. 1 – 6). Shanghai:IEEE.

[78] Park,J. ,and Park,J. ,2017. Blockchain security in cloud computing:Use cases, challen-

ges, and solutions. *Symmetry(Basel)*, 9(8), p. 164.

[79] Otte, P., de Vos, M., and Pouwelse, J. A., 2017. TrustChain: A Sybil – resistant scalable blockchain *Future Generation Computer Systems*. 107, pp. 770 – 780.

[80] Natoli, C. and Gramoli, V. 2016. The balance attack against proof – of – work blockchains: The R3 testbed as an example. https://www.semanticscholar.org/paper/The – Balance – Attack – Against – Proof – Of – Work – The – R3 – as – Natoli – Gramoli/b6b291da2871920510367a89c1fbf63f534fc8dc. Accessed on February 17, 2019.

# 第 7 章

# 区块链技术及其新兴应用

N. 拉希米

I. 罗伊

B. 古普塔

P. 班得瑞

纳拉扬·C. 德比纳特

区块链在数据隐私管理中的应用

## 7.1 引言

区块链是数字世界中一种无形的公共记录,它包含所有交易的账本,任何人都可以访问这些交易。尽管区块链没有提供新的实质内容,但也确实提供了一种所有权,该所有权可以转让给其他任何人。在区块链中执行的每笔交易都将永远保留在区块链中,比其他技术更加安全,这就是区块链技术的魅力所在。区块链技术还有一个安全因素是,人们在使用区块链技术进行交易之前需要多次确认,这可以很容易地实现自我监管[1-2]。

在本章中:7.2 节首先就区块链术语达成共识。7.3 节总结了区块链技术的历史和工作原理。7.4 节和 7.5 节分别讨论了区块链的类型及其优缺点。7.6 节研究了区块链技术的局限性。7.7 节介绍了区块链技术的应用。7.8 节给出了几个区块链技术应用的真实案例。7.9 节做了本章小结。

## 7.2 术语介绍

区块链结合了"区块"和"链"两个术语。一个区块可以看作一个文件,其中包含所有已处理的交易信息。每笔交易都包含关于发送方和接收方的信息,以及某种形式的身份识别,这种身份识别使交易独一无二并与其他交易相关联。对于区块链来说,区块是以线性顺序排列的。在区块链技术中,每个区块和交易信息都通过添加前一区块信息来与其他区块相关联。这就是为什么交易一旦置于区块链中,就不能逆转或被操纵的原因,因为该区块已经与其他区块相连接[3]。

### 7.2.1 区块

区块是包含网络上信息处理的交易列表,网络处理的每条信息一次存储一个区块。

### 7.2.2 链

处理交易时,网络中的每台计算机都试图解决算法难题。一旦计算完成,区块的链就会以密码学的方式进行创建,并按顺序排列区块。区块在链中的放置由网络中的大多数计算机进行验证和保护,这导致链随着每笔交易的进行而不断延长。

### 7.2.3　区块链账本

区块链账本就像一个传统的会计账本,在一个中心化银行系统中保存所有账户的交易。然而,就区块链而言,区块链本身是数字化的,并存储了网络中处理的所有账户和交易。典型的区块链账本存储有账号、交易和余额等信息。

### 7.2.4　节点

节点由区块链网络上参与交易处理的每台计算机组成。这些节点在网络中相互连接并验证交易,还可以通过节点查看区块链中处理的所有交易。

### 7.2.5　工作量证明

对于任何要处理的交易,人们在区块链技术中使用了一种验证方法来验证交易是真实的,而不是黑客行为或者错误交易。这种用于验证或处理交易的方法或信息算法称为工作量证明。网络中的每台计算机有其工作量证明,当工作量证明得到验证后①,区块链中就会添加一个区块。

### 7.2.6　密钥

在区块链中传输数据的安全性非常重要。因此,在这项技术中,人们使用密钥来加密和解密数据。这些密钥功能非常强大,提供了高级别的安全性,密钥用于加密数据并将加密数据在网络中传递,或用于解密数据并向公众提供信息[4]。人们在这项技术中使用了私钥和公钥,私钥应始终保密,因为私钥用于网络中用户的数字签名,而公钥可以公开共享。因此,私钥非常重要,这是区块链技术中大多数黑客攻击的对象,而且人们可以使用持有的私钥转移资产所有权[5]。

---

①　原文可能存在错误,此处为当交易被验证后更合理。——译者

### 7.2.7 输入

输入指的是任何用户通过输入交易在区块链内收到的任意数值。

### 7.2.8 输出

当用户想在区块链中新增交易时,会将输出交易的数值分配给区块链中所有其他成员,这样的行为称为"输出"。

### 7.2.9 哈希函数

哈希函数是一种计算机程序,用于存储区块链中处理的大量交易信息。由于哈希函数的存在,即使区块链处理大量交易,内存占用也不会过多[6]。哈希函数将所有输入值转换为字符串,生成数字指纹。人们使用哈希函数,使得两个独立的输入值永远不会生成相同的哈希值,这是哈希函数用于区块链的重要特性。

## 7.3 区块链技术的历史和工作原理

区块链作为一项新兴技术,正从金融到制造和教育等各个领域产生连锁反应。

### 7.3.1 区块链技术的历史

区块链技术的想法出现在20世纪90年代,当时研究人员使用电子账本对文件进行数字签名,以确保签署的文件没有更改。这个想法是区块链技术的基础,然后在第一个数字现金比特币中得到了实现,该想法在一篇描述比特币电子现金解决方案的论文中首次提出[7]。这篇论文由中本聪以假名发表,实际作者或者说第一个比特币的拥有者至今仍然是个谜。现有其他各种货币都是基于中本聪的蓝图演变而成。在比特币作为区块链的第一个应用案例成功开始后,区块链技术与比特币关联起来,因此,人们认为这两个术语是等价的。另外,有些人认为区块链技术只用于货币交易,这种想法是不正确的。其他货币或方案在比特币之前也使用了区块链技术,但都没有成功流行起来。比特币使用区块链技术的一个重要原因是用户之间可直接进行交易,不需要涉及第三方。因此,比特币是一种分布式货币,而不是由单一实体控制。区块链还允许用户匿名,这意味着虽然用户是匿名的,但用户的账户及其所有交易都是公开可见的,这使得交易完全透明。随着人们对这个系统的信任度不断提高,更多的货币开始进入数字世界。企业也开始使用数字货币来应对不可信和未知的用户,并避免将相同的数字资产发送给多个用户。

### 7.3.2 区块链技术的工作原理

区块链结合了各种技术,包括以下三个方面[8-9]:

#### 7.3.2.1 公私钥密码学

为了使区块链技术安全运行,每笔交易都需要有一个数字身份,这些身份是通过使用私钥和公钥的组合创建的。这种组合身份是基于区块链中使用的数字签名[10-14]。

#### 7.3.2.2 分布式公共账本

区块链技术以对等网络方式工作。当一项交易开始时,交易就会经过网络中的所有计算机,并且只有在网络中大多数计算机达成共识的情况下才能处理交易[15-16]。

#### 7.3.2.3 程序或协议

在计算机参与区块链之前,需要有规则。对于区块链网络而言,这些规则称为协议或程序。在这个数字世界中,该协议是计算机为了接受或拒绝区块链交易而解决的一个数学难题,也称为"挖矿"。每笔区块链交易都是一段数据区块,包含个人用户的数字签名和关于交易的所有其他信息。如图7.1所示,研究人员通过一个案例解释区块链技术的工作原理:A向B汇款。区块链中的每笔交易都表示为区块,所以当A汇款时,该区块会被广播到网络中的每个对等节点。该区块始终带有时间戳,以便用户可以验证数据的权威性,在验证节点的交易时,区块中存在的哈希值是非常重要的信息。节点可以是网络上参与区块链的任何计算机。节点可能出于各种原因参与区块链工作,其中一个重要原因是挖矿。参与区块链工作的计算机通过解决数学难题参与交易,如果成功,节点就会获得确认交易的部分收益。这个过程称为工作量证明,该过程可以根据所使用的技术而改变,并会不时变化[17]。节点验证区块中包含的各种信息,并确保交易是有效的。工作量证明中使用的协

# 区块链在数据隐私管理中的应用

议必须由每个节点进行验证,如果不满足协议,节点就会拒绝该交易。一旦有足够多的节点批准交易,交易就会被批准,并添加到区块链上。一笔交易的处理可能需要几秒到几分钟甚至更长的时间,这取决于区块链的设置方式。每个区块中存储的哈希值非常重要且关键,因为哈希值有助于维护网络安全。在数字货币世界中,当节点解出一个哈希值时,比特币系统就会生成货币,所以每个参与区块链网络的计算机都试图解出尽可能多的哈希值,这样他们就可以挖掘更多的货币。但是由于工作量证明的存在,区块链中开采的货币余额得以维系[18-19]。

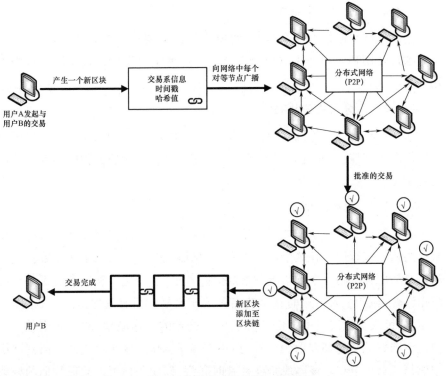

图7.1 区块链技术的简单工作原理

## ▶ 7.4 区块链类型

区块链有多种类型,具体取决于区块链的运行方式,如图7.2所示。表7.1显示了主要的区块链类型,分别如下:

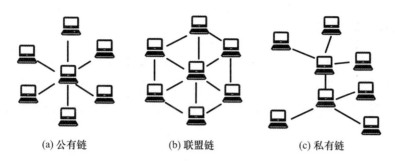

(a) 公有链　　　　　(b) 联盟链　　　　　(c) 私有链

图 7.2　区块链网络类型

表 7.1　区块链主要类型比较

| 性质 | 公有链 | 联盟链 | 私有链 |
|---|---|---|---|
| 共识 | 所有节点参与 | 指定的节点参与 | 一个组织参与 |
| 安全性 | 防篡改 | 可以被更改 | 可以被更改 |
| 效率 | 低 | 高 | 高 |
| 中心化 | 无 | 部分 | 有,分等级 |

### 7.4.1　公有链

"公有"区块链意味着世界上任何人都可以为区块链作出贡献,可以作为一个节点参与交易过程。这种类型的区块链也称为"非许可"区块链。加密验证的经济激励可能存在也可能不存在。一些流行的案例如比特币、以太坊等。

### 7.4.2　半私有链

半私有链在性质上是半私有的,由单一组织或个人团体运行。这些组织或个人可以出于组织目的授予任何用户访问权限。这种区块链是半私有的,因为其公共部分每个人都可以参与。

### 7.4.3　私有链

"私有"区块链赋予一个组织或某一群特定的个人写入权限。读取权限是公开的或开放给大部分用户,而验证交易仅由系统中的极少数节点执行。一些典型的案例包括 Gem 健康网络、Corda 平台等[20-23]。

### 7.4.4 联盟链

"联盟"区块链是基于共识的,其中共识的权力仅限于一组人或节点。这种类型的区块链也称为许可私有区块链。在这种类型的区块链中,挖矿没有经济回报,因为链上的节点较少,审批时间很快,典型案例如德国证券交易所和 R3[24] 等金融机构。

## 7.5 区块链技术的优缺点

以下是区块链技术的主要优点和缺点。

### 7.5.1 区块链技术的优点

区块链具有以下几种特性。

#### 7.5.1.1 去中心化

区块链技术的首要特性是去中心化,这意味着数据不需要中央机构即可在网络中传播,而传统的中心化交易是由中央权威机构(如银行)进行验证的。区块链主要使用一长串随机数字,称为公钥。但是,区块链也可以使用私钥作为密码,该密码使得所有者可以访问数字化的数据。区块链技术中的数据是非常安全且防篡改的,由于区块链的去中心化特性以及中央权威机构的缺失,任何人都不会比其他人更有优势。图 7.3 说明了中心化和去中心化网络的基本特征,表 7.2 总结了两者网络之间的主要差异。

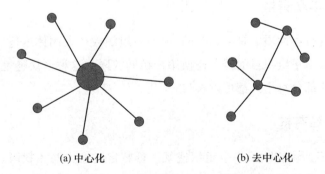

(a) 中心化    (b) 去中心化

图 7.3 中心化和去中心化网络拓扑结构对比

表7.2 中心化和去中心化网络之间的差异

| 中心化 | 去中心化 |
| --- | --- |
| 存在一个核心权威来指示和控制网络中的其他参与者 | 没有核心权威存在 |
| 权威需要为用户提供访问权限,以便参与者可以访问交易历史或新交易 | 每个参与用户都可以访问交易历史或新交易[25] |

#### 7.5.1.2 防篡改性和永久性

区块链技术的另一个重要特性是可以创建防篡改的账本。区块链中的交易不仅可以快速验证,而且几乎不可能更改,因为大多数参与的节点或计算机必须接受账本的更改,相比之下,中心化数据库很容易遭到损坏。所有参与区块链交易的各方都要经过数学计算,因此交易的验证速度非常迅速。只有那些验证成功的交易才会添加到链上。这样一来,区块链会立即发现无效交易,并且永远不会接受这些交易。

#### 7.5.1.3 更大的容量

由于使用P2P技术,区块链集结了网络中连接的所有计算机的力量,比传统的中心化服务器具有更大的容量[26-27]。

#### 7.5.1.4 更高的安全性

区块链技术是一种安全系数较高的技术形式。据报道,黑客从来没有成功入侵过区块链平台。虽然在某些情况下,该技术中使用的密钥有时会被黑客攻击,但由于该技术使用确认交易的计算机网络,因此区块链不可能被侵入并且始终安全可靠。相比之下,传统服务器就容易被黑客攻击,因为攻击者需要做的只是攻击其中一台服务器[28-29]。

#### 7.5.1.5 匿名性

区块链中每个用户都使用一个没有名称关联的生成地址与其他用户进行交互。因此所进行的交易是匿名的。

#### 7.5.1.6 可审计性

区块链技术另一个重要的关键特性是可审计性。区块链中每笔交易都参考了以前的交易并存储了用户余额数据。交易状态是未花费和已花费,所以任何交易都很容易核实和追踪。

### 7.5.1.7 更快的处理速度

区块链技术的处理速度非常快,不像传统的银行业务,后者根据机构的政策,可能需要很长的时间才能结算交易。金融机构使用区块链后,业务处理时间更快,资金转移甚至可以即时结算,最终有利于节省金融机构的时间和资源。

### 7.5.1.8 更低成本的交易

区块链技术利用网络中的计算能力,因此区块链网络在很多用户之间分布,与中心化系统相比,区块链交易验证过程要简单得多。

### 7.5.1.9 透明性

通过区块链技术,所有的交易都用公开地址进行,并通过复杂的算法进行加密[①]。用户隐藏身份,但由于地址是公开的,所有交易都可以直接看到,这为金融交易提供了极大的透明度。金融系统内的这种透明程度以前从未存在过,区块链鼓励用户间更多的信任。

## 7.5.2 区块链技术的缺点

区块链技术也存在缺点,这里解释了其中的一部分:

### 7.5.2.1 新技术应用挑战

尽管研究人员早在20世纪90年代就引入了区块链,但其受欢迎程度在2009年引入比特币后才有所增加。所以,人们仍认为区块链是一项新技术,这可能是一个劣势。区块链与其他技术不同,需要大多数用户的参与,我们应该鼓励每个人了解这一点,这样人人都可以为改进区块链作出贡献。因为区块链是新技术,所以对人们来说是陌生的。另外,由于区块链与计算机相关,公众需要及时了解新的进展,否则该技术可能会夭折。

### 7.5.2.2 在某些情况下成本高

与任何其他技术一样,企业在转向区块链的初始阶段成本会有些高,因为企业必须从目前使用的技术中转变,这可能需要通过改进和投资来完成转变。然而,不是每次转变都会导致高额成本,这取决于企业计划如何使用该

---

① 事实上,比特币网络中发生的交易并没有进行加密,仅仅是对交易进行了签名。——译者

技术。

#### 7.5.2.3 不受监管

区块链技术的一个关键特征是缺乏监管,同时这也是区块链技术的一个缺点。如果出于任何原因人们在使用区块链时失败了,就无法向任何权威或管理员寻求帮助,这一事实可能会给一些人带来恐慌。尽管人们可以完全控制这项技术,但每个人都需要自己注意如何更好地使用它。

#### 7.5.2.4 安全风险

区块链是一种安全的技术,因为区块链是一个大型的计算机网络,并且要求大多数计算机接受交易以使交易得到验证。然而,情况并非总是如此。随着区块链的不断发展,攻击者也在不断研究破解区块链的方法。与任何其他技术一样,区块链系统是以计算机为载体的,因此总会存在某种形式的风险。尽管目前黑客成功入侵系统的记录还不存在,也不能保证人们或攻击者无法以某种方式渗透系统。例如,一种可能的方法是通过每个区块中使用的哈希值来渗透。

#### 7.5.2.5 技术风险

与任何其他技术一样,区块链总是处于技术风险之中,这意味着在某些情况下,区块链可能会被另一种更好的技术所取代,这种技术可以推翻当前区块链技术的优势和特性。由于技术总是不断变化的,因此目前表现良好的技术不可能永远不出现问题。表7.3简要介绍了区块链的一些优缺点。

表7.3 区块链技术优缺点

| 优点 | 缺点 |
| --- | --- |
| 去中心化 | 新技术应用挑战 |
| 防篡改性/永久性 | 在某些情况下成本高 |
| 更大的容量 | 不受监管 |
| 更高安全性 | 安全风险 |
| 匿名性 | 技术风险 |
| 可审计性 | |
| 快速处理 | |
| 更低成本的交易 | |
| 透明度 | |

区块链在数据隐私管理中的应用

## 7.6 区块链技术的约束和挑战

区块链技术目前存在的问题和局限性如下:

### 7.6.1 技术复杂性

由于区块链是新技术,使用了各种术语,其中一些可能使人们难以理解。有各种资源可以用来促进这项技术的研究,但是,对一些人来说,这项技术研究的起步可能非常困难。

### 7.6.2 网络规模效应

区块链技术适用于计算机网络,该技术需要一个大型网络,以使其更加强大和有效。区块链确实可以在小型网络中工作,但效用非常有限,从而无法体现该技术的全部优势。

### 7.6.3 高质量信息要求

区块链技术需要高质量的输入信息。由于区块链不允许用户进行更改,信息一旦输入区块链中,就会认为是正确的。

### 7.6.4 安全漏洞

区块链基于51%的攻击概念,假定如果51%的用户批准了一项交易或更改,那么交易就是合适的,但可能并非每次都是这种情况,也可能是一种限制。尽管覆盖超过51%的用户非常困难,但仍有可能发生。

### 7.6.5 公众信任度

与任何其他技术一样,区块链技术需要改变人们的行为。由于这项技术主要取决于用户,用户需要适应区块链技术,而抵制变革是现实的一部分。用户做出改变并开始使用区块链技术,而非现有技术,这需要强大的动力,与此同时,区块链也需要提高公众的信任感和安全感。

### 7.6.6 可扩展性

区块链技术的数字货币部分主要涉及的一个问题是扩展性。验证和下载整套现有区块的过程,对于任何想要立即开始交易的人来说都是非常困难的。由于验证和下载所有的区块需要数小时,且区块的数量正在呈指数型增长,区块的验证和下载日后将更加困难。

### 7.6.7 迁移成本

如果一个组织决定转向使用这项新技术,将当前记录转移到区块链技术是非常困难的,因为这需要许多迁移任务,涉及大量的时间和资金。

### 7.6.8 政府法规

各国关于区块链的法规永远是一个挑战,因为法规永远是为了监督区块链技术而存在的,与区块链技术的关键特征正好相反。世界各地正在出台许多法律和法规来监管与规范区块链。

### 7.6.9 欺诈活动

区块链是匿名的,因此始终存在使用该技术进行欺诈活动的可能性。管理这些活动并允许执法机构监督和起诉相关活动将是区块链面临的挑战和问题。

## 7.7 区块链技术的应用

到目前为止,区块链在数字货币方面已经非常成功,并且随着比特币和其他数字货币平台的使用而备受欢迎。然而,现在有很多关于这项技术最适用于哪些场景的讨论。由于区块链的安全特性,程序员们已经找到了使用该技术的创新方法。区块链技术可应用的领域包括:

### 7.7.1 选举和电子投票

世界各地的投票系统都非常耗时,因为人们在选举投票中必须排队等候。以前,在一些国家中纸质投票是唯一的选择,现在,一些国家已经采用电子投票,但人们仍然必须去选举中心投票或通过邮政系统寄送选票。区块链可能在不久的将来能解决这个问题。有了区块链技术,投票可以记录为单独的交易,并且由于这项技术保留了每笔交易的记录,所以投票非常安全。这项技术还可以减少选举中的边际误差,并减少欺诈的可能性,因为网络中的每个用户都可以轻松地将所有选票的摘要视为交易。更重要的是,投票便利性的增加也可以提高选民的参与度[30]。

### 7.7.2 传统金融机构的改进措施

随着数字货币的推出,传统的金融机构(主要是银行)面临巨大的挑战。为了保持竞争力,传统银行业一直在慢慢了解这项技术,并试图利用区块链来更好地服务于客户,为客户提供更高的安全性。这些传统金融机构正在研究区块链,从而更好地了解如何使用该技术。区块链的一些主要使用方式包括零售支付、消费借贷和参考数据系统。当人们从网上汇款或刷卡购物时,金融机构需要时间来处理每笔交易。通过使用区块链技术,这些机构可以缩短交易处理时间。同样,由于所有的文书工作和中间业务,金融机构的消费贷款也需要很长时间,而这两者都可以通过使用区块链技术得到显著改善。此外,由于涉及金融机构的数据,共享信息并不容易。但通过区块链中使用的实时信息共享技术,数据可以非常容易地共享,因为区块链网络中的任何人都很容易看到数据。

### 7.7.3 医疗健康技术

医疗健康是另一个可以使用区块链技术的领域,主要用于维护患者的电子医疗档案或优化保险索赔流程。医疗档案可以在区块链中更新或输入,这非常安全,一旦输入任何人都无法更改记录。因为区块链中每笔交易都有一个时间戳,且保险公司会有每个诊断的记录和时间,这可能会使得保险索赔变得更加容易。健康保险公司也可以使用这项技术非常容易地确定患者的先决条件。另外,使用区块链技术的智能合约将自动确定付款和索赔,从而减少管理成本和与人工相关的其他成本[31-32]。

### 7.7.4 跨境支付及汇款

目前,国际资金转移成本高、容易出错,且整个支付过程需要很长的时间。区块链可以解决这些问题,交易可以更快、更便宜、更安全。另外,一个汇款服务提供商使用区块链技术的案例——Abra 平台,许多其他企业和组织可能会在不久的将来利用这种技术[33]。

## 7.7.5 智能合约应用

"智能合约"是使用区块链技术处理合约的更好方式。传统合约需要第三方处于中立位置,智能合约将消除对这些第三方的需求。签署智能合约的双方始终了解合约中的细节,并知道何时以及如何执行。这些合约不仅规定了各方的规则和处罚措施,而且还酌情强制执行。智能合约为个人、企业和物联网设备提供了很好的使用场景[34]。

## 7.7.6 版权保护

受版权保护的内容可以从区块链技术中获益良多。如今,很难知道谁是版权保护内容的所有者,以及何时必须为版权保护内容向作者、出版公司或艺术家支付版税。如果使用区块链的智能合约,所有内容将携带其所有者的相关信息,以便在需要时直接支付版税费用[35]。

## 7.7.7 物品标识

区块链技术可以帮助提供匿名身份。区块链中身份是匿名的,这意味着有身份但不需要名字。每当进行交易时,其都会与身份相关联,但不需要透露姓名,除非个人愿意这样做。这样,每个人都可以在区块链中拥有一个身份,这将赋予世界上每个人全球身份。同样的身份概念可用于产品、包装、机器和许多其他事物,这称为物品标识(Identity of Thing,IDoT)。IDoT 概念可以在供应链管理或基础设施方面发挥非常重要的作用,还可以使每个人的购物和销售体验更轻松[36-37]。

## 7.7.8 物联网应用

随着世界上数十亿台设备的使用,每个设备收集的信息都分散在各个系统中。然而,整合所有收集信息的需求正在慢慢形成,这就是物联网。所有收集的信息有必要保存下来,而区块链技术最适合这项任务。作为一种分布式技术,区块链在网络中使用大量的计算机,提供了广泛的存储和带宽,增强了安全性和处理能力。交通信号灯和雨量计是可以使用区块链的物联网场景。

## 7.8 区块链技术应用的真实案例

区块链技术在不同领域、以不同方式来改善人们的生活,使人们的生活更轻松、更安全。据《福布斯》杂志报道,在金融、医疗健康、政务、媒体和其他创新领域,现实世界中的各种区块链案例展现出惊人的前景。

### 7.8.1 网络安全

网络安全领域的案例包括:

#### 7.8.1.1 GuardTime 公司

GuardTime 公司成立于 2007 年,其目标是消除爱沙尼亚政府网络内对可信机构的需求。公司总部设在瑞士洛桑,在爱沙尼亚、美国、荷兰、英国和新加坡设有办事处。自 2007 年以来,GuardTime 公司先后获得 40 多项专利,致力于构建密码学和计算机科学领域的技术与应用。在众多技术和应用中非常重要的是该公司使用无密钥签名区块链技术来存储爱沙尼亚公民的健康档案[20,38-39]。

#### 7.8.1.2 Remme 公司

Remme 公司总部位于美国,是一家提供基于区块链的公钥基础设施(Public Key Infrastructure,PKI)的公司,该技术解决了各种网络攻击问题,且专注于防止中央系统遭受黑客攻击。公司还在开发去中心化的认证系统,旨在解决使用 SSL 证书时登录和密码的问题,公司计划将 SSL 证书存储在区块链上[21,40]。

### 7.8.2 医疗健康

医疗健康部门的案例包括:

#### 7.8.2.1 Gem 公司

Gem 是美国加利福尼亚州的一家软件公司,致力于区块链技术的研究。公司的重点是医疗健康解决方案,因此 Gem 与飞利浦合作,在完全遵守 HIPAA 规定下安全地存储、访问和共享医疗健康数据。该公司基于区块链的架构为医疗数据管理提供了充分的效率、极高的透明度和低廉的成本。公司正在与美国疾病控制中心合作,研究如何通过数据收集和分析来管理健康与灾难响应。

#### 7.8.2.2 MedRec 项目

MedRec 是一个由罗伯特·伍德·约翰逊(Robert Wood Johnson)基金会资助的技术项目,并得到麻省理工学院媒体实验室的额外支持。该项目于 2016 年 8 月首次实施和设计,目前正在开发另一个版本,项目中使用的区块链技术可以存储患者数据并维护授权数据[41]。

#### 7.8.2.3 SimplyVital Health 公司

SimplyVital Health 公司总部位于美国马萨诸塞州布莱顿,成立于 2017 年。公司开发了一个带有区块链基础设施的开源 Health Nexus 协议,该协议提供了在全球范围内增加数据访问和降低医疗健康成本的工具。该公司是以太坊的一个分支,具有分布式存储数据库、安全密钥对系统和新的验证与治理周期等功能[42]。

### 7.8.3 金融服务

金融服务提供商已广泛使用区块链,案例包括:

#### 7.8.3.1 Abra 钱包

Abra 是一款基于区块链技术的加密货币钱包。Abra 钱包中大约有 30 种加密货币和 50 种法定货币,允许人们使用银行转账、信用卡、借记卡交易或者加密货币轻松进行投资。Abra 钱包易于使用,且是一种在单一位置管理加密货币的安全方案[33]。

#### 7.8.3.2 Hapoalim 银行

以色列的 Hapoalim 银行正尝试在微软公司的帮助下利用区块链技术来管理数字银行担保。这将使各种银行流程(如签署担保)变得更加简单和快捷,也将消除人们亲自到银行的实际需求。区块链技术还将使银行能够以数字格式安全地向客户提供文件。

#### 7.8.3.3 巴克莱银行

巴克莱是一家世界知名的银行,总部设在伦敦。该银行将区块链技术举措用于各种金融活动,如识别、验证和各种交易活动。由于银行需要非常小心地保护其员工和客户的身份,区块链可能是一项不断向前发展并且非常重要的技术[43]。

#### 7.8.3.4 Maersk 公司

Maersk 是另一家在金融服务领域使用区块链技术的公司。公司利用 GuardTime 开发的无密钥签名区块链技术来处理传输数据。Maersk 公司的合作伙伴包括安永、威利斯－韬睿惠悦、微软和多家保险公司。Maersk 公司希望通过实时数据共享提高航运保险的效率,并促进航运供应链的发展[44]。

#### 7.8.3.5 Aeternity 技术

Aeternity 是另一项创新的区块链技术,专注于创建智能合约,以允许执行可信的交易。该技术不需要第三方或中间方,为企业和个人提供了非常私密的合约,并确保合约得到良好的保护。Aeternity 还计划通过利用合约各方之间的私有状态渠道来进行低成本的交易[45]。

#### 7.8.3.6 Augur 技术

Augur 是一种基于预测市场协议的区块链技术,声称由使用协议的人运营和拥有。Augur 允许用户为各种交易市场和金融机构创建基于区块链的预测[46]。

### 7.8.4 制造业和工业

制造业和工业部门也一直在利用区块链技术,具体如下:

#### 7.8.4.1 Provenance 技术

Provenance 技术旨在为产品供应链的透明化提供解决方案。根据社会企业 Project Provenance Ltd. 提出的 Provenance 白皮书,人们对其使用的产品信息知之甚少。该企业使用的产品要经过大量的零售商网络才能最终到达消费者手中,因此,其产品供应链需要透明化[47]。

#### 7.8.4.2 JioCoin 项目

JioCoin 是印度瑞来斯实业公司正在开发的一个项目。这个项目利用区块链技术致力于供应链管理和智能合约研究,以及项目本身的数字货币 Jiocoin[48]。

#### 7.8.4.3 Hijro 公司

Hijro 是一家位于肯塔基州列克星敦的公司,致力于通过区块链技术将用户连接到全球网络,提供金融和供应链解决方案[49]。

## 7.8.5 政府服务

区块链在政府服务中的应用包括:

### 7.8.5.1 阿联酋(迪拜)

阿联酋目前计划到2020年前成为第一个区块链驱动的政府。目前,迪拜在开展各种基于区块链技术的项目,这些项目已经获得了政府和企业的支持。迪拜2016年成立了全球区块链理事会,有30多个政府实体和国际公司成员。全球理事会成员已经宣布了在各种可能的领域利用区块链技术的项目,如健康、商业注册、航运等领域[50]。

### 7.8.5.2 爱沙尼亚

爱沙尼亚政府也在利用区块链技术。政府与公司和其他组织合作,将公民的健康档案转移到区块链技术中,并参与创建数据中心,以将其他公共档案也转移到区块链中[51]。

### 7.8.5.3 韩国

尽管韩国已禁止首次代币发行(Initial Coin Offering,ICO),但依然希望可以利用区块链技术,因此与三星SDS达成协议:三星为福利、公共安全和交通领域创建一个区块链基础平台。该项目计划于2022年完成,旨在提高韩国政府服务的透明度[51]。

### 7.8.5.4 英国

福利的分配和记录是最重要的政务流程之一,这也是英国就业和养老金部调查的区块链技术应用领域。这是英国政府在2017年提交的预算演讲中讨论的问题[52]。

### 7.8.5.5 Followmyvote网站

这是一项基于区块链技术的创新,可实现安全透明的在线投票。该投票系统是透明的,通过减少选民欺诈来提高选民投票率[53]。

## 7.8.6 慈善机构

慈善组织也从区块链中受益。例如,成立于2013年的BitGive是美国第一家比特币非营利组织,这种身份可以获得联邦免税地位。BitGives 是一家众所周知的非营利组织,此外,还有拯救儿童、水项目、医疗移动、TECHO 和其他组织。BitGive 组织提供了更大的透明度,所以捐赠者可以很容易看到组织将捐款用于何处[54]。

### 7.8.7 零售服务

零售服务提供商已经使用了区块链,如以下两例:

#### 7.8.7.1 OpenBazaar 市场

这是一个免费的在线市场,可以在没有任何第三方或中间商参与的情况下出售任何商品,销售没有平台费用,也没有限制。OpenBaazar 市场通过对等网络直接连接消费者,消费者可以使用 50 多种加密货币进行支付。该市场遵循区块链技术,因此没有人拥有市场的控制权。每个在此平台上在线购物的人都会为网络作出贡献[55]。

#### 7.8.7.2 Loyyal 公司

与目前的趋势一样,公司为用户提供各种激励和奖励,以鼓励用户使用公司提供的服务或以某种方式成为公司的一部分。Loyyal 公司使用了类似的概念,这是一家总部位于加州的公司,创建了一个基于区块链技术的平台,该平台使用专有的区块链以及智能合约技术[56],不仅允许公司提供忠诚度套餐,也允许消费者组合和交易其获得的忠诚度奖励。

### 7.8.8 房地产服务

Ubitquity LLC 公司成立于 2016 年,总部位于特拉华州,服务于房地产企业组织、政府市政和经销商。该公司是首批将区块链纳入服务的房地产公司之一。该公司正致力于构建和维护一个区块链技术平台,以服务于房地产行业。此外,该公司还帮助政府进行房地产活动,如履行法律程序。区块链技术有望简化复杂的法律程序,让每个人都能更轻松地进行房地产交易[57]。

### 7.8.9 交通运输和旅游业

以下是区块链在交通运输和旅游领域的两个应用实例:

#### 7.8.9.1 IBM 区块链解决方案

在区块链提供的各种解决方案中,IBM 公司正在将区块链技术应用于汽车租赁行业。该公司正在努力向潜在客户提供所有车辆的历史记录,以便客户可以轻松地浏览要租赁的车辆信息。这将使租赁产业链相关的每个人都从中受益,包括从登记车辆信息的政府办公室到试图设定保险费率的保险机构,制造商也可以使用区块链技术来确定召回成本等[58]。

#### 7.8.9.2 Lazooz 公司

Lazooz 总部位于以色列,是一家致力于可持续发展系统开发的公司。与可持续发展概念一样,该技术通过在增加新的交通工具之前,充分使用现有资源来助力智慧交通。公司认为,通过使用区块链技术的实时搭车将有助于保持可持续性,让拥有私家车的人能够与同方向旅行的其他人共享旅程。该公司还认为这不仅可以节省资金,还可以增进社会关系[59]。

### 7.8.10 媒体服务

媒体服务也从区块链技术中受益,如以下两个实例。

#### 7.8.10.1 Kodak 公司

作为一家专注于影像的技术公司,Kodak 也已经开始与 WENN 数字公司合作开发区块链技术:图像版权管理平台(KODAKOne)和以照片为中心的加密货币(KODAKCoin)。这些技术利用区块链,将授予摄影师和机构权限。例如,在区块链中通过处理图像注册和权限管理来实现账户透明[60-61]。

#### 7.8.10.2 Ujomusic 平台

Ujomusic 是面向创作歌手和音乐家的平台,允许创作者创建属于自己的唱片,从而方便版税的支付。该平台使用区块链技术来实现这一目标[62]。

## 7.9 本章小结

区块链是一项发展非常迅速的技术,在各个领域有无数的发展可能性。尽管这项新技术存在挑战,许多人只是将其视为加密货币,但区块链仍可以应用在各个领域。目前,许多项目正在进行中,而且许多大型公司都在研究区块链的合理使用。时间会证明这将如何造福所有人,目前的结果表明,区块链具有去中心化、安全、透明等特点,将存在相当长的时间。正如本章所讨论的,这项技术需要尽可能多的人参与,以使其更加安全。这一领域的研究是非常重要的,人们对区块链技术的认识也是如此。

## 参考文献

[1] Narayanan, A., Bonneau, J., Felten, E., and Goldfeder, S., 2016. *Bitcoin and Cryptocurrency Technologies*. Princeton: Princeton University Press.

[2] Norman, A., 2017. *Cryptocurrency Investing Bible: The Ultimate Guide About Blockchain, Mining, Trading, ICO, Ethereum Platform, Exchanges, Top Cryptocurrencies for Investing and Perfect Strategies to Make Money*. Scotts Valley, CA: CreateSpace Independent Publishing, LLC.

[3] Norman, A., 2017. *Blockchain Technology Explained: The Ultimate Beginner's Guide About Blockchain Wallet, Mining, Bitcoin, Ethereum, Litecoin, Zcash, Monero, Ripple, Dash, IOTA and Smart Contracts*. Scotts Valley, CA: CreateSpace Publishing LLC.

[4] Hill, B., Chopra S., and Valencourt, P., 2018. *Blockchain Quick Reference: A Guide to Exploring Decentralized Blockchain Application Development*. Birmingham, UK: Packt Publishing Ltd.

[5] James, J., 2018. *Blockchain: The Ultimate Beginner's Guide to Understanding Blockchain and Blockchain Technology*. Karnataka, India: Independently Published.

[6] Sebastian, L., 2018. *Blockchain: 3 Books – The Complete Edition on Bitcoin, Blockchain, Cryptocurrency and How It All Works Together in Bitcoin Mining, Investing and Other Cryptocurrencies*. Cleveland, OH: Positive Impact Books.

[7] Watney, M., 2017. *Blockchain for Beginners: The Complete Step by Step Guide to Understanding Blockchain Technology*. Scotts Valley, CA: CreateSpace Publishing LLC.

[8] Nakamoto, S., 2008. *Bitcoin: A Peer – to – Peer Electronic Cash System*. https://bitcoin.org/bitcoin.pdf. Accessed on April 13, 2019.

[9] Rahimi, N., Reed, J. J., and Gupta, B., 2018. On the significance of cryptography as a service. *Journal of Information Security*, 9(4), pp. 242 – 256.

[10] Fernández – Caramès, T. M., and Fraga – Lamas, P., 2020. Towards post – quantum blockchain: A review on blockchain cryptography resistant to quantum computing attacks. *IEEE Access*, 8, pp. 21091 – 21116.

[11] Arora, D., Gautham, S., Gupta, H., and Bhushan, B., 2019. Blockchain – based security solutions to preserve data privacy and integrity. In *2019 International Conference on Compu-

*ting*, *Communication*, *and Intelligent Systems*(*ICCCIS*)(pp. 468 – 472). Greater Noida, India:IEEE.

[12] Rahimi, N., 2020. Security consideration in peer – to – peer networks with a case study application. *International Journal of Network Security & Its Applications*(*IJNSA*), 12(2). pp. 1 – 16

[13] Fleming, S., 2017. *Blockchain technology*:*Introduction to Blockchain technology and its impact on business ecosystem.* Scotts Valley, CA:CreateSpace Publishing.

[14] Singh, V., (2017). Understand Blockchain Technology:Your quick guide to understand blockchain concepts. https://www.google.com/books/edition/Understand_Blockchain_Technology/3yiCDwAAQBAJ? hl=en&gbpv=0. Accessed on November 10, 2019.

[15] Rahimi, N., Sinha, K., Gupta, B., Rahimi, S., and Debnath, N. C., 2016. *LDEPTH*:*A low diameter hierarchical p2p network architecture.* In *2016 IEEE 14th International Conference on Industrial Informatics*(*INDIN*)(pp. 832 – 837). Emden, Germany:IEEE.

[16] Rahimi, N., Gupta, B., and Rahimi, S., 2018. *Secured data lookup in LDE based low diameter structured P2P network.* In *Proceedings of the 33rd International Conference on Computers and Their Applications*(*CATA*). pp. 56 – 62). Las Vegas:ISCA Publishing.

[17] Blockgeeks, 2019. What is blockchain technology? A step – by – step guide for beginners. https://blockgeeks.com/guides/what – is – blockchain – technology. Accessed on November 17, 2019.

[18] Marr, B., 2018. 35 Amazing real world examples of how blockchain is changing our world. Forbes.com. https://www.forbes.com/sites/bernardmarr/2018/01/22/35 – amazing – real – world – examples – of – how – blockchain – is – changing – our – world/# 3c43c0dd43b5. Accessed on November 17, 2019.

[19] Sharma, T., Satija, S., Bhushan, B., 2019, October. *Unifying blockchian and IoT*:*Security requirements*, *challenges*, *applications and future trends.* In *2019 International Conference on Computing*, *Communication*, *and Intelligent Systems*(*ICCCIS*)(pp. 341 – 346). Greater Noida, India:IEEE.

[20] Guardtime.com, 2019. https://guardtime.com/. Accessed on April 28, 2019.

[21] Blockchain.cioreview.com, 2019. REMME:Delivering effective data security with decentralization. https://blockchain.cioreview.com/vendor/2018/remme. Accessed on April 28, 2019.

[22] Remme.io, 2019. Remme:Distributed PKI and apps for the modern web. https://remme.io/. Accessed on April 28, 2019.

[23] Gem, 2019. Home. https://enterprise.gem.co/ Accessed on November 17, 2019.

[24] Shieber, J., 2017. Gem looks to CDC and European giant Tieto to take blockchain into

healthcare – TechCrunch. https://techcrunch. com/2017/09/25/gem–looks–to–cdc–and–european–giant–tieto–to–take–blockchain–into–healthcare/. Accessed on April 28,2019.

[25] Gupta,B. ,Rahimi,N. ,Rahimi,S. ,and Alyanbaawi,A. ,2017. *Efficient data lookup in non–DHT based low diameter structured P2P network*. In *Proceedings of the 2017 IEEE 15th International Conference on Industrial Informatics (INDIN)* (pp. 944–950). Emden,Germany: IEEE.

[26] Gupta,B. ,Rahimi,N. ,Hexmoor,H. ,and Maddali,K. ,2018. *Design of a new hierarchical structured peer–to–peer network based on Chinese remainder theorem.* (pp. 944–950). *Proceedings of the 33rd International Conference on Computers and Their Applications (CATA)*,Las Vegas:ISCA Publishing.

[27] Rahimi,S. ,2017. A novel linear diophantine equation–based low diameter structured peer–to–peer network. *PhD Diss.* ,Southen Illinois University,Carbondale,IL.

[28] Zhaofeng,M. ,Xiaochang,W. ,Jain,D. K. ,Khan,H. ,Hongmin,G. ,and Zhen,W. ,2019. A Blockchain–based trusted data management scheme in edge computing. *IEEE Transactions on Industrial Informatics.* 16(3),pp. 2013–2021.

[29] Saini,H. ,Bhushan,B. ,Arora,A. ,and Kaur,A. ,2019. *Security vulnerabilities in Information communication technology: Blockchain to the rescue (A survey on Blockchain Technology).* In *2019 2nd International Conference on Intelligent Computing, Instrumentation and Control Technologies (ICICICT)* (Vol. 1,pp. 1680–1684). Kannur,India:IEEE.

[30] Follow My Vote,2019. The online voting platform of the future:Follow my vote. https:// followmyvote. com. Accessed on April 28,2019.

[31] Simplyvitalhealth. com,2019. https://www. simplyvitalhealth. com/. Accessed on November 17,2019.

[32] Hendren, L. , 2017. What is health nexus? . https://medium. com/simplyvital/health–nexus–the–overview–e8deb57bdd07. Accessed on April 28,2019.

[33] Abra,2019. Home:Abra. https://www. abra. com. Accessed on November 17,2019.

[34] Meyer,D. ,2017. Microsoft's blockchain experiments expand to digital bank guarantees. http://fortune. com/2017/09/07/microsoft–bank–hapoalim–blockchain–bank–guarantees/. Accessed on April 28,2019.

[35] Solomon,S. ,2017. Bank Hapoalim,Microsoft join forces on blockchain technology. https://www. timesofisrael. com/bank–hapoalim–microsoft–join–forces–on–blockchaintechnology/. [Accessed on April 28,2019].

[36] Friese, I., Heuer, J., Kong, N., 2014. *Challenges from the Identities of Things: Introduction of the Identities of Things discussion group within Kantara initiative.* In *2014 IEEE World Forum on Internet of Things* (WF – IoT) (pp. 1 – 4). Seoul, Korea: IEEE.

[37] Lam, K. Y., and Chi, C. H., 2016. *Identity in the Internet – of – Things (IoT): New challenges and opportunities.* In *International Conference on Information and Communications Security* (pp. 18 – 26). Cham: Springer.

[38] Guardtime, 2019. Blockchain – enabled cloud: Government, ericsson, Apcera. https://guardtime.com/blog/blockchain – enabled – cloud – estonian – government – selects – ericsson – apcera – and – guardtime. Accessed on April 28, 2019.

[39] Rahimi, N., Nolen, J., and Gupta, B., 2019. Android security and its rooting: A possible improvement of its security architecture. *Journal of Information Security*, 10(2), pp. 91 – 102.

[40] Attaran, M., and Gunasekaran, A., 2019. Blockchain and cybersecurity. In Attaran, M., and Gunasekaran, A. (eds.) *Applications of Blockchain Technology in Business*, pp. 67 – 69. Cham: Springer.

[41] Medrec. media. mit. edu, 2019. MedRec. https://medrec.media.mit.edu/. Accessed on November 17, 2019.

[42] Monteil, C., 2019. Blockchain and health. *Digital Medicine.* Cham: Springer, pp. 41 – 47.

[43] Barclays Corporate, 2019. What does Blockchain do? https://www.barclayscorporate.com/insights/innovation/what – does – blockchain – do/. [Accessed on April 28, 2019].

[44] Hackett, R., 2017. Maersk and Microsoft tested a blockchain for shipping insurance. http://fortune.com/2017/09/05/maersk – blockchain – insurance/. Accessed on April 28, 2019.

[45] Aeternity Blockchain, 2019. A Blockchain for scalable, secure, and decentralized apps. https://www.aeternity.com/. Accessed on April 28, 2019.

[46] Augur, 2019. Home page. https://www.augur.net/. Accessed on April 28, 2019.

[47] Provenance, 2017. Blockchain: The solution for transparency in product supply chains. https://www.provenance.org/whitepaper. Accessed on April 28, 2019.

[48] Das, S., 2018. JioCoin: India's biggest conglomerate to launch its own cryptocurrency. https://www.ccn.com/jiocoin – indias – biggest – conglomerate – launch – cryptocurrency. Accessed on April 28, 2019.

[49] Hijro, 2019. Hijro: Trade asset marketplace. https://hijro.com/. Accessed on April 28, 2019.

[50] Radcliffe, D., 2017. Could blockchain run a city state? Inside Dubai's blockchain powered future|ZDNet. https://www.zdnet.com/article/could – blockchain – run – a – city – state – inside – dubais – blockchain – powered – future/. Accessed on April 28, 2019.

[51] Buck, J. , 2017. Samsung wins public sector blockchain contract for Korean Government. https://cointelegraph. com/news/samsung – wins – public – sector – blockchain – contract – for – korean – govt. Accessed on April 28, 2019.

[52] Herian, R. , 2017. Why a blockchain startup called Govcoin wants to "disrupt" the UK's welfare state. Research at The Open University. http://www. open. ac. uk/research/news/blockchain – startup – called – govcoin. Accessed on April 28, 2019.

[53] Abuidris, Y. , Kumar, R. , and Wenyong, W. , 2019. *A survey of blockchain based on E – voting systems*. In *Proceedings of the 2019 2nd International Conference on Blockchain Technology and Applications* (pp. 99 – 104). Xi'an China: ACM.

[54] BitGive Foundation, 2019. About Us: BitGive foundation. https://www. bitgivefoundation. org/about – us/. Accessed on April 28, 2019.

[55] OpenBazaar, 2019. Home page. https://openbazaar. org/. Accessed on April 28, 2019.

[56] Loyyal, 2019. The internet of loyalty. https://loyyal. com/. Accessed on April 28, 2019.

[57] Ubutquity, 2019. UBITQUITY: The enterprise ready blockchain – secured platform for real estate recordkeeping | One block at a time. https://www. ubitquity. io/. Accessed on April 28, 2019.

[58] Youtube, 2017. IBM blockchain car lease demo. https://www. youtube. com/watch? v = IgNfoQQ5Reg. Accessed on April 28, 2019.

[59] LaZooz, 2019. A value system designed for sustainability. http://lazooz. org/. Accessed on April 28, 2019.

[60] Kodabone, 2019. Kodak and WENN Digital partner to launch major blockchain initiative and cryptocurrency. https://www. kodak. com/US/en/corp/press_center/kodak_and_wenn_digital_partner_to_launch_major_blockchain_initiative_and_cryptocurrency/default. htm. Accessed on April 28, 2019.

[61] Holding I. Ryde, 2019. KODAK One: Image rights management platform. https://kodakone. com/. Accessed on April 28, 2019.

[62] Ujo Music, 2019. Ujo Music: Get played, get paid. https://ujomusic. com. Accessed on April 28, 2019.

/ 第 8 章 /

# 基于区块链技术的物联网系统安全可靠解决方案

A. K. M. 巴哈尔·哈克

巴拉特·布珊

# 区块链在数据隐私管理中的应用

## 8.1 引言

物联网是当今信息与通信技术世界中最突出和最有影响的技术之一,以不同的形式应用在各个方面。从家用到工业领域,物联网具有相当的吸引力和重要性,在智慧城市[1]、智慧农场、智能电网和智能电表、家庭自动化安全等方面都有广泛的应用[2]。由于其具有小型去中心化架构、安装简单、使用方便等特点,物联网已经受到各类用户的关注。然而,随着应用载体的增加,攻击载体也随之增加。作恶者的主要目的是尽可能多地从环境中收集数据,包括各种传感器在内的物联网设备都与物理环境相连,如果攻击者能够掌握网络,就能收集到相当多的信息。

区块链是一种分布式数字账本技术,早在1991年就已出现,当年一群热情的研究人员试图给文件嵌入数字化时间戳,以便文件不会被更改或废弃。后来,在2008年,一群匿名人士以中本聪为署名,发明了第一个基于区块链的加密货币,用于数字交易[3]。该加密货币称为比特币,由一系列有序的区块组成,用于记录数字交易。比特币基于一个P2P和去中心化的架构,可提升交易的透明性[4]。由于此类货币网络内部的交易发生没有第三方的交互,用户可以获益,如减少成本、降低时间延迟、避免第三方的不测影响。区块是区块链网络的核心,包括交易数据、哈希和许多其他组件。区块链中的第一个区块称为创世区块或基础区块,创世区块与其他区块相连,形成一个相互链接的数据结构,继而创建区块链网络。各个区块通过存储上一个区块的哈希值,与链上的上一个区块相连。当每生成一笔新的交易时,区块链上将添加一个新的区块[5]。

物联网设备通常连接在一个中心化的环境中,在某些情况下,物联网设备还会连接各种类型的无线或有线传感器。在中心化网络中,网络中的模块都连接到一个中心节点,中心节点在连接、数据收集、数据流、维护等方面控制着所有其他节点,各个节点收集的数据通过中心节点进行存储或流通。在设计智能家居的家庭自动化网络时,传感器和其他设备连接到家庭服务器,该服务器控制来自其他各个设备的数据收集和存储。在智能农业环境中,物联网网络与中心化结构非常相似。中心化结构总会存在单点故障,这会对网络本身造成重大损害[6-7],还涉及其他使物联网网络容易受到攻击和威胁的安全问题。

另外,由于区块链是基于去中心化的结构,网络不存在单点故障。通过共识,交易对每个用户都是透明的,这使得区块链具有持久性、安全性和防篡改性,因为在没有其他区块确认的情况下,没有人能改变区块内的数据。账本中每笔新交易都由网络中的所有参与者验证,并共享和提供给区块链网络中的所有用户。区块链的交易验证过程为聚合数据块提供了最大的安全性和持久性。这些特性使区块链可作为各种平台(包括物联网)的可能解决方案。

本章整体概述了区块链方法,包括区块链在信息技术不同领域的应用,以及区块链在解决物联网安全问题方面的可能应用。本章还包括区块链及其各种类型的详细情况、物联网的简化架构,以及物联网安全问题的简述,具体内容如下:

(1)区块链的特点和方法,将具体介绍。
(2)区块链在不同行业的应用,附说明。
(3)物联网的架构,有一个简化的总结图。
(4)简述物联网的安全问题和挑战。
(5)针对物联网安全问题,提出了区块链解决方案表格。
(6)当前区块链使用的挑战和未来发展方向。

本章的组织结构如下:8.2节提供区块链方法的概述。8.3节详细描述各种类型的区块链,包括对其不同类型的对比分析。8.4节由共识算法组成,如工作量证明和权益证明等。8.5节包括详细的物联网简化架构、物联网的安全问题,以及研究人员提出的解决方案。8.6节介绍区块链的典型应用。8.7节概述了区块链的未来可能研究方向。

## 8.2 区块链方法简介

区块链创造了一个安全、透明和可信的环境,因此,区块链是金融交易(加密货币,如比特币)、保密数据存储等领域的理想选择。为了保护数据的完整性,区块链中每个区块内都使用哈希值。对于存储在区块内的任何数据量而言,其哈希值的长度都是相同的,若试图篡改区块中的任何数据,最终将导致哈希值完全改变[8]。

### 8.2.1 区块链特性

区块链有以下特性[9-10]：

(1)去中心化：区块链即分布式账本技术。与传统网络不同,区块链不会把交易历史存储在网络的单一中心节点上,每个节点的交易历史在区块链网络中共享。因此,网络中的每个节点都具有相同的交易信息。

(2)透明性：区块链网络中的每个节点都共享数字账本。因此,添加交易的尝试需要得到所有用户的验证,只有大多数用户同意时才能将区块添加到网络中,从而保持系统内的透明性。

(3)开源：区块链代码可在线获取。任何人都可以根据个人需要,收集并修改代码。区块链的开源开发计划,让更多的用户参与到区块链网络中,从而使系统更加通用。

(4)自治性：由于其自主设计,区块链可以在没有任何中央机构的情况下执行交易。因此,区块链依靠用户自己来运行,用户可以保持网络的活力和功能。

(5)防篡改性：一旦将交易区块添加到数字账本中,交易就无法更改。每个区块都有一个唯一的哈希值,连同前一个区块的哈希值,形成一个区块链。更改一个区块中的任何数据都意味着更改之前所有的区块,因此,区块链网络是防篡改的。

(6)匿名性：密码学确保用户的匿名性,即在用户之间采用公钥实现通信和信息共享,采用私钥实现用户身份的隐藏①。

比特币是一种基于区块链的加密货币,自 2008 年创立以来,由于其可靠性和安全性,比特币市场价值已经上升了 3000 亿美元。虽然比特币是基于区块链并在公共区块链中实现的,但是其可靠性和安全性通过共识算法得到了保证。区块链有多种共识算法,在 8.4 节中进行了描述。在挖矿过程中使用共识算法,区块链网络中的节点必须就每笔交易的验证达成一致,在验证之前,节点(矿工)必须通过挖矿过程解决一个复杂的数学问题。在完成所有过程后,新的区块可以添加到区块链中[11-12]。

---

① 一般私钥是不变的,一个身份对应一个私钥,因此真实身份可隐藏在私钥中。——译者

## 8.2.2 数字钱包

数字钱包或加密钱包是存储财务信息、交易信息和货币信息的虚拟场所。每个人都拥有数字钱包,每个数字钱包都有一个公共地址标识,该地址是字母、数字和字符的组合。公共地址类似于货币交易中的银行账户,只是没有与之关联的用户名或银行名称,因此数字钱包对其他用户来说是匿名的。每个人都可以看到钱包 ID 和与之关联的金额,但不能看到所有者的真实身份。为了交易和验证,用户还有一个与身份相关的私钥[13]。例如,处理交易时,用户 A 向用户 B 发送数字货币,区块链网络将根据用户 B 的钱包公钥检查目标地址①。如果检查过程成功,金额将被转移;否则,转账交易将被拒绝。

## 8.2.3 区块结构

区块链由包含信息的区块组成,区块内除了存储用户数据,还存储其他信息[14]。图 8.1 为区块结构和内容图示。

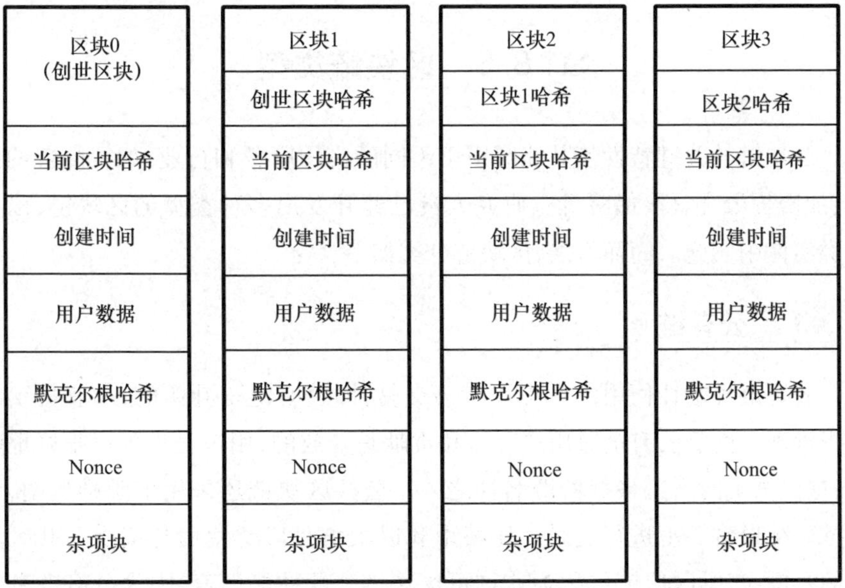

| 区块0<br>(创世区块) | 区块1 | 区块2 | 区块3 |
|---|---|---|---|
|  | 创世区块哈希 | 区块1哈希 | 区块2哈希 |
| 当前区块哈希 | 当前区块哈希 | 当前区块哈希 | 当前区块哈希 |
| 创建时间 | 创建时间 | 创建时间 | 创建时间 |
| 用户数据 | 用户数据 | 用户数据 | 用户数据 |
| 默克尔根哈希 | 默克尔根哈希 | 默克尔根哈希 | 默克尔根哈希 |
| Nonce | Nonce | Nonce | Nonce |
| 杂项块 | 杂项块 | 杂项块 | 杂项块 |

图 8.1 区块结构和内容图示

---

① 此处公钥更合理,私钥不应公开。——译者

(1)数据:区块链用于各种应用服务,如银行、保险、电子商务等。这些应用行业定义了"数据"部分将存储哪种类型的数据,这部分存储交易信息。

(2)时间戳:区块链中的每个区块都是在特定的时间和日期生成的,这个时间和日期数据有助于验证区块的存在,因为区块是在没有人为干预的情况下创建的,并且不能更改。

(3)区块哈希:使用各种算法创建哈希值,如SHA-256算法。每个区块(除了创世区块)都包含前一个区块的哈希值。哈希值是唯一且不可逆的,每个区块都存储着前一个区块的哈希值。因此,更改区块的数据变得不可能,因为这将更改所有先前区块的哈希值[14]。

(4)Nonce值:通常用于挖矿目的,该值是使用随机函数生成的。这个4字节的值帮助矿工计算区块的确切哈希值,以便将区块添加到区块链上,这里计算的哈希值必须小于规定的哈希难度值。

(5)默克尔根哈希值:该值用于灵活验证和确认特定应用的区块数据。每个区块包含前一个区块的哈希值。默克尔根哈希值是所有之前交易的哈希值[15]。

## 8.3 区块链类型

区块链的关键特性使其能够用于不同的应用服务和行业,如智能合约应用、加密货币、银行、保险等。研究人员已经开发出多种类型的区块链,以在各类实体中实施。简而言之,区块链分类如下[16]:

### 8.3.1 公有链

公有链规定任何用户都可以参与交易,即公有链是开源的,没有特定的组织管理。由于公有链对用户参与和贡献是开放的,用户身份可以很好地隐藏,这提供了网络上最好的匿名性之一。公共区块链还采用了激励机制,根据挖矿结果对矿工进行奖励。比特币和以太坊是广泛使用与接受公共区块链的实例,这类区块链也称为非许可区块链。就性能而言,因为公有链有很多成员参与,所以运行比私有链慢,另外,公有链使用的共识协议也会对性能有一些影响。

### 8.3.2 私有链

私有链也称为许可区块链,权威机构提前确定参与挖矿和验证过程的节点,这意味着私有区块链在操作上施加了特定的规则和约束。个人或实体组织参与管理区块链,共识也是基于各实体或组织的特定目标。私有区块链有时会构成一个中心化的架构模式,因为私有链受到控制并仅限于一定数量的个人或组织。私有区块链使用了各种共识算法,根据共识算法和区块链所属组织类型,权威机构选择参与者进行交易和验证。私有区块链的使用优势体现在组织政策约束、数据保密性、组织保护、对可扩展性的需求小,以及限制任何公司或个人组织参与公共区块链网络的其他特定功能。此外,由于只有权威机构选中的参与者才能访问网络,这样可以发现潜在的安全漏洞,如Hyperledger、Hash graph、Corda 等均是流行且广泛采用了私有区块链平台的实例。

### 8.3.3 联盟链

联盟链兼具公有和私有区块链的功能属性,然而,公有链允许任何人参与交易和挖矿过程,联盟链没有这一属性。联盟链允许特定实体参与网络活动,因此,这种类型的区块链更像是私有链,而不是公有链,其展现出部分去中心化的架构。联盟区块链也称为联合区块链,其网络中采用了许可访问属性,因此参与者的流动是可控的,并且可以轻松地将组织政策、规则、法规纳入其中。

### 8.3.4 混合链

混合链包括公共和私有区块链,融合了这两类区块链的特性和优势。混合链的优势包括许可访问、根据实施组织进行修改、灵活共识协议的使用等,这些优势和特征是根据用户的要求采用的。混合链并非完全非许可;相反,混合链在参与区块链网络时施加了特定的规则。混合链通过指定的机构特定节点确保不变性和共识过程,增加了区块链平台使用的灵活性。混合链为验证和检测机密漏洞提供了更大的空间,并提供了对网络的更多控制。龙链(Dragonchain)就是一种混合链平台。表8.1中总结了上述三种类型的区块链[17-20]。

表 8.1 公有链、私有链、联盟链的属性汇总

| 属性 | 公有链 | 私有链 | 联盟链 |
| --- | --- | --- | --- |
| 网络类型 | 去中心化 | 部分去中心化 | 部分去中心化 |
| 特性 | 无特定实体控制网络，任何人都可以加入 | 特定组织控制网络，网络访问有限制 | 一组预定义的已知实体控制网络访问 |
| 共识决定 | 所有矿工 | 一个组织中的矿工 | 组织内选定的矿工 |
| 共识过程 | 无权限 | 有权限 | 有权限 |
| 共识算法 | PoW, PoS, 占用时间证明 (Proof of Elapsed Time, PoET), DPoS | PBFT, RAFT | PBFT, PoA, DPoS |
| 交易批准频率 | 低 | 高 | 高 |
| 效率(资源方面) | 效率较低，因为整个网络都会验证交易 | 高效，因为单个组织验证交易 | 高效，因为验证过程中涉及的节点较少 |
| 中心化 | 否 | 是 | 部分 |
| 交易成本 | 成本很高，因为节点数量不断增加 | 成本较低，因为节点数量较少 | 成本较低，因为节点数量较少 |
| 交易速度 | 慢 | 较快 | 较快 |
| 写入权限 | 所有人 | 仅限于单一实体或组织 | 仅限于授权团体 |
| 身份 | 匿名 | 已知 | 已知 |
| 透明度 | 完全透明 | 仅对授权用户透明 | 基于预定义协议的透明 |
| 防篡改性 | 无法篡改 | 可能被篡改 | 可能被篡改 |
| 激励机制 | 需要激励机制来提高网络的安全性 | 不需要激励，因为是单一可信节点 | 不需要激励，选择的是可信节点 |
| 实例 | 比特币、以太坊、莱特币等 | 超级账本、Corda、Hashgraph 等 | 瑞波、R3 等 |

## 8.4 区块链共识算法

共识是一个验证区块链交易的算法过程。这是一个综合决策过程，节点或相关方必须确信达成共识[21]。区块链是一种分布式网络，为用户提供匿名性。在任何系统中，匿名性都容易遭受攻击，并可能构成威胁，如信任问题和恶意入侵。共识算法用于解决这些问题，并通过在网络参与者之间建立可信

交互来实现可靠性。人们使用这些算法旨在解决一些复杂的计算问题。共识算法类型多样,下面对其中一些进行简要讨论。

### 8.4.1 工作量证明

根据工作量证明算法,新开采的区块必须提供足够的工作量证明才能添加到现有的链上。网络中称为矿工的特殊节点通过挖矿过程使区块中的每笔交易合法化。挖矿是通过高成本的计算来解决数学难题,问题的复杂性包括哈希函数、整数分解等难题。平均而言,用户节点尝试计算正确的解决方案大约需要10min[22]。网络中的所有矿工相互竞争成为第一个找到答案的人,第一个成功的矿工会得到区块链网络协议预先定义的经济奖励。

为了解决这个难题,所有节点都需要记录其验证过的交易和其他一些信息,如以前的哈希值和时间戳。秘密值需要通过不断改变Nonce值来猜测,通过这个Nonce值,所有信息都将作为SHA-256哈希函数的输入。当该函数输出低于设定的难度阈值时,平台将接受该Nonce值。每隔2016个区块后,区块链平台会调整难度,以保持每个区块需要10min的出块时间[23]。有时,矿工在给定的时间段内计算了多个解,这会导致区块链形成几个分叉,然而,在去中心化的网络中,最长的链被认为是有效链。

### 8.4.2 权益证明

在权益证明里,挖矿能力取决于矿工已经拥有的货币(权益)数量。权益证明遵循确定性方法,即选择矿工(有时称为锻造者)来验证区块链网络中的交易。与PoW不同的是,交易验证成功后,锻造者不会得到奖励;相反,锻造者会获得在锻造过程开始时作为赌注投入的交易费用。赌注大小决定了锻造者被选中并验证下个区块的概率。该算法比PoW更节能,因为PoW在解决数学难题时面临计算上的挑战。这种算法背后的另一个观念是,拥有较高权益(货币)的节点,不应该参与区块链网络中的恶意活动。因此,在这种情况下,节点验证完全取决于该节点的财富值[24-25]。

### 8.4.3 权益授权证明

与基于节点拥有货币数量的直接选举相比,权益授权证明是一种更民主的方法。网络中选举的见证者节点代表利益相关者。几个见证人通过投票程序选择有效区块。因此,区块链网络中的区块将得到验证和认证。在此类共识算法中,用于区块验证和认证的节点(见证人)较少。因此,区块验证所需的时间要少得多,能耗也明显降低。随着参与区块认证过程的节点越来越少,可能会出现权力集中化的趋势。此外,如果任一恶意节点或一群恶意节点拥有最多的权益,就会威胁到网络安全,因为这种情况下网络可以验证非法交易[26]。

### 8.4.4 燃烧证明

燃烧证明共识算法使用了两个不同的函数,这两个函数旨在燃烧或销毁验证者地址中的货币。一项任务(函数)生成一个用于产生加密货币的公共地址,并在向该地址转账时启动燃烧程序。另一项服务(函数)是检查账户地址的可验证性,该地址中的货币不能用于任何交易目的。区块验证者可以通过将货币发送到生成的地址来验证区块。由于货币不能花费,所以人们称该过程为燃烧货币。验证节点在区块完成验证时会收到奖励。此共识算法中,货币的价值由于燃烧过程而增加,因为货币总量保持不变,而流通数量减少了[27]。

### 8.4.5 实用拜占庭容错

复制算法的方法使区块链网络具有拜占庭式的容错性。实用拜占庭容错算法源于拜占庭将军问题,即一支军队必须就是否进攻达成共识。在这种情况下,几位将军各自拥有一支部队,必须就进攻或撤退达成共识,然而将军可能不会遵守协议。这就是在分布式网络情况下开发容错算法的原因。Hyperledger Fabric 架构中采用了该算法,该架构具有容错性,即使总节点的 1/3 是恶意的[28]。按照 PBFT 算法,将基于网络协议选择节点来负责交易的发起。在此方法的三个阶段中,所选节点需要获得多数选票,这样一来,所选节点几乎在整个网络中都是已知的[29]。

### 8.4.6 瑞波协议

在这种类型的共识算法中,系统中使用了服务器节点和客户端节点两种类型。服务器节点参与区块验证和认证共识。每个节点都包含一个列表,该列表包括网络中唯一节点的数量,称为唯一节点列表(Unique Node List,

NUL)。客户端节点负责传输加密货币。每当有交易启动时,服务器节点就会请求在唯一节点列表中进行验证。如果交易收到80%及以上的认可,交易验证完成并存储在区块链中[30-31]。

## 8.5 区块链确保物联网安全

物联网作为现代世界中的有用组成部分,已经受到了广泛关注,不仅是因为物联网用途的多样性,还在其潜在的攻击面。物联网用户有不同程度的增加,因此物联网设备中存储和处理的价值数据也在增加。了解物联网的安全威胁首先需要全面掌握其基础设施。本节将讨论物联网基础设施、安全威胁以及通过使用区块链提出的解决方案[32]。

### 8.5.1 物联网基础设施

随着先进技术的普及,互联网更加广泛可用。这使得带有内置传感器的设备能够创建一个相互关联的设备网络,以实现数据高效传输和通信,从而开创全新的物联网世界。简单地说,物联网是指通过互联网通信和交换关键信息的互联设备系统[33-34]。物联网中种类繁多的联网智能设备需要基础设施。为了将物联网的不同组件统一在同一个网络中,物联网包含4个层。具体如下:

#### 8.5.1.1 第1层:传感器或执行器

该层也称为传感层或感知层,由有线传感器和无线传感器及智能设备组成。该层的组件感知来自周围环境的信息,信息转换为电信号并传递给执行器,原始数据传输到物联网网关。传感器有多种类型,如身体传感器、环境传感器、家庭传感器等。对于数据传输,首先必须保证异构网络连接,网络包括局域网、Wi-Fi和以太网。个人区域网络是另一种类型的局域网,包括有线通信协议和无线通信协议,如蓝牙协议、ZigBee协议等。

#### 8.5.1.2 第2层:互联网网关

该层也称为网络层,负责处理、控制和管理物联网数据。该层网络模型架构必须在延迟、错误率、可扩展性、带宽要求和安全方面保持整体的通信性能,同时确保高效的能源使用。互联网网关就像一个中间网络设备,聚集来自传感器的数据,并维护安全协议,以通过 Wi-Fi、互联网和有线局域网安全地发送数据,并将其传输到远程服务器,如云端。

#### 8.5.1.3 第3层:边缘IT和云

边缘计算 IT 系统也称为物联网架构的中间件层,从前几个层接收大量预处理的物联网数据。该层负责数据存储、分析和实时处理。为此,研究人员采用了各种技术,如数据库、云和大数据处理模型。边缘计算利用分布式本地服务器的算力来推动计算和管理广泛服务。边缘 IT 处理系统通常靠近终端设备,最大限度地减少通信延迟、带宽和远离中心化云的流量开销[35]。大量的物联网数据会迅速耗尽网络带宽,吞没数据中心的资源。这里用边缘计算来解决这个问题。边缘计算通过预先执行一些分析来减少 IT 基础设施的负担,处理后的数据会转发至云端。

#### 8.5.1.4 第4层:应用服务领域

物联网架构的应用层处理物联网在物理世界中的应用服务。应用服务可以根据网络的异质性和可用性,以及网络的覆盖规模来进行分类,包括军事、环境、交通、能源、医疗健康、智慧城市等应用领域[36-37]。水平市场包括供应链管理、资产管理、车队管理、监控等①。

### 8.5.2 物联网安全问题与区块链解决方案

由于中心化结构、设备容量、协议设计等诸多因素,物联网设备和网络面临多种类型的攻击。随着安全威胁、攻击技术和攻击特征的逐渐增加,研究人员正尝试减轻这些攻击的影响。这些攻击破坏了物联网服务的机密性、真实性和可用性[38]。在工业用途中,这些攻击已成为一个巨大的问题。区块链是一种相对较新的技术,拥有适合解决物联网安全问题的独特性[39]。本节将讨论攻击类型和使用区块链技术的对策。

#### 8.5.2.1 数据隐私和完整性

数据隐私和安全是阻挡互联数字化世界的最重要问题。存储在物联网设备中的数据很容易受到网络攻击,因为数据是通过多个物联网设备共享、

---

① 水平市场是指市场由各个具有操纵商品生产和输送某一环节所提供产品或服务价格能力的公司组成的市场,与垂直市场对应。——译者

传输和处理的。这可能导致未经授权的访问物联网网络,从而造成数据被窃取和数据被对手操纵。此类事件可能会损害数据隐私和完整性。为了解决这种威胁,区块链可能是一个可行的解决方案[40]。区块链使用去中心化模式,采用密码学哈希函数防止数据篡改。此外,由于区块链的防篡改性,区块链保持了可靠性和可信度[41]。

#### 8.5.2.2 物联网设备认证机制

经过验证的设备需要加入网络,以阻止恶意入侵者。物联网网络中设备和服务的多样化需要不同的认证机制。因此,物联网没有全球性安全协议标准,这给物联网设备的认证和技术授权带来了困难。区块链可以使用哈希算法为物联网设备提供唯一标识符。标识符可以防止任何未经授权的物联网设备获得访问权限及进行恶意通信。发送方进行的交易可以使用唯一公钥进行签名[42]①。

#### 8.5.2.3 设备安全风险

物联网网络中的许多嵌入式设备是低成本和低功率的。这些设备在内存和计算能力方面存在局限性。攻击者可以轻易访问这些物理上不安全的设备。区块链可为每个注册连接的物联网设备提供作为唯一密钥对的凭证。区块链中没有中间方,减少了设备篡改和其他恶意行为的风险。此外,区块链中的智能合约会追踪需要硬件补丁、更新或重置物联网设备的节点。

#### 8.5.2.4 女巫攻击

女巫攻击是物联网环境中的一种严重的安全攻击,其中恶意节点企图伪装成网络中的其他节点,从而产生多个虚假身份。虚假身份可以帮助攻击者获得对系统的未经授权访问,并阻碍路由信息,从而破坏网络运行。女巫攻击可以通过区块链技术来解决,区块链中为挖矿过程生成工作量证明的成本是非常高的,因为这是一个复杂的数学计算。然而,工作量证明可以防止恶意节点创建多个虚假身份。另外,权益证明算法提供了基于每个矿工抵押货币的共识,这可以限制女巫攻击的资源需求[43]。

---

① 发送者使用签名私钥对交易信息进行签名,由接收者使用对应公钥对交易信息的合法性进行验证。——译者

#### 8.5.2.5 软件攻击

病毒、间谍软件、特洛伊木马等是黑客用来破坏计算机系统和窃取机密信息的恶意软件。勒索软件是恶意软件的一个变种,可以通过加密网络中的文件限制或完全锁定用户对文件的访问,并要求用赎金换取解密密钥。人们使用区块链,整个敏感数据的数据库可以加密存储在一个数字账本中。数据库在网络中所有可用节点之间共享,通过共识算法验证每笔交易。因为有多个可用的节点,这使得攻击者几乎不可能通过接管单个节点来勒索赎金,也进一步防止了单点故障的发生。

#### 8.5.2.6 RPL 路由攻击

RPL 是一种路由协议,在发送方节点和汇聚节点之间传输数据包,创建面向目的地的有向无环图(Destination-Oriented Directed Acyclic Graph,DODAG)[44]。汇聚节点是中心化的根节点,称为 6LoWPAN 边界路由器(6LoWPAN Border Router,6LBR),这种中心化的结构易被攻击,从而导致潜在的单点故障。区块链作为一个去中心化的账本,消除了单点故障的风险,同时提供了分布式的信任。所有控制帧在区块链的区块中加上时间戳,并带有前一个区块的哈希值,确保了数据包的安全传输,并减轻窃听或中间人攻击的风险。

#### 8.5.2.7 槽洞和虫洞攻击

在这种攻击中,网络中被攻击的端点会吸引虚假路由的相邻节点,以将其数据包传输到目的地。这导致了数据包的中途丢失,形成一个槽洞[45]。虫洞攻击也是一种主动攻击,两个被攻击的节点战略性地将自己置于网络的两端,从而创建一条隧道。这条隧道会给人错误的假象,即人们会认为隧道是数据传输低延迟的主动捷径[46]。因此,节点更愿意选择此路由而不是任何其他路由,从而造成选择性数据转发、窃听和网络中断等后果。区块链网络支持通过网络控制消息流。消息在区块中使用哈希和数字签名进行密码运算,以确保数据的完整性和正确路径的选择。

#### 8.5.2.8 恶意代码注入

这是一种严重的攻击方式,攻击者通过一些外部设备物理插入有害代码来窃取用户数据,或者向系统注入恶意程序,这会危及一个节点并导致整个网络瘫痪[47]。这种攻击的执行前提是外部设备必须首先连接到物联网网络。

区块链可以通过为每个物联网设备提供安全加密的唯一标识符来确保此类设备的授权,防止恶意设备通信。智能合约可用于验证和认证代码交易,以防止网络注入恶意程序[48]。

#### 8.5.2.9 拥堵和干扰

干扰是一种针对无线网络的攻击,目的是通过非法射频(Radio Frequency, RF)充斥网络来扰乱操作,合法的数据包将无法传输,从而导致物联网服务故障[49]。区块链的密码学特性(共识算法)是一个可能的解决方案,该方案可以加密合法的数据包,以实现数据防篡改并确保数据完整性。

#### 8.5.2.10 欺骗性攻击

欺骗是一种潜在攻击者采用的攻击技术,通过伪造设备或用户身份,以获得未授权访问并发起恶意攻击。欺骗攻击的形式包括 IP 欺骗、电子邮件欺骗、DNS 欺骗等。区块链可以最大限度地提高防范这类攻击的安全性。发送方节点可以在将交易发送到区块链网络之前使用数字签名对交易签名,以建立合法的访问控制。此外,智能合约可以促进安全的信息通信、设备认证和授权[50]。

#### 8.5.2.11 协议的偏离和中断

此类攻击破坏了标准协议,如应用协议、网络协议和密钥管理协议,这导致了服务不可用[51]。区块链通过加密货币社区提供标准协议的软分叉、硬分叉改进,降低了内存和计算能力的有限设备开销计算成本[52]。去中心化省去了第三方的必要性,区块链提供了自治、透明、信任和防止协议破坏的功能。此外,区块链存储还有助于验证每个设备的哈希值[53]。

#### 8.5.2.12 错误配置利用

安全的应用程序要求其各种操作系统平台、架构、服务器、数据库管理系统等都是安全的。这些组件中的任何一个配置漏洞都会使应用程序容易受到攻击。此类情况的示例包括攻击者未经授权访问禁用的目录列表以利用配置文件进行攻击,以及错误日志的不当处理。这可能会暴露与底层应用程序缺陷有关的敏感信息,以及默认账户凭证(根,有密码)的利用[54]。由于区块链是不可篡改的,其可以防止未经授权地修改存储在账本中的配置文件。区块链还包括加密执行的智能合约,以确保在防篡改环境中自动配置文件的安全执行、监控和管理[55]。

### 8.5.2.13 单点故障

物联网网络设备的异质性需要云识别和验证服务来连接与数据存储。云是整个网络中验证数据的可信实体,使得云容易受到单点故障的影响。这就产生了严重的数据安全和隐私问题。可持续网络的防篡改环境是设想物联网服务的必要条件。区块链的去中心化系统可以防止物联网设备发生单点故障,因为交易的数字账本向每个节点开放,以便进行适当的验证和认证[56]。

表 8.2 总结了物联网系统的各种安全问题和挑战,该表强调了物联网的安全挑战、攻击者采用的攻击策略、影响效果以及针对这些攻击可能的区块链解决方案[57]。

表 8.2 物联网安全问题分析与区块链解决方案

| 安全问题 | 攻击策略 | 影响效果 | 受影响的层 | 区块链解决方案 |
| --- | --- | --- | --- | --- |
| 确保数据隐私和完整性[54,58-89] | 节点受到物理攻击、恶意代码插入 | DoS 攻击、窃听、MITM、隐私泄露 | 全部4层 | 一个去中心化的P2P网络、密码算法和哈希、用于交易验证的智能合约 |
| 认证和授权(用户、设备、数据)[60] | 物理攻击、通信攻击、软件攻击 | DoS 攻击、窃听、隐私侵犯、未授权访问 | 全部4层 | 唯一区块链标识符、强大的共识算法、防篡改分布式账本、智能合约 |
| 设备安全风险[61] | 物理攻击、通信攻击 | DoS 攻击、隐私侵犯 | 感知层 | 唯一身份凭证、不涉及中介、智能合约 |
| 女巫攻击[62] | 通信攻击 | DoS 攻击、隐私侵犯、身份操纵、垃圾邮件、资源耗尽 | 网络层 | PoW 和 PoS 显著增加了创建假名节点的成本 |
| 软件攻击(恶意软件和勒索软件)[63] | 软件攻击 | 零日攻击、DoS 攻击、缓冲区溢出、数据盗窃、隐私侵犯 | 应用层 | 去中心化的数字账本、加密交易、没有单点故障 |
| RPL 路由攻击[64-65] | 通信攻击 | 窃听、中间人攻击、单点故障 | 网络层 | 去中心化的分布式节点、加密的数据包、降低网络开销 |

续表

| 安全问题 | 攻击策略 | 影响效果 | 受影响的层 | 区块链解决方案 |
|---|---|---|---|---|
| 槽洞和虫洞攻击[66] | 通信攻击 | DoS攻击、能源消耗、隐私侵犯、路由信息丢失或篡改 | 网络层 | 去中心化分布式账本、密码技术——哈希和数字签名 |
| 恶意代码注入[49] | 节点受到物理攻击、恶意代码插入 | 数据盗窃、侵犯隐私、网络中断 | 感知层 网络层 应用层 | 密码设备标识符、用于代码验证的智能合约 |
| 拥堵或干扰[49] | 物理攻击 | DoS攻击、网络中断 | 感知层 | 去中心化分布式账本、密码共识算法(PoW) |
| 欺骗攻击[49] | 通信攻击、软件攻击 | DoS攻击、中间人攻击、隐私侵犯、网络中断 | 感知层 网络层 应用层 | 去中心化网络、数字签名、智能合约 |
| 协议的偏离和中断[66] | 通信攻击 | 中间人攻击、网络中断、服务不可用 | 网络层 | 共识算法、透明分布式账本、标准协议优化、唯一标识符、可信身份认证和授权 |
| 错误配置利用(操作系统、服务器、架构等)[66] | 软件攻击 | 数据盗窃、隐私侵犯 | 应用层 | 去中心化的账本、记录不可篡改、密码学加密、智能合约执行、没有中介参与 |
| 单点故障[66] | 通信攻击 | 对整个系统的破坏、物联网服务恶化 | 中间件层 | 建立去中心化、分布式网络 |

## 8.6 区块链典型应用

近年来,随着研究人员认可区块链的潜在影响,不仅仅是加密货币,所有行业领域对区块链的投资和热情都在激增。许多国家已主动采用区块链,如:迪拜制定了智慧城市方案;自2012年以来,爱沙尼亚已经在许多领域采用了分布式账本技术,如医疗、法律服务和个人信息管理。区块链技术的实施有可能规避现有的过时技术,并提供新的长期解决方案[67]。一些应用场景如下。

### 8.6.1 智能用电

化石燃料提供了世界上48%的电能,而其日益稀缺带来了重大问题。在智慧能源管理方面,人们已提议用区块链来解决其中一些问题[68]。区块链的使用有可能影响能源公司的商业模式和日常运作,从会计、销售和营销、智能电网应用和管理到替代能源分配、能源交易,以及审计和合规监管的记录保存。区块链和智能合约的使用意味着每个消费者都可以有一个包括自身能源消费模式的能源概况。这可以引导公司定制不同的产品来满足不同的消费者需求。在微电网中实施区块链技术将促进可持续资源的利用。此外,利用区块链可以确保配电网的透明性、可审计性和更好的可监管性。

### 8.6.2 智慧城市

最近,智慧城市的概念引起了广泛关注。一些国家已经采取举措,整合和实施智慧城市技术,利用传感器、物联网设备和其他设备将一切连接到互联网。智慧城市技术包括智能身份、智能电网、智能公民、智能电力等。研究人员已提出区块链应用于可持续的智慧城市[69-70]。

### 8.6.3 医疗健康

区块链也可用于医疗健康领域。由于区块链可以存储特定的应用数据,以及患者的个人数据和健康记录存储。与区块链集成的智能合约可用于支付服务。该方法将保护数据的完整性和真实性,在卫生部门内提供支付方面的透明度等。总之,区块链将创建一个透明、可信、高效和可靠的健康网络。

### 8.6.4 智能合约应用

智能合约由编码指令组成,无须任何人工或手动交互即可执行。根据某些协议,智能合约可以自动运行。智能合约为用户提供了法律条件数字化和自动化的便利,这以前通常是在纸上完成的。智能合约这一概念是由法律学者和密码学家尼克·萨博(Nick Szabo)首次提出的[71]。智能合约一旦启动,在特定条件满足前就不能停止。该合约也是不可篡改的,一旦存储在区块链内,智能合约就会变得可信,不可篡改并分布在网络上。

### 8.6.5 电子投票

区块链也可以在电子投票系统中实施。基于区块链的电子投票系统将是公平的,并因此会为国家的公民引入强大的民主权威。所有的投票都将记录在那个不可篡改的账本上,未经共识不得更改投票。公民需要国家各项工作的透明度,尤其是选举。2018年,美国弗吉尼亚州的中期选举使用了区块链技术。据网络安全专家表示,这次选举事件获得了很高的点击率。在投票过程中,选民使用指纹识别,然后获得电子选票。投票程序是在私有区块链环境中进行的,为此使用了8个节点。

### 8.6.6 智能身份

在创建不可篡改、可信、真实、易于追踪的智能身份证方面,区块链是一种可能的解决方案。区块链中创建和管理的身份信息可以在电子政务、基于智能合约的支付和基于区块链的医疗系统中产生更大的影响。

### 8.6.7 加密货币

加密货币是另一种使用区块链的技术。加密货币,如比特币,由中本聪在2008年提出。在他的论文中描述了一种点对点的数字货币交易。交易数据存储在区块链的区块中,这些数据使用一对密钥进行加密。每个区块都包含前一个区块的哈希值,因此,即使前一个区块最小的变化都会引起哈希值的巨大变化,从而确保交易的真实性和安全性。现在,还有其他加密货币,如以太坊、莱特币、Libra、门罗币等。

### 8.6.8 保修和保险索赔

区块链在保修和保险索赔方面也有潜在的适用性。当出现保修索赔问题时,人们利用智能合约可使供应商和用户都获益,此时保修会在特定条件下激活,否则无效。这个特定条件可以在智能合约中实现,智能合约存储在区块链中,以实现透明和可信,没有人为干预。不同于传统系统中的人工操作,智能合约可以有效地执行保修程序。

### 8.6.9　供应链

使用区块链,透明的产品供应链可以成为现实,这可以在整个运输过程中追踪产品的微小细节,并将有助于防止浪费、低效、非法产品的违规运输,以及不择手段的欺诈行为[72]。尽管如今的供应链可以处理大量的数据,但许多流程仍然依赖于纸质文件。在供应链中引入区块链有助于取代这些手工流程,并改进记录保存方式。供应链中应用区块链技术还有助于改善追踪策略、库存管理、供应链支付流程,甚至保险和保修索赔程序。

### 8.6.10　文件验证

区块链可能用于若干部门中的文件验证核实。在教育领域,可以使用区块链验证证书。此外,在企业部门,区块链在关键的合同验证中有潜在用途,即智能合约的使用。文件核实可能应用在移民方面,如个人体检报告的核实,大使馆和高级委员会要求的体检报告可以存储在区块链中并与当局共享,这将有助于移民当局核实报告是否已被篡改。

## 8.7　结论与展望

随着智能家居、智能天气监测等设备的使用,物联网已成为一种必不可少的工具。即使存在对其基础设施和数据的安全威胁,物联网仍具有相当大的吸引力,这是由于物联网具有低成本、更小尺寸、与传感器和其他设备的集成能力等其他特性。区块链技术相对较新,在人们生活的几乎每个领域都有潜在用途。然而,随着使用载体的增加,问题也随之而来。因此,研究人员在讨论区块链未来应用范围的同时,也必须讨论其未来潜在的应用挑战。区块链未来的应用范围如下:

(1)大数据是当今世界的热门词汇,它是大量各种类型数据的集合。区块链技术可用于高效、低成本的在线存储,帮助大数据信息以原始形式记录,且不失真。

(2)在各种类型的区块链中,私有区块链和联盟区块链均使用中心化的架构,这可能导致网络出现漏洞问题。例如,在私有或联盟区块链中,如果大多数或选定的节点集体背叛组织,就可能会造成严重的后果。

（3）银行和金融部门的欺诈监测可能是区块链技术未来的另一个重要应用方向。

（4）在集中式服务器（如云存储）上存储数据容易受到黑客攻击造成数据丢失。区块链技术将忽略云服务器的中心化结构，使系统更健壮，免受网络攻击。去中心化的云存储系统还可以使参与者创建虚拟市场。

（5）文件验证是区块链未来的另一个潜在应用。教育证书可以通过区块链网络轻松验证。此外，在区块链中存储教育数据也可以为未来的招聘过程提供好处。人力资源部门可以轻松查看区块链数据，并使用智能合约来选择合适的候选人。

（6）人工智能与区块链相结合可以限制区块链面临的许多挑战，从而为无数机遇打开大门。例如，与智能合约相关联的区块链预言机，以电子数据形式向外部发送信息来触发智能合约的执行。这引入了可信第三方的干预。在这里，基于人工智能自动从外部世界的事件中学习并自我训练的智能预言机，可能是智能合约的重大改进。此外，区块链智能合约可用于定义规则，以防止基于人工智能应用（如自动驾驶汽车）的错误通信。

## 参考文献

[1] Eckhoff, D., and Wagner, I., 2017. Privacy in the smart city: Applications, technologies, challenges, and solutions. *IEEE Communications Surveys & Tutorials*, 20(1), pp. 489 – 516. doi: 10.1109/COMST.2017.2748998.

[2] Hassija, V., Chamola, V., Saxena, V., Jain, D., Goyal, P., and Sikdar, B., 2019. A survey on IoT security: Application areas, security threats, and solution architectures. *IEEE Access*, 7, pp. 82721 – 82743. doi:10.1109/ACCESS.2019.2924045.

[3] Nakamoto, S., 2019. Bitcoin: A peer – to – peer electronic cash system. *Manubot*.

[4] Bahri, L., and Girdzijauskas, S., 2019, June. Blockchain technology: *Practical P2P computing* (*Tutorial*). In *2019 IEEE 4th International Workshops on Foundations and Applications of Self – Protecting Systems* (*FAS * W*) (pp. 249 – 250). Umea, Sweden: IEEE. doi: 10.1109/FAS – W.2019.00066.

[5] Mohanta, B. K., Jena, D., Panda, S. S., and Sobhanayak, S., 2019. Blockchain technology: A survey on applications and security privacy challenges. *Internet of Things*, 8, p. 100107. doi: 10.1016/j.iot.2019.100107.

[6] Hamdan, O., Shanableh, H., Zaki, I., Al–Ali, A. R., and Shanableh, T., 2019, January. *IoT-based interactive dual mode smart home automation.* In *2019 IEEE International Conference on Consumer Electronics (ICCE)* (pp. 1–2). Las Vegas, NV: IEEE. doi: 10.1109/ICCE. 2019. 8661935.

[7] Glaroudis, D., Iossifides, A., and Chatzimisios, P., 2020. Survey, comparison and research challenges of IoT application protocols for smart farming. *Computer Networks*, 168. doi: 10.1016/j. comnet. 2019. 107037.

[8] Madaan, L., Kumar, A., and Bhushan, B., 2020. *Working principle, application areas and challenges for blockchain technology.* In *IEEE 9th International Conference on Communication systems and Network Technologies (CSNT)* (pp. 254–259). Gwalior, India: IEEE. doi: 10.1109/CSNT48778. 2020. 9115794.

[9] Gupta, S., Sinha, S., and Bhushan, B., 2020. *Emergence of blockchain technology: Fundamentals, working and its various implementations.* In *Proceedings of the International Conference on Innovative Computing & Communications (ICICC)*. Delhi, India: Springer. doi: 10.2139/ssrn. 3569577.

[10] Haque, A. B., and Rahman, M., 2020. Blockchain technology: Methodology, application and security issues*IJCSNS*, 20(2), pp. 21–30.

[11] Tomov, Y. K., 2019, September. *Bitcoin: Evolution of blockchain technology.* In *2019 IEEE XXVIII International Scientific Conference Electronics (ET)* (pp. 1–4). Sozopol, Bulgaria: IEEE. doi: 10.1109/ET. 2019. 8878322.

[12] Ahram, T., Sargolzaei, A., Sargolzaei, S., Daniels, J., and Amaba, B., 2017, June. . *Blockchain technology innovations.* In *2017 IEEE Technology & Engineering Management Conference (TEMSCON)* (pp. 137–141). Santa Clara, CA: IEEE. doi: 10.1109/TEMSCON. 2017. 7998367.

[13] Tschorsch, F., and Scheuermann, B., 2016. Bitcoin and beyond: A technical survey on decentralized digital currencies. *IEEE Communications Surveys & Tutorials*, 18(3), pp. 2084–2123. doi: 10.1109/COMST. 2016. 2535718.

[14] Varshney, T., Sharma, N., Kaushik, I., and Bhushan, B., 2019, October. *Authentication and encryption based security services in blockchain technology.* In *2019 International Conference on Computing, Communication, and Intelligent Systems (ICCCIS)* (pp. 63–68). Greater Noida, India: IEEE. doi: 10.1109/icccis48572. 2019. 8974700.

[15] Saghiri, A. M., 2020. Blockchain architecture. In Kim, S., and Deka, G. C. (eds.) *Advanced Applications of Blockchain Technology.* Singapore: Springer, pp. 161–176. doi: 10.1007/978–

981-13-8775-3_8.

[16] Niranjanamurthy,M.,Nithya,B. N.,and Jagannatha,S.,2019. Analysis of blockchain technology:Pros,cons and SWOT. *Cluster Computing*,22(6),pp. 14743-14757. doi:10. 1007/s10586-018-2387-5.

[17] Zheng,Z.,Xie,S.,Dai,H.,Chen,X.,and Wang,H.,2017,June. *An overview of blockchain technology:Architecture, consensus, and future trends.* In *2017 IEEE International Congress on Big Data(Big Data Congress)* (pp. 557-564). Honolulu,HI:IEEE. doi:10. 1109/BigDataCongress. 2017. 85.

[18] Dib,O.,Brousmiche,K. L.,Durand,A.,Thea,E.,and Hamida,E. B.,2018. Consortium blockchains:Overview, applications and challenges. *International Journal on Advances in Telecommunications*,11(1 & 2)(pp. 51-64).

[19] Mingxiao,D.,Xiaofeng,M.,Zhe,Z.,Xiangwei,W.,and Qijun,C.,2017,October. *A review on consensus algorithm of blockchain.* In *2017 IEEE International Conference on Systems, Man, and Cybernetics (SMC)* (pp. 2567-2572). Banff, AB, Canada:IEEE. doi:10. 1109/SMC. 2017. 8123011.

[20] Dorsemaine,B.,Gaulier,J. P.,Wary,J. P.,Kheir,N.,and Urien,P.,2016,July. *A new approach to investigate IoT threats based on a four layer model.* In *2016 13th International Conference on New Technologies for Distributed Systems (NOTERE)* (pp. 1-6). Paris:IEEE. doi:10. 1109/NOTERE. 2016. 7745830.

[21] Tasca,P.,and Tessone,C. J.,2017. Taxonomy of blockchain technologies. In *Principles of Identification and Classification*. arXiv preprint arXiv:1708. 04872.

[22] Crosby,M.,Pattanayak,P.,Verma,S.,and Kalyanaraman,V.,2016. Blockchain technology:Beyond bitcoin. *Applied Innovation*,2(6-10),p. 71.

[23] Wang,W.,Hoang,D. T.,Hu,P.,Xiong,Z.,Niyato,D.,Wang,P.,… and Kim,D. I.,2019. A survey on consensus mechanisms and mining strategy management in blockchain networks. *IEEE Access*,7,pp. 22328-22370. doi:10. 1109/ACCESS. 2019. 2896108.

[24] Saleh,F.,2020. Blockchain without waste:Proof-of-stake. *The Review of Financial Studies*,forthcoming. https://doi. org/10. 1093/rfs/hhaa075.

[25] Kiayias,A.,Russell,A.,David,B.,and Oliynykov,R.,2017,August. *Ouroboros:A provably secure proof-of-stake blockchain protocol.* In *Annual International Cryptology Conference* (pp. 357-388). Cham:Springer. doi:10. 1007/978-3-319-63688-7_12.

[26] Larimer,D.,2014. *Delegated proof-of-stake(dpos)*. Bitshare whitepaper.

[27] Bhushan,B.,Khamparia,A.,Sagayam,K. M.,Sharma,S. K.,Ahad,M. A.,and Debnath,

N. C. 2020. Blockchain for smart cities: A review of architectures, integration trends and future research directions. *Sustainable Cities and Society*, 61 (102360). doi: 10. 1016/j. scs. 2020. 102360.

[28] Hyperledger Project, 2015. Advancing business blockchain adoption through global oepn source collaboration. https://www. hyperledger. org/. Accessed on June 5,2020.

[29] Castro, M. , and Liskov, B. , 1999, February. Practical byzantine fault tolerance. *OSDI*, 99 (1999), pp. 173 – 186.

[30] Bach, L. M. , Mihaljevic, B. , and Zagar, M. , 2018, May. *Comparative analysis of blockchain consensus algorithms.* In *2018 41st International Convention on Information and Communication Technology, Electronics and Microelectronics (MIPRO)* (pp. 1545 – 1550). Opatija, Croatia: IEEE. doi:10. 23919/MIPRO. 2018. 8400278.

[31] Schwartz, D. , Youngs, N. , and Britto, A. , 2014. The ripple protocol consensus algorithm. *Computer Science*, 5(8), pp. 1 – 8.

[32] Sharma, T. , Satija, S. , and Bhushan, B. , 2019, October. *Unifying blockchian and IoT: Security requirements, challenges, applications and future trends.* In *2019 International Conference on Computing, Communication, and Intelligent Systems (ICCCIS)* (pp. 341 – 346). Greater Noida, India: IEEE. doi: 10. 1109/icccis48478. 2019. 8974552.

[33] Nie, X. , Fan, T. , Wang, B. , Li, Z. , Shankar, A. , and Manickam, A. , 2020. Big data analytics and IoT in operation safety management in Under Water Management. *Computer Communications*, 154, pp. 188 – 196. doi: 10. 1016/j. comcom. 2020. 02. 052.

[34] Xu, X. , Sun, W. , Vivekananda, G. N. and Shankar, A. , 2020. Achieving concurrency in cloud – orchestrated Internet of Things for resource sharing through multiple concurrent access. *Computational Intelligence*. Special Issue, pp. 1 – 16. doi:10. 1111/coin. 12296.

[35] Premsankar, G. , Di Francesco, M. , and Taleb, T. , 2018. Edge computing for the Internet of Things: A case study. *IEEE Internet of Things Journal*, 5 (2), pp. 1275 – 1284. doi: 10. 1109/JIOT. 2018. 2805263.

[36] Latif, G. , Shankar, A. , Alghazo, J. M. , Kalyanasundaram, V. , Boopathi, C. S. , and Jaffar, M. A. ,2019. I – CARES: Advancing health diagnosis and medication through IoT. *Wireless Networks*, 26(4), pp. 2375 – 2389. doi: 10. 1007/s11276 – 019 – 02165 – 6.

[37] Shankar, A. , Sivakumar, N. R. , Sivaram, M. , Ambikapathy, A. , Nguyen, T. K. , and Dhasarathan, V. ,2020. Increasing fault tolerance ability and network lifetime with clustered pollination in wireless sensor networks. *Journal of Ambient Intelligence and Humanized Computing*, pp. 1 – 14. doi:10. 1007/s12652 – 020 – 02325 – z.

[38] Sinha, P. , Rai, A. K. , and Bhushan, B. ,2019, July. *Information security threats and attacks with conceivable counteraction*. In *2019 2nd International Conference on Intelligent Computing, Instrumentation and Control Technologies (ICICICT)* (pp. 1208 – 1213). Kannur, Kerala, India: IEEE. doi:10. 1109/icicict46008. 2019. 8993384.

[39] Biswal, A. , and Bhushan, B. ,2019, September. *Blockchain for Internet of Things: Architecture, consensus advancements, challenges and application areas*. In *2019 5th International Conference On Computing, Communication, Control And Automation (ICCUBEA)* (pp. 1 – 6). Pune, India: IEEE. doi:10. 1109/iccubea47591. 2019. 9129181.

[40] Arora, D. , Gautham, S. , Gupta, H. , and Bhushan, B. ,2019, October. *Blockchain – based security solutions to preserve data privacy and integrity*. In *2019 International Conference on Computing, Communication, and Intelligent Systems (ICCCIS)* (pp. 468 – 472). Greater Noida, India: IEEE. doi:10. 1109/icccis48478. 2019. 8974503.

[41] Makhdoom, I. , Abolhasan, M. , Abbas, H. , and Ni, W. ,2019. Blockchain's adoption in IoT: The challenges, and a way forward. *Journal of Network and Computer Applications*, 125, pp. 251 – 279. doi:10. 1016/j. jnca. 2018. 10. 019.

[42] Reyna, A. , Martín, C. , Chen, J. , Soler, E. , and Díaz, M. ,2018. On blockchain and its integration with IoT: Challenges and opportunities. *Future Generation Computer Systems*, 88, pp. 173 – 190. doi:10. 1016/j. future. 2018. 05. 046.

[43] Alachkar, K. , and Gaastra, D. ,2018, August. *Blockchain – based Sybil attack mitigation: A case study of the I2P network*. Faculty of Physics, Mathematics and Informatics University of Amsterdam. https://homepages. staff. os3. nl/~delaat/rp/2017 – 2018/p97/ report. pdf.

[44] Raoof, A. , Matrawy, A. , and Lung, C. H. ,2018. Routing attacks and mitigation methods for RPL – based Internet of Things. *IEEE Communications Surveys & Tutorials*, 21 (2), pp. 1582 – 1606. doi:10. 1109/COMST. 2018. 2885894.

[45] Kaur, M. , and Singh, A. ,2016, September. *Detection and mitigation of sinkhole attack in wireless sensor network*. In *2016 International Conference on Micro – Electronics and Telecommunication Engineering (ICMETE)* (pp. 217 – 221). Ghaziabad: IEEE. doi:10. 1109/ICMETE. 2016. 117.

[46] Pirzada, A. A. , and McDonald, C. ,2005, May. *Circumventing sinkholes and wormholes in wireless sensor networks*. In *IWWAN'05: Proceedings of International Workshop on Wireless Ad – hoc Networks* (Vol. 71, pp. 261 – 266). London: Centre for Telecommunications Research.

[47] Sengupta, J. , Ruj, S. , and Bit, S. D. ,2020. A comprehensive survey on attacks, security is-

sues and blockchain solutions for IoT and IIoT. *Journal of Network and Computer Applications*,149,102481. doi:10. 1016/j. jnca. 2019. 102481.

[48] Ahmed,A. W. ,Ahmed,M. M. ,Khan,O. A. ,and Shah,M. A. ,2017. A comprehensive analysis on the security threats and their countermeasures of IoT. *International Journal of Advanced Computer Science and Applications*,8(7),pp. 489 – 501.

[49] Bhushan,B. ,and Sahoo,G. ,2017. Recent advances in attacks,technical challenges,vulnerabilities and their countermeasures in wireless sensor networks. *Wireless Personal Communications*,98(2),pp. 2037 – 2077. doi:10. 1007/s11277 – 017 – 4962 – 0.

[50] Varshney,T. ,Sharma,N. ,Kaushik,I. ,and Bhushan,B. ,2019,October. *Architectural model of security threats & their countermeasures in IoT*. In *2019 International Conference on Computing, Communication, and Intelligent Systems (ICCCIS)*. Greater Noida,India:IEEE. doi:10. 1109/icccis48478. 2019. 8974544.

[51] Hossain,M. M. ,Fotouhi,M. ,and Hasan,R. ,2015,July. *Towards an analysis of security issues,challenges,and open problems in the internet of things*. In *2015 IEEE World Congress on Services* (pp. 21 – 28). New York:IEEE. doi:10. 1109/SERVICES. 2015. 12.

[52] Sial, M. F. K. , 2019. Security issues in Internet of Things:A comprehensive review. *American Scientific Research Journal for Engineering, Technology, and Sciences (ASRJETS)*,53(1),pp. 207 – 214.

[53] Maroufi,M. ,Abdolee,R. ,and Tazekand,B. M. ,2019. On the convergence of blockchain and Internet of Things(IoT)technologies. *Journal of Strategic Innovation and Sustainability*,14(1),pp. 1 – 11. doi:10. 33423/jsis. v14i1. 990.

[54] Rizvi,S. ,Kurtz,A. ,Pfeffer,J. ,and Rizvi,M. ,2018,August. *Securing the Internet of Things (IoT):A security taxonomy for IoT*. In *2018 17th IEEE International Conference on Trust, Security and Privacy in Computing and Communications/12th IEEE International Conference on Big Data Science and Engineering (TrustCom/BigDataSE)* (pp. 163 – 168). New York:IEEE. doi:10. 1109/TrustCom/BigDataSE. 2018. 00034.

[55] Košťál,K. ,Helebrandt,P. ,Belluš,M. ,Ries,M. ,and Kotuliak,I. ,2019. Management and monitoring of IoT devices using blockchain. *Sensors*, 19 (4), p. 856. doi:10. 3390/ s19040856.

[56] Sultan,A. ,Malik,M. S. A. ,and Mushtaq,A. ,2018. Internet of Things security issues and their solutions with blockchain technology characteristics:A systematic literature review. *American Journal of Computer Science and Information Technology*,6(3),p. 27. doi:10. 21767/2349 – 3917. 100027.

[57] Saini, H. , Bhushan, B. , Arora, A. , and Kaur, A. , 2019. *Security vulnerabilities in information communication technology: Blockchain to the rescue ( A survey on Blockchain Technology)*. In *2019 2nd International Conference on Intelligent Computing, Instrumentation and Control Technologies ( ICICICT)* ( pp. 1680 – 1684). Kannur, Kerala, India: IEEE. doi: 10. 1109/icicict46008. 2019. 8993229.

[58] Zheng, Z. , Xie, S. , Dai, H. N. , Chen, X. , and Wang, H. , 2018. Blockchain challenges and opportunities: A survey. *International Journal of Web and Grid Services*, 14(4), pp. 352 – 375. doi: 10. 1504/IJWGS. 2018. 095647.

[59] Cong, L. W. , and He, Z. , 2019. Blockchain disruption and smart contracts. *The Review of Financial Studies*, 32(5), pp. 1754 – 1797. doi: 10. 1093/rfs/hhz007.

[60] Weber, R. H. , 2010. Internet of Things: New security and privacy challenges. *Computer Law & Security Review*, 26(1), pp. 23 – 30. doi: 10. 1016/j. clsr. 2009. 11. 008.

[61] Pulkkis, G. , Karlsson, J. , Westerlund, M. , and Hassan, Q. F. , 2018. Blockchain – based security solutions for iot systems. In Hussan, Q. F. ( ed. ) *Internet of Things A to Z: Technologies and applications*. Hoboken: Wiley – IEEE Press, pp. 255 – 274. doi: 10. 1002/9781119456735. ch9.

[62] Alharbi, A. , Zohdy, M. , Debnath, D. , Olawoyin, R. , and Corser, G. , 2018. Sybil attacks and defenses in Internet of Things and mobile social networks. *International Journal of Computer Science Issues( IJCSI)*, 15(6), pp. 36 – 41. doi: 10. 5281/zenodo. 2544625.

[63] Zhang, Z. K. , Cho, M. C. Y. , Wang, C. W. , Hsu, C. W. , Chen, C. K. , and Shieh, S. , 2014, November. *IoT security: Ongoing challenges and research opportunities*. In *2014 IEEE 7th International Conference on Service – Oriented Computing and Applications* ( pp. 230 – 234). Matsue, Japan: IEEE.

[64] Airehrour, D. , Gutierrez, J. A. , and Ray, S. K. , ( 2019. SecTrust – RPL: A secure trust – aware RPL routing protocol for Internet of Things. *Future Generation Computer Systems*, 93, pp. 860 – 876. doi: 10. 1109/SOCA. 2014. 58.

[65] Li, X. , Jiang, P. , Chen, T. , Luo, X. , and Wen, Q. , 2020. A survey on the security of blockchain systems. *Future Generation Computer Systems*, 107, pp. 841 – 853. doi: 10. 1016/j. future. 2018. 03. 021.

[66] Khan, M. A. , and Salah, K. , 2018. IoT security: Review, blockchain solutions, and open challenges. *Future Generation Computer Systems*, 82, pp. 395 – 411. doi: 10. 1016/j. future. 2017. 11. 022.

[67] Nehaï, Z. , and Guerard, G. , 2017, May. *Integration of the blockchain in a smart grid model*.

In *The 14th International Conference of Young Scientists on Energy Issues*(*CYSENI*)(pp. 127 – 134). Kaunas,Lithuania:CYSENI.

[68] Xie,J. ,Tang,H. ,Huang,T. ,Yu,F. R. ,Xie,R. ,Liu,J. ,and Liu,Y. ,2019. A survey of blockchain technology applied to smart cities:Research issues and challenges. *IEEE Communications Surveys & Tutorials*,21(3),pp. 2794 – 2830. doi:10. 1109/COMST. 2019. 2899617.

[69] N. Szabo. ,1997. Formalizing and securing relationships on public networks. *First Monday*,2(9). doi:10. 5210/fm. v2i9. 548.

[70] Rana,T. ,Shankar,A. ,Sultan,M. K. ,Patan,R. ,and Balusamy,B. ,2019,January. *An Intelligent approach for UAV and drone privacy security using blockchain methodology.* In *2019 9th International Conference on Cloud Computing*, *Data Science & Engineering*(*Confluence*). Noida,India. IEEE. doi:10. 1109/confluence. 2019. 8776613.

[71] Saberi,S. ,Kouhizadeh,M. ,Sarkis,J. ,and Shen,L. ,2019. Blockchain technology and its relationships to sustainable supply chain management. *International Journal of Production Research*,57(7),pp. 2117 – 2135. doi:10. 1080/00207543. 2018. 1533261.

[72] Karatas,E. ,2018. Developing Ethereum blockchain – based document verification smart contract for Moodle learning management system. *International Journal of Informatics Technologies*,11(4),pp. 399 – 406.

[73] Soni,S. ,and Bhushan,B. ,2019,July. *A comprehensive survey on blockchain*:*Working*,*security analysis*,*privacy threats and potential applications.* In *2019 2nd International Conference on Intelligent Computing*, *Instrumentation and Control Technologies*(*ICICICT*)(pp. 922 – 926). Kannur,Kerala,India:IEEE. doi:10. 1109/icicict46008. 2019. 8993210.

/第 9 章/

# 物联网和区块链的融合与实践

安什·里亚尔
帕特·萨蒂·普拉萨德
迪帕克·库马尔·夏尔马

## 9.1 引言

物联网是一个相对较新且快速发展的技术。考虑数据安全和加密技术对抗网络漏洞的有效性，区块链作为一种加密技术集成，已经在数据加密、商业、国防和其他技术领域得到了实现。

物联网利用其独特的大规模网络管理和低功耗的结合优势，已经在数十个领域和子领域实现了应用，特别是在数据的收集和传输方面。物联网的工作原理是将每个设备连接到一个共同的通信平台上，形成一个集中控制的分布式平台，并在网络的每个节点内使用协议建立一个标准的通信语言或机制。在资源受限情况下，物联网作为低功耗有损网络（Low-power Lossy Network，LLN）的一个重要标准，其概念已经越来越受欢迎。人们对物联网的广泛认可为日常活动提供了便利，影响了人们与周围环境的互动方式。这种在真实世界中相互通信的方式需要考虑信息安全，最有效的机制之一是使用区块链。区块链受比特币的影响，在世界范围内开始普及。简单来说，区块链是一个公共的、永久的、只能追加的账本；作为一种加密货币，比特币是基于存储交易区块和验证奖励的分布式账本，关于区块链中使用的加密机制，本章将进一步讨论。因此，比特币可以说是区块链的最佳应用之一，为实现和解释新引入的区块链概念提供了一个完美的平台，这就是为什么"比特币"经常与"区块链"混淆，并被用来代替"区块链"，反之亦然。然而，正如本章所述，区块链在信息安全领域也有巨大的潜力，可以在不使用任何形式货币或账户的情况下实现[1]。

物联网不是一个具有标准结构的单一实体，而是通过网络相互连接并相互通信的设备网络。在安全方面，由于物联网是在各种各样的物理设备和计算设备之间建立连接，对手获得对最弱节点和链接的访问有可能用来向网络其他部分节点发送恶意内容。对手通过绕过高成本、高灵敏度（在专有/机密信息方面）设备的外部安全协议，窃取有用信息、破坏昂贵的设备，甚至瘫痪整个网络。这种情况产生了信息安全和密码学、防止访问数据、传输数据可读性管理三大信息安全需求。防火墙和安全协议可实现对数据的访问控制，密码学的使用可处理传输中的数据可读性。入侵检测系统（Intrusion Detection System，IDS）使用模式识别系统对异常情况进行分类并识别外部入侵，然后通过加密技术、防火墙的访问控制和安全协议防止入侵。加密的作用是根据文件包的内容给出身份和分类，且攻击者在没有解密密钥时不能读取文件。

在本章中：9.2节根据关键的比较参数描述了目前采用的技术，以及区块链与这些技术的相关性。9.3节更加深入地探讨了区块链，并说明了区块链的主干和其作为安全机制的实现。9.4节描述了所解释的区块链相关概念在物联网世界中的实现。9.5节描述了区块链在物联网和加密货币领域的局限性。9.6节简要地提到了未来区块链应用的无限可能性，最后对本章进行了总结。

## 9.2 区块链简介

区块链是一个节点的线性组合，以交易的形式存储用户之间的交互过程。区块链是一个链表，各种验证和认证过程可保护交易身份和原始性，这些认证过程涉及对哈希值作数字签名。

总的来说，区块链是一个分布式共识账本网络，其细节将在后面的章节中解释。区块链提供了一种安全可靠的通信和数据传输方法，可以防范任何控制不超过51%网络的攻击者。每个节点都赋予相等的权重，没有可以被集中攻击的中央机构，每个交易条目都是一致的，而且每个经过验证的节点都可以看到完整的历史记录，从而为区块链提供民主设置。

区块链是伴随着比特币加密货币的诞生而出现的，所以对大多数人来说，这两者是交织在一起的。但事实上，比特币是区块链在加密货币创建和使用中的具体实现。而区块链是一种加密和数据安全机制，通过链来存储整个群组的交易数据。该数据可以是后来的加密货币（如在比特币中实现的那样），也可以用于网络间通信和数据传输。

物联网网络的实施可以类似于实施区块链的方式初始化传感网络，通过对软件协议进行一些小调整，物联网网络可以相对容易地塑造成区块链安全的网络。区块链重新定义了数据所有权的概念，拥有数据意味着拥有修改和共享数据的权限协议。区块链拥有一致的数据序列，数据分散在所有节点上，且给予整个网络中所有交易同等的优先级。

所有通信的交易记录都要存储在账本中，该账本在整个网络中同步更新。区块链需要每个节点的去中心化交易记录，因此记录可作为一个集合在网络中进行验证。区块链这种关联交易的方法,可基本应用于物联网的数据传输。

在物联网中运用区块链时,数据和文件传输的实际实现要比比特币的变体复杂一些。在文件传输中,文件不能存储在区块链上,因为这将创建整个数据库的多个副本,浪费太多空间,使验证过程太慢。这个问题的解决方案称为星际文件系统(InterPlanetary File System,IPFS):首先将待传输的文件存储在一个公共存储数据库中,该数据库根据哈希计算一个标签 ID;然后发送方将文件的哈希 ID 发送给接收方,接收方可以从公共 IPFS 数据库中访问该文件。然而,这也产生了一个隐私问题,因为区块链的交易记录了发送消息中的文件哈希 ID,该记录针对每个用户,所有人都可以访问。为了解决这个问题,在区块链中基于公私钥对的密码学提供了解决方案,发送方首先用接收方的公钥对整个文件进行加密,然后将文件上传到 IPFS 数据库;根据公钥密码学的概念,接收方拥有私钥来解密和读取文件。除了少量的通信信息,所有的数据包都通过这种机制发送,以避免在服务器上产生 $N$ 个副本。

### 9.2.1 目前采用的密码学方法

在全世界的密码学系统中,大家可以发现从秘密密钥共享到公钥密码学的转变。公钥密码系统相比于使用秘密密钥的系统,除了需要更快计算不同的公私钥对,另一个最大的优势是不需要建一个有保障的安全传输渠道来分享秘密密钥,私钥由接收方生成并保存,接收方只需将公钥公开给所有人。

#### 9.2.1.1 公钥密码学

公钥密码系统首先生成一个公钥和一个私钥。公钥密码学原理是用户的公钥对每个人都可用,并可用于加密要发送的通信数据,即使使用的加密密钥是可访问的(单向陷门函数[2]),如果不使用私钥,加密的数据就无法解密(进而也就无法可读)。然后接收方收到加密的消息,使用私钥对其解密,以恢复原始消息。人们理解密码学系统的基础之一是:假设恶意攻击者可以访问正在传输的每条消息。按通用标准假设,记攻击者为 X、发送者为 B、接收者为 A,并假设 A 的公钥为 PubA,对应的私钥为 PrivA,消息为 $M$。

B 通过使用 PubA 对消息 $M$ 进行加密,所有人都可免费获取 PubA,生成

的信息称为 $E_m$。当通过无保护的传输信道传输 $E_m$ 时,因为有陷门函数,攻击者 X 无法通过使用 $E_m$ 和 PubA 找到信息 M。A 在收到信息 $E_m$ 后,用 PrivA 解密以恢复 M。

#### 9.2.1.2 RSA 加密算法

RSA(Rivest – Shamir – Adleman)是非对称密码学的一种应用。RSA 的工作原理是指数和模 N 数学运算。

注:在本章中同余用 ~ 表示,在模运算中,如果两个数模 N(在模 N 系统中)的数值相等,则称这两个数同余,即,如果 $a(\mod n) = b(\mod n)$,则 $a \sim b$。

将消息 M 用 0 到 $N \sim 1$(含)之间的数字来表示。公钥 PubA 称为 E(即加密密钥),私钥 PrivA 称为 D(即解密密钥),加密后的信息 $E_m$ 称为 C(即密文)。

1. 密钥生成

在接收方,首先选择两个非常大的随机素数 p 和 q,并计算 $N = p*q$;其次求出 N 的欧拉 φ 函数,即 $\phi(N) = (p-1)(q-1)$;最后选择一个密钥 E,使其与 $\phi(N)$ 互质。

D 可以通过找到一个满足下列关系的值来计算:

$$E \times D \sim 1(\mod N)$$

即找到一个 D,使 $ED-1$ 能被 $\phi(N)$ 整除。其中:E 为公钥,D 为加密的私钥。

2. 消息加密

发送方有合数 N、消息 M 和接收方的公钥 E,这样就可通过 E、M 和 N 的关系来计算 C,即

$$C = M^E (\mod N) \tag{9.1}$$

然后发送方以密文的形式发送消息。

3. 消息解密

接收方使用 D、C 和 N,通过公式恢复原始消息,即

消息恢复:$M_{rec} = C^D (\mod N)$。根据式(9.1)有

$$\begin{cases} C^D \sim (M^E)^D (\mod N) \\ C^D \sim M^{E \times D} (\mod N) \end{cases} \tag{9.2}$$

应用模运算的特性,存在:

$$M^{E \times D} \sim M^{E \times D} (\mod N)$$

由于 $DE=1+K\times\phi(N)$（对于某个 $K$ 值），可得

$$\begin{cases} M^{D\times E} \sim M^{1+\phi(N)} \pmod{N} \\ M^{D\times E} \sim M(M^K)^{\phi(N)} \pmod{N} \\ M^{D\times E} \sim M \pmod{N} \end{cases}$$

综上所述，根据式（9.2），就从 $M_{rec}$ 得到了 $M$。

因此，对于所有的 $M$、$p$ 和 $q$，可以得到原始信息。

### 9.2.2 区块链的安全优势

信息安全是最值得期待且投入最多的领域，数据工业需要一个容错的安全网络。中心式安全网络的问题是其对中心节点的依赖，如果中心节点被黑客攻击或者无法工作，安全性就会降低，网络也会停止。物联网本身就是一个去中心化的概念，作用于由单个节点组成的互联网络，根据通信要求，这些节点使用一种标准的通信语言，用于在客户端和服务器之间的节点通信。区块链是迄今为止无中心节点且容错能力最强的系统之一，每个节点都参与验证区块链的有效性。正如物联网的要求那样，即使一个节点出现故障，网络也不会中断；而且也没有中心节点，所以劫持网络不存在攻击重点。控制交易的唯一方法是控制51%以上的网络，这样的任务极其困难；而且随着矿工物理位置的不规则分布，这使得控制网络变得更加困难[3]。

### 9.2.3 加密技术的对比

首先从理论解释入手，本章对加密技术主要从加、解密速度和最小网络占用两方面进行比较，为了控制整个网络必须牺牲其安全性。通常，这两者处于相互折中，即处于相对适度的状态，这就产生了最佳的整体效果，而试图让其中任何一方走入极端，都会导致另一方急剧恶化。哈希是人们拥有的最快单向陷门函数之一，该函数几乎不可逆，而且如果不使用野蛮方法（完全没有成本效益），很少有非法解密哈希的方法。区块链还确保如果为了控制整个网络，则需要网络中至少51%的节点。如前所述，这个比例很难达到，因此入侵检测变得容易且快速。

密码算法分析的参数包括：

(1)用于加密和解密的轮数[4]。
(2)区块大小。
(3)使用的密钥长度。
(4)加密速率[5]。

如图9.1所示,非对称算法虽少但比较新颖,从安全角度来看,非对称算法更好,但其需要更多的计算处理时间和更高的数据存储能力。非对称算法如RSA加密算法用于密钥交换,而对称算法则用于加、解密[6]。

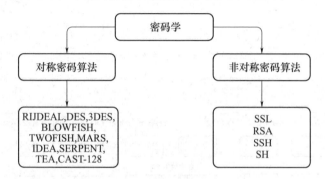

图9.1 加密算法的分类

## 9.3 区块链的算法原理

区块链由 $T=(p,a,b,G,n,h)$ 来表达,其使用的数字签名算法是基于椭圆曲线数字签名算法(Eliptic Curve Digital Signature Algorithm,ECDSA)的相同数学运算创建。在一个由公钥和私钥对($K_{priv}$,$K_{pub}$)组成的非对称密钥交换中,使用公式为

$$K_{pub}(公钥坐标) = k_{priv}(私钥坐标) * G \quad (9.3)$$

如果需要两个通信点(A 和 B)来验证和认证接收方的签名值,这可通过使用数字签名生成消息签名和认证来完成[7]。

### 9.3.1 密码学组成

区块链中的哈希算法用于数字签名,该签名携有存储于默克尔树中一定数量的数据[8]。图9.2显示了区块链网络结构,其中包含哈希头和存储数据的默克尔树[9]。各种组件包括数据存储方法、认证和哈希机制,以及哈希信息的存储方法。区块链组件包括区块头、默克尔树、哈希函数、数据认证和时间戳[10]。

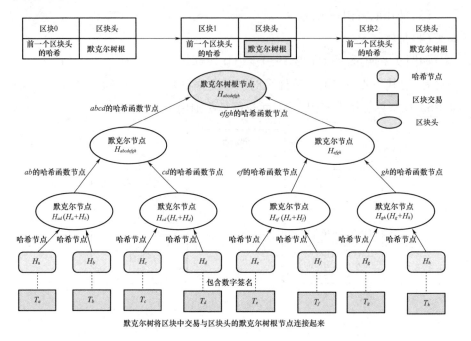

图9.2 连接区块头路由和区块中交易的默克尔树

### 9.3.2 区块链算法解读

#### 9.3.2.1 有限域

一个有限域可以视为一系列的正整数集合,每个计算都必须落在这个集合内,任何不在这个集合内的数字必须绕回,最终落入这个集合内。理论上,对于每个有限域,都存在一个数 $t$,使得 $\sum t = 0$,即 $1+1+1+\cdots+1 = 0^{[5,11]}$。

根据 $t$ 的这个性质,第一个数字 $a$ 必须属于素数集合 $P'''$,且被定义为域的特征。这方面最简单的例子是计算一个数字的余数模(mod)。如果将 Secp256k1 曲线的有限域 $F23$ 替换为 $mod24$ 时,该曲线的直观表达就从原来的椭圆曲线变成图9.3显示的有规律的螺纹,也就是所谓的"缠绕"。

#### 9.3.2.2 R 上的椭圆曲线密码算法

椭圆曲线由函数 $f(x)$ 定义,其形式为

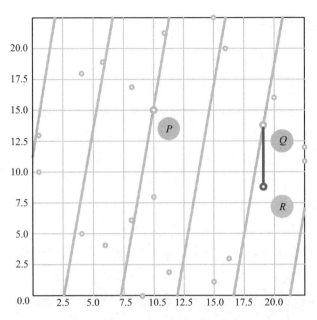

图9.3 $F23(\mod 24)$上的椭圆曲线有限域

$$f(x)^2 = x^3 - ax + b \tag{9.4}$$

通常也称为"短的 Weierstrass 型",这是讨论椭圆曲线的通用型,另一种可以讨论的椭圆曲线是"Edward 型":

$$x^2 + y^2 = 1 + dx^2 \tag{9.5}$$

这可用于签名者对数据进行"签名",因为私钥只能由签名者创建。椭圆曲线有一些优势特性,使其可以用于比特币,这些特性可以通过绘制 Weierstrass 型的图来研究。ECDSA 中用于生成点的点加和点倍两个重要性质。

点加($P+Q$)和点倍($2P$)一起用于点乘 $Z=kX$,定义为点 $X$ 与自身重复相加 $k$ 次。以文献[12]中的一个例子为例,每个数字都可以表示为自身的连续点加和点倍。

有个很重要的点需要掌握:如果有点 $X$ 和点 $Z$,但不能找到原像 $k$,这就意味着不能找到 $k=Z/X$,因为不存在点加或点倍的逆元素。因此,ECDSA 点乘和单向函数的不可逆性有助于非对称密钥系统发挥作用,去维护密码学加密的安全系统。

### 9.3.3 其他算法

#### 9.3.3.1 $F_p$ 上的椭圆曲线

浮点运算有一个缺点,即在计算时使用整数,这在 ECDSA 算法中是无法避免的。为了计算速度更快,本章要求输入没有小数,因此考虑选择有限域上的椭圆曲线[13]。

定义在 $F(:F_q)$ 上的 $EC(E(F_q))$ 是以下点的集合:

$$在 F_q 上, P_i = (x_i, y_i) y^2 = x^3 + 7/F_q$$

可表示为

$$y^2 = x^3 + 7 (\mod q)$$

对于比特币: $q = 2^{256} - 2^{32} - 2^9 - 2^8 - 2^7 - 2^6 - 2^4 - 1$(Secp256 曲线的有限域见图9.4)。

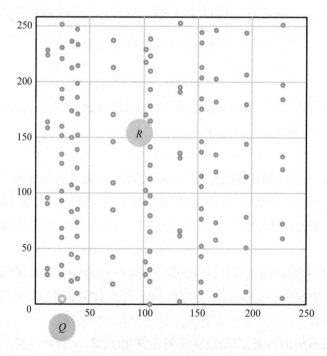

图 9.4 定义在域 $Z_{2^{256} - 2^{32} - 977}$ 上的 Secp256 曲线($y^2 = x^3 + 7$),其中 $X$ 和 $Y$ 是坐标化的 256 位模大数整数

正如文献[13]中所解释的,在选择参数代替完整曲线时使用了 EC 的一个循环子群,如 $a$、$b$、$p$、$k$ 和点 $G \in E(F_q)$ 的次要附加参数,用来选择足够的循环子群。然后共享这些参数,以生成公钥。

对于发送方在任何信息上的签名,要求发送方随机选择一个整数 $A$ 作为私钥($K_p$),并计算公钥为($K_a$) = $nAG$,可信权威(Trusted Authority,TA)存储所有的公钥,以使公钥在网络内公开。

#### 9.3.3.2 签名生成

ECDSA 的签名生成包括签名消息 $m$、实体 $A$ 和几个域参数,$D = (q, \mathrm{FR}, a, b, G, n, h)$ 和关联的密钥对($d, Q$)。消息密钥($r, s$)必须保持唯一,且为非零对的条件[14]。图 9.5 显示了生成点 $G$ 的点倍和点加,将用于($r, s$)的密钥生成。

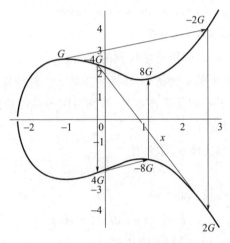

图 9.5　生成点 $G$ 与私钥 $K_{\mathrm{priv}}$ 相乘的图形[15]

消息签名生成的过程可以描述如下:

步骤 1:在 0 和 $n$ 之间(不包括 0 和 $n$)选择一个任意或伪随机自然数 $k$。

步骤 2:在有限域中计算曲线随机点($x_1, y_1$) = $kG$。

步骤 3:计算 $r = x_1 (\bmod n)$,如果得到的 $r$ 为 0,那么找到曲线的另一点,并从步骤 1 重复。

步骤 4:求 $k$ 的逆 $k^{-1}$ 模 $n$。

步骤 5:计算消息 $m$ 的 SHA 哈希值 SHA $-1(m)$,并将相应的二进制字符

串变为整数 $e$。

步骤6：计算 $s = k^{-1}(e+dr) \bmod n$，其中 $d$ 为私钥。

步骤7：如果 $s$ 为 0，不满足主要条件，则退回到步骤1。

步骤8：最终得到生成的值为 $(r,s)$，这就是 $A$ 的签名值。

### 9.3.3.3 签名验证

因为接收方拥有所有发送方的域参数和公钥 $Q$ 的合法副本，本节可以通过以下方式验证 $\alpha$ 的消息签名 $(r,s)$：

步骤1：验证收到的整数 $(r,s)$ 属于区间 $I, I \in \mathbf{Z}$，且 $0 < I < n$。

步骤2：计算消息 $SHA-1(M)$ 的哈希值，并将此哈希值的二进制字符串变为整数 $e$。

步骤3：求 $s$ 的模逆，用 $w = s^{-1}(\bmod n)$ 表示。

步骤4：求 $u_1 = e*w(\bmod n)$，$u_2 = r*w(\bmod n)$。

步骤5：求 $X = u_1*G + u_2*G$。

步骤6：如果 $X = 0$，则拒绝接收到的签名。

步骤7：否则，将 $X$ 的 $x$ 坐标 $x_1$ 转换为整数 $x'_1$，并计算 $v = x'_1 (\bmod n)$。

步骤8：如果等于 $r$，则接受该签名，否则系统签名值验证不通过。

签名验证的证明如下：

如果消息 $M$ 来自实体 $\alpha$，那么有

$$s = k^{-1}(e+dr) \bmod n$$

两边都乘以 $s^{-1}$ 和 $k$，则

$$k = s^{-1}(e+dr)^1 (\bmod n)$$

利用乘法分配率，将 $s^{-1}$ 与两项相乘，即

$$k = s^{-1}e + s^{-1}dr(\bmod n); \text{因为} w = s^{-1}$$

将步骤3中计算的 $s^{-1}e(\bmod n)$ 和 $s^{-1}dr(\bmod n)$ 的值代入：

$$k = we + wdr(\bmod n)$$

$$k = u_1 + u_2 d(\bmod n) \tag{9.6}$$

$$u_1 G + u_2 Q = (u_1 + u_2)G = kG$$

因此，$v = r$。

如果接收方将收到的消息标记为验证通过，则满足了前提条件 $v = r$。如果外部攻击者试图冒充发送方并生成消息 $m'$，使得 $m! = m'$，并且冒充者找到

了域参数 $a,b,G,h,n,p,q$，计算曲线上的点 $Q=(x_1,y_1)$，选取 $r=x_1(\mod n)$，从而试图从域参数计算消息 $m'$ 的哈希值 $H(m')$，并找到 $k^{-1}$，一直尝试到证明了 $v=r$ 结束。由于 $s$ 依赖于只有发送方知道的发送方密钥 $A$，攻击者在没有实体 $A$ 的情况下找到正确的密钥，即需要解决 ECDSA 离散对数问题（即区块链的安全性概念支点）[14]。

### 9.3.4 时空复杂性证明

#### 9.3.4.1 哈希函数复杂度

大多数哈希函数的设计方法如下：

(1) 初始化阶段（具有固定的性能开销）$O(1)$。

(2) 压缩函数。

(3) 状态更新函数。

(4) 最终状态（具有固定的性能开销）$O(1)$。

哈希函数的初始化和最终化有固定的时间使用开销，因此在评估哈希函数的计算复杂度时这两个步骤的时间复杂度都是 $O(1)$。每个消息块都要考虑压缩和状态更新，也可以一起考虑。图 9.6 显示了哈希函数和各步骤时间复杂度的一般模型。假设有 $n$ 个消息块，通过数据填充固定输入来计算哈希，其中每个消息块的时间开销为 $k$，哈希初始化所需的常数时间为 $c$，因此计算得到总时间为 $O(c+kn)$。SHA-256 就是一个在区块链等加密技术中使用哈希函数的例子。

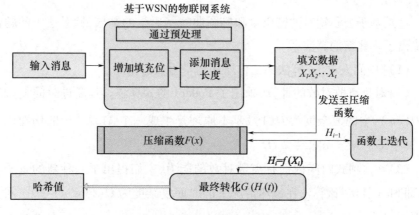

图 9.6 哈希函数的一般模型

#### 9.3.4.2 遍历时间复杂度

在实践中,默克尔树因其高计算需求、空间和存储成本而受到批评。图9.7显示了默克尔树哈希两种标准方法的比较,并对时空折中进行了比较。

| 默克尔树中的哈希方法 | 最大空间要求 | 每轮哈希评估数量最大值 |
|---|---|---|
| MarkusJacobsson的传统方法[16] | $0.5\log_2(N)$个单位 | $2(\log(N))^2$ |
| 时空权衡法[17] | $\frac{3}{2}\log_2(N)/\log(\log(N))$ | $2\log(N)/\log(\log(N))$ |

(a)

| 默克尔树中的哈希方法 | 最大空间要求 | 每轮哈希评估数量最大值 |
|---|---|---|
| M.Jacobsson的传统方法[18] | $0.5\log_2(N)$个单位 | $2(\log(N))^2$ |
| 时空权衡法[19] | $\frac{3}{2}\log_2(N)/\log(\log(N))$ | $2\log(N)/\log(\log(N))$ |

(b)

图9.7 默克尔树中哈希方法之间的空间复杂度和哈希评估数量最大值比较(这可以通过对数默克尔树遍历调度方法得到进一步改进,使用调度计算特定数量的节点。此预算与1一起用于计算左侧节点,其余用于使用堆栈构建节点的值[18])

#### 9.3.4.3 椭圆曲线离散对数问题

设在有限域 $F_q$ 上有一条椭圆曲线 $E$,其中 $q=p^n$,计算问题是找到两个点 $P,Q$,满足 $P,Q\in E(F_q)$,以及 $Q=aP$[19]。

这是基于公私钥对的密码学和椭圆曲线密码学的基础,针对这个问题已经提出了一些新的算法:

(1)"中间人攻击"算法的工作原理与暴力攻击相反。

(2)对于离散对数的计算,采用了 Pollard 的 $\rho$ 算法。其渐进时间复杂度为 $O(\sqrt{n})$,空间复杂度为 $O(1)$,基本原理是生成一个 $X_1,X_2,\cdots$ 的伪随机序列,其中每个 $X=a_iP+b_iQ$。

(3)在多项式时间内拥有离散对数的能力,人们提出了一种新的量子算法,即 Shor 算法,该算法在最坏情况下的时间复杂度为 $O((\log n)^3)$,空间复杂度为 $O(\log n)$。

## 9.3.5 分布式共识机制

工作量证明是用在区块链分布式网络上建立共识和达成一致的机制之一,以确认交易并在区块链上产生新的区块。通过 PoW,未来的矿工可以相互竞争,努力验证各种交易以获得奖励,研究人员发现矿工被选中创建下一个连续区块的概率与系统的计算能力有关。

区块链底层共识建立的模型基于 PoW 概念,该概念依赖于提供拜占庭容错(Byzantine – Fault – Tolerant,BFT)分布式网络的驱动和激励结构。PoW 依赖于解决数学难题,以找到一个低于阈值(Nonce)的值,该过程用于生成新区块并广播到网络上。中本聪为比特币设计的协议,旨在达成一个共同协调一致的共识算法来验证每笔交易的合法性。PoW 可以用两个属性来刻画:

(1)对于任何矿工来说,生成满足要求的证明必须是计算密集型的,并需消耗更多的时间。

(2)这种证明的验证不能费时,而且证明的正确性应该很容易验证。

# 9.4 风险分析和数学理解

## 9.4.1 中本聪的分析

当攻击者落后于诚实的矿工 $n$ 个区块时,攻击者在验证中追上的概率为

$$q_n = \left(\frac{q}{p}\right)^n \tag{9.7}$$

根据中本聪的分析,欺诈性矿工的双花攻击成功概率用 $P_z$ 表示。当 $t = S_z$ 时,已有 $N'(S_z)$ 个矿块,攻击成功概率 $P_z$ 的值为

$$P_z = 1 - \sum_{k=0}^{z-1} P[N''(S_z) = k](1 - q_{z-k}) \tag{9.8}$$

### 9.4.1.1 中本聪的错误近似

对于 $z \in \mathbf{N}$,中本聪在比特币白皮书中的公式为

$$P_{SN}(z) = 1 - \sum_{k=0}^{z-1} (\lambda^k e^{-\lambda}/k!)(1 - (q/p)^{z-k}) \tag{9.9}$$

其中,$P_{SN}(z) = P(z,t)$,即在一个时间间隔 $t$ 之前,共 $z$ 个区块已验证后的双花

攻击成功概率。

中本聪的错误近似 Python 3 代码，如代码 9.1 所示。

代码 9.1 中本聪的错误近似 Python 3 代码

```
#function: ProbAttacksuccess
#l: value of lambda
#p: probability
#poiss: poisson distribution value
From math import exp
def ProbAttacksuccess(q,z):
    p = 1 - float(q)
    l = float(z) * (q/p)
    ps = 1.0
    for j in range(z+1):
        poiss = exp(-1)
        for(y in range(j+1):
            poiss *= l/y
        ps = ps - poiss * (1.0 - ((q/p) ** (z - k)))
    return ps
```

因为中本聪的方法低估了 $P(z)$，此方法后来已被摒弃。

### 9.4.1.2 梅尼·罗森菲尔德的修正

在对中本聪分析的双花攻击做了表述后，研究人员已证明梅尼·罗森菲尔德(Meni Rosenfeld)的修正是对双花攻击的正确分析。双花攻击成功的概率为

$$P(z) = 1 - \sum_{k=0}^{z-1}(p^z q^k - q^z p^k)\frac{k+z-1}{k} \tag{9.10}$$

梅尼·罗森菲尔德修正的伪代码如下：

```
#include <iostream>
#define db double
db probAttac(db α, db β){
    db probability = 1 - β;
    db add = 1;
    for(int k=0;k<α;k++){
        add -= (pow(probability,α) * pow(β,k) - pow(β,α) * pow(probability,k)) *
        choose(k + α - 1, k);}
    return add;}
```

根据图 9.8，其数值应用利用表中 $z$ 值绘制，表明了中本聪的分析对概率有所低估。

| Q | z | P(z) | $P_{SN}(z)$ | q | z | P(z) | $P_{SN}(z)$ |
|---|---|---|---|---|---|---|---|
| 0.1 | 0 | 1 | 1 | 0.3 | 0 | 1 | 1 |
| 0.1 | 1 | 0.2 | 0.2045873 | 0.3 | 5 | 0.1976173 | 0.1773523 |
| 0.1 | 2 | 0.0560000 | 0.0509779 | 0.3 | 10 | 0.0651067 | 0.0416605 |
| 0.1 | 3 | 0.0171200 | 0.0131722 | 0.3 | 15 | 0.0233077 | 0.0101008 |
| 0.1 | 4 | 0.0054560 | 0.0034552 | 0.3 | 20 | 0.0086739 | 0.0024804 |
| 0.1 | 5 | 0.0017818 | 0.0009137 | 0.3 | 25 | 0.0033027 | 0.0006132 |
| 0.1 | 6 | 0.0005914 | 0.0002428 | 0.3 | 30 | 0.0012769 | 0.0001522 |
| 0.1 | 7 | 0.0001986 | 0.0000647 | 0.3 | 35 | 0.0004991 | 0.0000379 |
| 0.1 | 8 | 0.000063 | 0.0000173 | 0.3 | 40 | 0.0001967 | 0.0000095 |
| 0.1 | 9 | 0.0000229 | 0.0000046 | 0.3 | 45 | 0.0000780 | 0.0000024 |
| 0.1 | 10 | 0.0000079 | 0.0000012 | 0.3 | 50 | 0.0000311 | 0.0000006 |

图 9.8　梅尼·罗森菲尔德方法和中本聪方法之间的成功概率值对比（$P(z)$ 是通过梅尼·罗森菲尔德方法得出的数值，$P_{SN}(z)$ 是根据中本聪近似方法得出的值）

#### 9.4.1.3　解析方法

在总共 $z$ 个区块被验证之后，使用不完全贝塔函数，求得成功概率为

$$P(z) = I_{4pq}(z, 1/2) \tag{9.11}$$

#### 9.4.1.4　更精细的风险分析

设诚实矿工获得 $z$ 个区块所需的时间为 $T_1$，其花费的期望时间为

$$E[zT] = \frac{zT_0}{p} \tag{9.12}$$

并假设有一个变量

$$k = \frac{pT_1}{zT_0} \tag{9.13}$$

一般而言，在中本聪的分析中假设 $k$ 都是一样的。不求 $P(z)$，而是寻找 $P(z, k)$，将 $k$ 作为一个影响因素。假设合法矿工总共开采了 $z$ 个区块，即 $S_z = T_1$，则

$$P(z, k) = 1 - Q\left(z, \frac{kzq}{p}\right) + \left(\frac{q}{p}\right)^2 * e^{kz\frac{p-q}{p}} Q(z, kz) \tag{9.14}$$

## 9.5 区块链的局限性

区块链缺少与现有 HTTP 和 TCP－IP 协议同步的协议。此外,区块链存在对基于去中心化交易系统的理想化滤镜,即在中心机构和控制机构方面几乎没有单一监督,这限制了区块链在市场和大公司眼中的可信度,而大公司在每项投资中都有巨大的风险[20-21]。

除了这种直观和基于疑虑的不接受原因,区块链的工作也存在一些障碍。

### 9.5.1 过度的能源需求

交易的加入是基于矿工在公共池中的竞争,以创建下一个区块,在区块添加之前需要进行签名、盖戳、认证和验证。整个过程需要大量的计算能力和能量,以至成为矿工已经变得不划算[22-23]。

### 9.5.2 任务分发和复制

即使区块链在对等节点网络上工作,也不存在流量的分配或计算的合作。分布式系统中的每个节点都在做同样的工作,因此单个任务将复制到数以百万计的节点上,而且没有并行或互斥的概念。

### 9.5.3 用户并发限制

比特币是区块链最常见的使用,但还没有那么流行。即使用户基数很小,执行一个交易请求的认证速度和整个网络中巨大瞬时变化的存储量也会使整个网络变得非常缓慢和迟钝。这将得出一个结论:当碰到用户规模爆发时,区块链是低效的。

### 9.5.4 缺少监管和相应政策

区块链是不可破坏的、不可改变的,并且不受国家的政策管束。然而这并不一定是真实的,因为区块链组成员的位置集中往往会产生大部分(有时超过51%)矿工来自同一个国家的情况。这样一来,由于分布式网络中每个节点的重要性和优先级相同,个别大国实施的政策可以操纵不可变的区块链[24]。

### 9.5.5 缺乏隐私性

区块链是以完全透明的理念发明的,即任何经过授权的用户都可以访问其他用户的信息。而在现实世界中,这些信息往往是保密的,因此区块链会对企业保密领域产生负面影响。

### 9.5.6 工作量证明的能耗问题

为了限制在线性区块链上增加新交易,工作量证明要求矿工使用大量计算能力,以减缓出块速度。即使不考虑能耗问题,这也是适得其反的,因此这引起大量研究来绕过 PoW 的方法,从而破坏区块链的机制。

### 9.5.7 融合的需求和复杂性

区块链并不是作为一个完美的实现方案推出的,而是网络分布式账本理念的火花。人们要以开放的心态接受这个新想法,就要找到一种将区块链网络纳入现有体制的方法。然而,现有体制已经足够复杂(有不同版本的同类集中式网络模型试图提出通信和组合的协议),因此将区块链投入其中会成倍增加简单任务的复杂性,这需要在分布式和中心化模型之间建立桥梁。

### 9.5.8 存储限制

实际上,区块链是非常低效的,该想法在理论上是可行的,但在应用中维护每个节点的交易日志需要大量存储空间。区块链中每个节点平均估计都要存储 200Gb 以上的数据,且持续 30 个月。此外,在这种情况下,网络增加 1 名新矿工完全是多余的。比如说,在一个应用的区块链中有 100Gb 的数据,1 名新矿工的引入、下载、认证等可能需要 3~4 天。

### 9.5.9 网络安全风险

区块链的分布式性质是其引以为傲的关键。在矿工随机集合成群的理想情况下,网络安全不会受到影响;但如果矿工联合并聚集在一起,就可以越过 51% 的门槛改写或改变整个网络的账本,从而损害网络和数据安全,这就是 51% 攻击。尽管此攻击很难实现,但攻击者可以拥有自己的一套收益,包括从未泄露交易来隐藏收益的复杂联系、网络中的政治操纵等。除了这样的

大规模攻击,个别基于漏洞的攻击包括[25-26]:

#### 9.5.9.1 缓解攻击

区块链的 P2P 架构是区块链攻击的主要类别,攻击者已经利用了网络拓扑的不对称性。区块链是一种非许可的公钥密码系统,哈希率会受到影响,从而降低网络层攻击的系统效率,导致交易停滞[27]。

#### 9.5.9.2 女巫攻击

女巫攻击的核心动机是反复尝试创建多个身份,以便在区块链组成成员中创建可控制份额。攻击者不断尝试新的地址,以增加新地址与目标地址配对的机会[28]。

#### 9.5.9.3 竞赛攻击

顾名思义,竞赛攻击是一种非常迅速的攻击行动,攻击者同时会在同一个比特币上创建大量未经确认的交易,并广播给很多接收者,然后这些接收者在未等区块确认的情况下确认交易。后来,当人们意识到这是一个骗局,但那时交易已完成。

#### 9.5.9.4 芬尼攻击

芬尼攻击由哈尔·芬尼(Hal Finney)提出,其可归类为双花问题。在这种情况下,参与挖矿的矿工挖出的区块中通常会包含一个未广播的交易,该交易是将一些信用货币发送给自己。在找到预先挖掘的区块时,矿工在第二笔交易中发送相同的货币,被其他矿工拒绝,但不会造成之前的有效验证。

#### 9.5.9.5 Vector76 攻击

Vector76 攻击是芬尼攻击和竞赛攻击的结合,攻击基础为一次确认的交易依然可以被拒绝和撤销。在此攻击中,矿工作为攻击者创建两个节点:一个与区块链中的对等节点有良好连接,另一个与交换节点相连,即负责更新区块链中的账本。然后,矿工创建两笔截然不同的交易:一笔具有非常高的价值,另一笔价值比较低,这种差异弥补了攻击者计算和操纵成本。紧接着,矿工预先挖掘高价值的交易去参与交换服务,并迅速将预先挖掘的交易推送给收到的信用交换服务。在交换服务完全执行之前,矿工将低价值交易发送到区块链上,这在交易记录中会产生差异,验证机制拒绝高价值的交易,从而允许矿工保留其信用货币。

## 9.6 结论与展望

区块链已经在多个信息安全领域得到了实现,物联网在人们的日常生活方式中也发挥着越来越重要的作用。无论在军用还是民用背景下,物联网都是一个有兴趣持续研究的主题。此外,本章通过了解区块链的内部工作方式,以达到指导和创建公钥密码系统领域的研究要求,进一步分析所提方法的时间复杂性,以及比较目前已知的方法和安全性概率证明,研究人员发现,在物联网中实施区块链看起来实用且有益。物联网在民用和科学领域已经实现,因此协议和更安全标准的开发已经在物联网中的区块链领域得到实现。比特币是网络领域中区块链实现的一个主要实例,作为一种分布式系统和去中心化实体的形式来管理数据与交易,通过在已实现的比特币领域和物联网中即将出现的区块链概念之间建立一座桥梁,使得区块链便于理解。然而该技术并非没有缺陷,但通过调整正在使用的协议与当前机制相融合,人们可以明白其利大于弊。该灵感来源于传统电信网络中的问题,每项新技术都是通过消除或解决现有技术的问题而作为种子引入的。随着每天新的研究开展,区块链的实际应用正与指数级扩张的物联网结合在一起,这反过来表明区块链将成为广泛领域中的新信息安全标准,从日常生活的警报设置到企业管理等都是如此。本章是有助于理解区块链机理的指南,进一步明确大数据和网络安全领域的潜在研究方向,以实现数据安全和并发的数据管理。

## 参考文献

[1] Geeks for Geeks, 2020, February 6. What is information security? https://www.geeksforgeeks.org/what–is–information–security/. Accessed on March 14, 2020.

[2] Merkle, R. M., 1979. Secrecy, authentication, and public key systems. Ph. D. Dissertation. Stanford University, Stanford, CA, USA. Order Number: AAI8001972.

[3] Sharma, D. K., Pant, S., Sharma, M., and Brahmachari, S., 2020. Cryptocurrency mechanisms for blockchains: Models, characteristics, challenges, and applications. In Krishnan, S., Balas, V., Golden, J., Robinson, Y., Balaji, S., Kumar, R. (eds.) *Handbook of Research on Blockchain Technology*. London: Academic Press, Elsevier, pp. 323–348.

［4］Nadeem, A. , and Younus Javed, M. , 2005. *A performance comparison of data encryption algorithms.* In *2005 International Conference on Information and Communication Technologies* (pp. 84 – 89). Karachi, Pakistan: IEEE. doi: 10. 1109/ICICT. 2005. 1598556.

［5］Salama, D. , et al. , 2008. Performance evaluation of symmetric encryption algorithms. *International Journal of Computer Science and Network Security*, 8, pp. 280 – 286.

［6］Hercigonja, Z. , 2016. Comparative analysis of cryptographic algorithms. *International Journal of Digital Technology & Economy*, 1(2), 127 – 134.

［7］Zheng, Z. , Xie, S. , Dai, H. – N. , Chen, X. , and Wang, H. , 2017. *An overview of blockchain technology: Architecture, consensus, and future trends.* In *2017 IEEE International Congress on Big Data (BigData Congress)* (pp. 557 – 564). Honolulu, HI: IEEE. doi: 10. 1109/BigDataCongress. 2017. 85.

［8］Merkle, R. C. , 1988. A digital signature based on a conventional encryption function. In Pomerance, C. (ed. ) *Advances in Cryptology: CRYPTO' 87. CRYPTO 1987.* Lecture Notes in Computer Science, vol. 293. Berlin, Heidelberg: Springer.

［9］JavaTPoint, 2018. Limitation of blockchain technology. https://www. javatpoint. com/ limitation – of – blockchain – technology. Accessed on March 14, 2020.

［10］Bayer, D. , Haber, S. , and Stornetta, W. S. , 1993. Improving the efficiency and reliability of digital time – stamping. In Capocelli, R. , De Santis, A. , Vaccaro, U. (eds. ) *Sequences II.* New York: Springer, pp. 329 – 334. doi: 10. 1007/978 – 1 – 4613 – 9323 – 8_24.

［11］Rykwalder, E. , 2014. The math behind Bitcoin. https://www. coindesk. com/math – behind – bitcoin. Accessed on March 14, 2020.

［12］Blackberry Certicom, 2018. Industry solutions and applications. https://www. certicom. com/10 – introduction. Accessed on March 14, 2020.

［13］Avanzi, R. , Cohen, H. , Doche, C. , Frey, G. , Lange, T. , Nguyen, K. , and Vercauteren, F. , 2006. *Handbook of Elliptic and Hyperelliptic Cryptography.* New York: Chapman and Hall/CRC.

［14］Johnson, D. , Menezes, A. , Vanstone, S. , 2001. *The elliptic curve digital signature algorithm (ECDSA).* International Journal of Information Security, 1, pp. 36 – 63.

［15］Antonopoulos, A. M. , 2014. *Mastering Bitcoin: Unlocking Digital Crypto – Currencies* (1st. ed. ). Sebastopol, CA: O'Reilly Media, Inc.

［16］Jakobsson, M. , n. d. *FractalHashSequenceRepresentationandTraversal. ISIT' 02* , p. 437. www. markus – jakobsson. com. Accessed on March 14, 2020.

［17］Lipmaa, H. , 2002. On optimal hash tree traversal for interval time – stamping. In *Proceedings of Information Security Conference. Lecture Notes in Computer Science, vol. 24, no. 33. Berlin, Heidelberg: Springer, pp. 357 – 371.

[18] Szydlo M., 2004. Merkle tree traversal in log space and time. In Cachin, C., Camenisch, J. L. (eds.) *Advances in Cryptology: EUROCRYPT 2004*. Lecture Notes in Computer Science, vol. 3027., Berlin, Heidelberg: Springer, pp. 359 – 366.

[19] Galbraith, S. D., and Gaudry, P., 2016. Recent progress on the elliptic curve discrete logarithm problem. *Designs, Codes and Cryptography*, 78, pp. 51 – 72.

[20] Washington, L., (2008). *Elliptic Curves*. New York: Chapman and Hall/CRC. doi: 10.1201/9781420071474.

[21] Brett, C., 2018, October 15. Blockchain disadvantages: 10 possible reasons not to enthuse. https://www.enterprisetimes.co.uk/2018/10/15/blockchain-disadvantages-10-possible-reasons-not-to-enthuse/. Accessed on March 14, 2020.

[22] Khanna, A., Arora, S., Chhabra, A., Bhardwaj, K. K., and Sharma, D. K., 2019. IoT architecture for preventive energy conservation of smart buildings. In Mittal, M., Tanwar, S., Agarwal, B., Goyal, L. (eds.) *Energy Conservation for IoT Devices: Studies in Systems, Decision and Control*, vol. 206. Singapore: Springer, pp. 179 – 208.

[23] Bhardwaj, K. K., Khanna, A., Sharma, D. K., and Chhabra, A., 2019. Designing energy-efficient IoT-based intelligent transport system: Need, architecture, characteristics, challenges, and applications. In Mittal, M., Tanwar, S., Agarwal, B., Goyal, L. (eds.) *Energy Conservation for IoT Devices: Studies in Systems, Decision and Control*, vol. 206. Singapore: Springer, pp. 209 – 233.

[24] Bhagat, A., Mittal, S., and Faiz, U., Sharma D. K., (2020). Data security and privacy functions in fog data analytics. In Tanwar, S. (ed.) *Fog Data Analytics for IoT Applications*. Studies in Big Data, vol. 76. Singapore: Springer. http://doi-org-443.webvpn.fjmu.edu.cn/10.1007/978-981-15-6044-6_15.

[25] Chhabra, A., Vashishth, V., and Sharma, D. K., 2018. A fuzzy logic and game theory based adaptive approach for securing opportunistic networks against black hole attacks. *International Journal of Communication Systems*, 31(4). doi: 10.1002/dac.3487.

[26] Chhabra, A., Vashishth, V., and Sharma, D. K., 2017. *A game theory based secure model against Black hole attacks in opportunistic networks*. In Proceedings of 51st Annual Conference on Information Sciences and Systems (CISS), 22 – 24 March 2017 (pp. 1 – 6). Baltimore: IEEE. doi: 10.1109/CISS.2017.7926114.

[27] Saad, M., Spaulding, J., Njilla, L., Kamhoua, C., Shetty, S., Nyang, D. H., and Mohaisen,

A. , 2019. Exploring the attack surface of blockchain: A systematic overview. arXiv: 1904. 03487.

[28] Mikerah,Q. - C. ,2019,September 29. Short paper:Towards characterizing Sybil attacks in cryptocurrency mixers. *Cryptology*. ePrint Archive, Report 2019/1111. https://eprint. iacr. org/2019/1111/. Accessed on November 28,2020.

[29] Houtven,L. V. , n. d. Crypto 101, Creative Commons Attribution - NonCommercial 4. 0 International( CC BY - NC 4. 0 ).

# 第 10 章

# 基于边缘的物联网安全区块链设计

鲍安雄
李伟山
阮清桃
I. 简
刘永红

## 区块链在数据隐私管理中的应用

## 10.1 引言

### 10.1.1 概述

物联网最近变得越来越普及,并已部署于许多不同的应用中。物联网设备可以通过无线或有线技术相互连接,做出智能决策。物联网通常是指具有感知、处理和网络连接能力的同质设备系统,其依赖于云服务器处理来自物联网设备的数据。由于物联网是一个基于云的系统,每台设备都需要连接到云服务器上进行识别和认证,这使得物联网系统更加中心化;而且物联网网络的规模和复杂性每年都在增长,因此根据需求,云服务器需要越来越强大,这导致了较高的部署成本和维护成本。

因为物联网的设计只是为了感知和传输数据到云端,所以物联网通常没有强大的计算能力。在一些物联网架构中,云和物联网设备之间有网关,一般将网关称为雾计算层。该层提供本地服务,并帮助物联网设备和云进行连接,这些雾计算设备通常部署在物联网设备附近,以减少连接的延迟。因此,雾计算层在地理上是分散的。随着设备计算能力的提高,雾计算层可以处理的数据比以前更多,可以处理区块链技术所需的计算。该层去中心化架构的特点也适合区块链。虽然物联网设备给人类生活带来了很多便利,但也产生了一些问题,物联网在隐私、安全和用户信任方面的问题仍然没有有效的解决方案。

区块链是一种没有第三方验证的分布式账本技术,适用于雾计算。区块链系统由4个部分组成:一是共识,确保分布在所有节点上的账本信息是一致的;二是账本,记录了区块链中的每个操作和数据,部署在每个节点并保持版本一致;三是密码学,确保账本中的数据和节点之间的数据传输都是加密的,密文只有授权的用户才能解密;四是智能合约,在满足相应条件时即可自动执行的合约,由于智能合约可自动执行,使得区块链系统可以提供比以前更多元化的服务。

随着区块链应用的快速增长,学者已提出了几种共识方法。工作量证明共识由辛西娅·德沃克(Cynthia Dwork)首先发表,后来应用于比特币。区块链需要在旧区块后面添加新区块,为了添加新的区块,PoW算法选择第一个解答出复杂数学问题(被视为工作量)的节点有权添加新区块。虽然 PoW 算法是一种众所周知的共识方法,但挖掘新区块所消耗的大量能源和时间导致成本非常高。权益证明是一种可替代 PoW 的共识方法,PoS 算法通过矿工持有币的数量来确定挖矿权利,而不是通过矿工拥有的挖矿能力,利用 PoS 共识,区块链系统的维护成本降低。实用拜占庭容错算法通常用于许多私有区块链系统。PBFT 共识在区块链中选择一个节点成为领导者,其他节点需要验证领导者来确保其在工作且是安全的;如果领导者没有回应其他节点,PBFT 将选择另一个节点成为新的领导者,通过领导者的转移,可以增强系统的安全性。

在物联网网关或雾计算层中,数据安全问题可能导致数据篡改或数据丢失。Alaba Ayotunde Fadele 等[1]对物联网安全问题进行了全面调查。正如 Sachin Goswami 等[2]所讨论的,雾计算可以提高集中式架构下的计算和存储能力,然而,雾计算在边缘处理和数据隐私保护方面的表现非常差。从传统集中式系统中收集的大量数据不可靠且不可信,这些都是需要考虑的重要问题,尤其是安全共享和性能隔离之间的矛盾[3]。人们在物联网应用中提出了许多研究工作,Hang Liu 等指出了与物联网大数据研究有关的未来挑战[4];通常物联网采用雾计算来处理各种终端产生的大型异质数据流[5]。物联网应用日益普及,在社会快速发展中发挥着不可或缺的作用,与此同时,还有各种通信设备等新技术的整合。然而,资源和机制的缺乏不仅限制了物联网的全面实施,还限制了物联网功能的实际应用,但在未来,人们采用区块链技术将解决物联网所面临的局限性,提高物联网的处理性能。

区块链技术可以提供永久的交易取证记录、真实数据的单一版本、完全透明的网络状态,以确保所有参与者利益的可靠性和安全性。Shaoyong Guo 等[6]提出了一个基于区块链和边缘计算的分布式可信认证系统,该工作的主要目标是通过优化实用拜占庭容错共识算法来提高认证效率,该共识旨在构建一个联盟区块链来存储认证数据和日志,这保证了认证可信并实现了交易可追溯。Haya Hasan 等[7]提出了基于区块链的数字孪生进程创建,数字孪生对于物联网的计算、存储、通信和网络技术的快速发展是必要的。这一提议是为了确保物联网安全、可信追溯和可访问性,并提供一个可永久保存历史交易、不可擦除和不可更改的账本。此外,基于区块链的边缘计算也有望应用于未来的 5G 网络,移动边缘计算是 5G 架构中的一个重要组成部分。Xuming Huang 等[8]提出的探索5G移动边缘计算,可以支持许多低延迟的应用和服务。Nasir Abbas 等[9]对移动边缘计算领域的相关研究和发展进行了全面调查,包括优势、架构和应用等方面。然而,移动边缘计算依然存在安全和数据隐私的问题,为了提高移动边缘计算系统的安全性,在一些工作中已经开始应用区块链技术。Xiaodong Zhang 等[10]提出了一种基于区块链和移动边缘计算的VANET安全架构。Xiaoyu Qiu 等[11]提出了一种新的基于无模型深度强化学习的在线计算卸载方法,用于区块链赋能移动边缘计算的挖掘和数据处理工作。Yaodong Huang 等[12]提出一个适应边缘设备局限性的区块链系统。

正如 Abid Sultan 等[13]总结的那样,几个区块链特性可以用来解决安全问题。例如,区块链的去中心化解决了单点故障安全问题;同样,区块链的匿名性可以解决数据隐私问题;此外,区块链技术满足透明度和可扩展性的挑战[14],有能力使流程交易可见并实现更广泛的参与。Ruizhe Yang 等[15]已经确定了集成区块链和边缘计算的几个重要挑战,基于区块链的边缘计算可以实现可靠的网络访问和控制。然而,在部署基于区块链的边缘计算的应用之前,研究人员需要考虑自组织、功能集成、资源管理和新的安全问题。Hanqing Wu 等[16]总结和讨论了供应链实际应用中网络和存储可扩展性、吞吐量、访问控制和数据检索方面的4个关键技术挑战。

为了解决这里提到的问题,本章提供了一个基于区块链的网关管理机制与智能合约,以提高可靠性。本章的区块链建立在 Hyperledger Fabric 平台上,通过异常数据丢失和异常长期及短期消耗两个应用场景,解决智能电网中的数据异常问题,证明了智能合约的有效性。异常检测结果会触发智能合约,从而执行事务并记录相应的数据。根据具有不同级别安全漏洞的特定场景,相应的智能合约会通知智能电网所有者当前的安全状况。因此,本章所提出的区块链安全解决方案不仅提供了安全性,还提供了物联网网关(雾计算层)的容错能力。

## 10.1.2 本章主要工作

本章首先介绍了区块链技术和物联网的相关工作,然后讨论了支持区块链的物联网系统当前面临的挑战。之后提出了用于物联网安全的基于边缘的区块链架构,在该架构中,本章描述了如何设计和实现每个区块链组件。

此外，本章还描述了基于边缘的区块链在物联网安全中的主要作用。针对不同的物联网安全场景，本章证明了该架构可以解决隐私和安全问题。树莓派3嵌入式平台上的性能显示，查询交易可以达到大约10次/s(Transaction-Per-Second,TPS)的性能，而调用交易可以达到大约7TPS。本章的主要贡献可以总结如下：

（1）本章提出了一个用于物联网的区块链网络架构，解决了之前工作中提到的几个典型问题，包括共识机制、隐私机制和智能合约设计。该架构使用许可的区块链系统、Raft共识、私人数据收集和智能合约来检测攻击与数据异常。详情见10.4.1节。

（2）在这个区块链网络架构的基础上，本章进一步提出了一个基于边缘区块链(edge-Based Blockchain,eBC)的系统架构，该架构用于基于边缘的物联网系统。eBC中设计了两个连接器，即区块链连接器和边缘连接器。区块链连接器负责权限管理、交易验证、访问控制、数字签名和调用及查询验证；边缘连接器负责同步、处理请求和历史记录及日志记录。详情见10.4.2节。

（3）本章所提出的eBC物联网架构已在高级计量基础设施(Advanced Metering Infrastructure,AMI)的网关中实现和部署，以收集智能电表的数据。本章考虑了三种不同的智能电表安全场景，包括数据丢失异常、长期消耗异常和短期消耗异常，详情可参见10.4.3节。相应的智能合约在Hyperledger Fabric v1.4中作为链码实现，并在eBC架构中得到验证。此外，深度神经网络模型也用于数据异常检测和预测。本章的物联网和eBC架构能够保护AMI智能电表免遭窃电，检测智能电表是否篡改和故障。

（4）本章在执行时间和交易吞吐量方面对所提出系统架构的性能进行了分析。为了显示架构的有效性，研究人员提出了用虚拟化来实现机密性、完整性、可用性和安全性的解决方案。仿真结果表明，在这些不同的攻击场景下，本章提出的系统架构仍然是可靠的。

### 10.1.3　本章结构

本章的其余部分结构如下：10.2节对区块链技术和物联网进行了讨论。10.3节给出了当前基于物联网的区块链应用主要缺点，并概述了主要的技术挑战。10.4节介绍了基于边缘的区块链架构并评估区块链实现的方法。10.5节讨论了性能实验的结果和影响。10.6节对本章进行了总结。

## 10.2 相关工作回顾

物联网是指一组相互连接对象(通常称为节点)的概念,这些对象可以出于特定目的相互通信,如天气监测或地质检测。节点往往与普适设备和设施相结合,通过各种无线和有线通信网络链路(物与物消息、物与人对话、人与人通话)实现通信和对话,来提供管理和服务功能。

随着时间的推移,近年来,物联网已经成为一项重要的技术,该技术提高了生活质量、提供了便利,并产生了许多物联网应用(如医疗、智慧交通、智能家居和智能电网)。这些应用会使用许多物联网设备,设备总数量将在2021年达到5万亿[17],这也说明物联网的市场是相当可观的。

Nataliia Neshenko等[18]通过分类和分类学对物联网漏洞进行了详尽的调查,包括层次、安全影响、攻击、对策和态势感知能力。一些常见的漏洞在分类法中都有考虑,如物理安全性不足、能量收集不足、认证不充分、加密不当等;不同类型的攻击和补救策略也都考虑在内,如访问和授权控制、软件保证、安全协议、态势感知和入侵检测。此外,研究人员采用基于数据的方法仔细检查从 a/8 网络望远镜收集的1.2GB暗网数据,并将其与Shodan搜索的API相关联,结果在169个国家和地区发现了19629个独特的物联网设备。Tejsi Sharma等[19]概述了区块链技术和物联网的基础知识,描述了物联网中区块链面临的一些包括可扩展性、恶意软件检测、缺乏以物联网为中心的共识协议和隐私的挑战,但是,作者没有提出解决方案。Ayasha Malik等[20]描述了基于区块链的物联网安全中存在的几个问题,如对冷热区块的攻击、网络钓鱼攻击、弱签名攻击等。Vikas Hassija等[21]对物联网安全进行了调查,特别是在物联网架构的不同层,包括传感层、网络层、中间件层、网关层和应用层,作者讨论了用于物联网安全的区块链技术以及如何利用雾计算架构来提高安全性。Daemin Shin等[22]提出了基于DMM的智能家居物联网网络的安全协议,这表明现在物联网安全是一个主要问题。Tanishq Varshney等[23]讨论了物联网安全的各种问题,以及其与传统物联网安全的区别,作者还介绍了物联网威胁模型和最先进的安全措施。

大多数公司都使用集中存储来管理和分析数据,然而,传统的基础设施和云计算已经无法满足很多实际应用的需求。如前所述,由于物联网设备的数量大幅增加,数据量也随之增加,如果需要同时传输大量数据,则会出现延迟增加或网络拥塞等问题,导致系统整体性能下降。高可用性网络可以实时处理大量数据,以解决这个问题,但这在传统的物联网基础设施上是不可能的。然而,雾计算或边缘计算是一种很有前途的设计范式,可以通过执行本地分析和数据的分布式处理来解决部分问题[24]。

在边缘计算中,数据在数据采集源附近进行处理,不再需要将数据传输到云端或本地数据中心进行处理和分析,该方法减少了网络和云的负载。由于边缘计算能够实时处理数据且响应速度更快,边缘计算在物联网领域,尤其是在工业物联网(Industrial Internet of Thing,IIoT)领域具有很高的适用性。除了加速工业和制造企业的数字化转型,边缘计算技术还可以实现包括人工智能和机器学习在内的创新,但是,边缘计算也面临着部署的问题,具体来说,就是如何在各个节点上有效地部署隶属设备。2017年,Rakesh Jain 和 Samir Tata[25]提出了一种使用 RED-Node 的部署方法,在这项工作中,基于 Kubernetes 自动编排的 Docker 容器,为物联网提出了一种动态可重构边缘计算架构。

Docker 是一个开源项目,主要提供容器化应用的部署和自动化管理。在操作系统上部署 Docker 引擎提供了一个软件抽象层,使得应用程序可以通过 Docker 镜像自动部署到容器中。Docker 非常轻巧,与传统的虚拟机技术相比,Docker 容器具有以下优势:

(1)高性能虚拟化环境。
(2)易于迁移和扩展服务。
(3)简化管理。
(4)更有效地利用物理主机资源。

图 10.1 比较了 Docker 与传统虚拟化方法的区别。可以看出,容器是在操作系统层面实现的,直接可以使用本地主机操作系统,而传统方法是在硬件层面实现的。

Kubernetes 是由谷歌开发并开源的系统,是一个可以帮助研究人员管理微服务的系统,可以在多台机器上自动部署和管理多个容器。Kubernetes 的 4 个基本组件是 Pod、计算节点、控制节点和集群。

首先,Pod 是 Kubernetes 运行的最小单元,对应一个应用服务,Pod 可以有一个或多个容器。其次,计算节点是 Kubernetes 运行的最小硬件单元,对应于一台机器,无论是笔记本电脑的物理机,还是虚拟机。再次,控制节点是

Kubernetes运行的指挥中心,负责管理所有其他节点,充当节点之间的通信桥梁;计算节点不能直接与其他节点通信,所有通信都必须通过控制节点。最后,集群是 Kubernetes 中多个计算节点和控制节点的集合,可以视为在同一环境中所有节点组合在一起的单元。

| 应用A | 应用B |
|---|---|
| A的库 | B的库 |
| 客户操作系统 | 客户操作系统 |
| 管理程序 | |
| 主机操作系统 | |
| 硬件 | |

虚拟机

| 应用A | 应用B |
|---|---|
| A的库 | B的库 |
| 容器引擎 | |
| 主机操作系统 | |
| 硬件 | |

容器

图 10.1　虚拟机与 Docker 容器的对比(传统的虚拟机需要额外的客户操作系统来支持库和应用程序;相反,Docker 提供了 Docker 引擎)

如图 10.2 所示,本章提出的物联网安全边缘计算架构中也实现了 Kubernetes。Kubernetes 节点对应树莓派 3 平台或树莓派 4 平台,图中有两个计算节点,每个节点都部署一个 Pod,左边的 Pod 有两个 Docker 容器,右边的 Pod 有一个 Docker 容器。所有计算节点都由位于云端的控制节点管理,控制节点由调度程序、控制器管理器和 API 服务器组成。

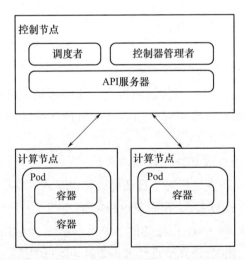

图 10.2　基于 Kubernetes 的物联网安全边缘计算架构
(有两个计算节点和一个控制节点;控制节点可以控制计算节点的 Pod,其中包括容器)

## 10.3 区块链应用在物联网中的挑战

当前的物联网生态系统严重依赖集中式通信模式,如纯基于云的架构,该架构擅长提供海量数据存储和高水平的处理能力,然而基于云的物联网存在安全风险大、可扩展性差、隐私泄露、数据存储量大、成本高、基础设施不完善等问题。随着对越来越多 IoT 节点的需求不断增长,可扩展性成为这种集中式构建物联网应用方法中的主要问题。近年来,由于打印机、烟雾探测器等网络边缘设备的安全保障不力,广泛的安全风险已成为一个主要问题。可扩展性差将导致实时应用中的通信抖动和时效性问题,其中包括关键安全系统。所有数据发送到云端也会导致隐私问题,如人脸识别系统会将所有检测到的面部图像发送到云服务器。在现实世界应用中,可扩展性、安全性和隐私问题最终会阻碍物联网的使用。本章提出的 eBC 架构是非常有前途的解决方案,该方案具有防篡改账本机制的分布式架构,可以解决三个问题:安全性(通过防篡改账本)、可扩展性(通过分布式处理)和隐私性(通过基于边缘的处理)。

区块链是一种新兴技术,起源于比特币等加密货币,现已广泛应用于各个不同领域,物联网是其中较为突出的应用之一。为了在连接到物联网基础设施时对物联网节点进行认证,区块链等安全的去中心化机制使整个过程连续、自动和安全。因此,在物联网中,区块链的使用具有很大的潜力,也是非常需要的。除了认证,基于区块链的哈希和防篡改账本机制,物联网节点之间的所有交互都可以轻松验证。当使用区块链时,日益复杂的多节点架构中广泛安全风险也不存在了。经过验证的物联网节点数量越多,所有交易就越安全,因为交易必须由大多数现有认证节点验证。因此,由去中心化区块链设置运行的物联网平台非常强大,以至黑客几乎不可能成功破坏系统,因为这需要摧毁大部分节点。基于共识的控制将安全责任分配给区块链网络中的节点,节点防止黑客篡改网络,也保护物联网网络不受分布式拒绝服务攻击破坏。在这项工作中,本书展示了基于边缘的区块链技术如何应用于基于 Docker 和 Kubernetes 的容器化物联网架构,使其安全且稳健地抵御攻击。

去中心化还使这种解决方案更具可扩展性。随着越来越多的节点实时连接,可扩展性是在不断增长的网络上部署网络安全系统的最大问题之一。

在本章提出的基于边缘的物联网安全架构中,关于新设备节点添加、现有设备节点删除以及任何节点功能更改的通知将通过区块链智能合约实时发送到所有物联网节点。本书在物联网架构中提出的基于边缘的区块链系统,这种反应式方法使系统具有足够的适应性和灵活性,可以在不升级整个平台的情况下扩展。

除了安全性和可扩展性,本章提出的边缘计算物联网架构还通过容器化技术增强了隐私,其中将严格执行跨应用的隐私。例如,该架构仅向经过认证和授权的容器提供对摄像机捕获的图像数据访问权限,对容器中应用提取的对象特征的访问在容器内进行限制。在分布式区块链架构中,对账本信息的所有访问都记录在账本中,因此保障了隐私安全。

### 10.3.1 可扩展性和互操作性

由于需要大量的计算和通信,在使用区块链技术的系统中经常出现性能瓶颈,随着网络规模的增加,这个问题变得更加严重,结果导致共识算法效率和交易响应速度都下降。区块链交易记录和相关数据信息需要某种管理,才能应对更好的可扩展性。

互操作性是指跨不同区块链系统连接和传输信息的能力,以实现信息的顺利共享。区块链技术的性能因与不同区块链网络交互的开销而降低,如比特币系统与以太坊系统的交互。

### 10.3.2 存储限制

在基于区块链的物联网系统中,随着时间的推移,存储在每个节点上的区块链账本记录的大小都会增加。由于物联网节点中的存储容量有限,所需的存储大小将超过物联网节点中给定的内存存储容量。

### 10.3.3 数据隐私和保密性

物联网通常是各种设备、服务和网络的集成,因此在物联网网络中,设备上存储或传输的数据很容易因破坏节点而受到隐私侵犯。攻击者可以尝试通过修改存储的数据或出于恶意目的向其中注入虚假数据来影响数据完整性。

### 10.3.4 认证和授权

物联网网络中的所有设备都必须经过认证才能获得服务的特权访问权限。支持物联网设备的底层架构和环境的多样性与异构性导致物联网存在不同的认证机制,因此物联网中没有全球标准认证协议。

## 10.4 用于物联网安全的边缘区块链架构

本节描述了提出的基于边缘的物联网安全区块链架构。首先,10.4.1 节描述了整个架构以及每个组件的详细情况,包括共识机制、隐私机制和智能合约设计。10.4.2 节讨论了基于边缘的区块链在物联网安全中的作用。后边章节证明了所提出的架构在不同物联网安全场景中的有效性。

### 10.4.1 区块链系统架构

本工作提出的区块链系统设计如图 10.3 所示,由授权的边缘设备、区块链网络和云三部分组成。区块链网络建立在开源的 Hyperledger Fabric 平台上,这是一个许可联盟链平台。Fabric 有几个特点[26],就边缘设备而言,只有拥有 Fabric 证书机构(Certificate Authority,CA)颁发的注册或登记证书(Enrollment Certificates,ECert)的节点(设备)才能参与网络。换句话说,因为未授权的节点无法访问数据,系统保证了信息的机密性,此外,一旦节点遭受恶意攻击或不再需要,证书机构可以随时撤销该节点的 ECerts。

在图 10.3 所示的区块链网络中,研究人员使用 Docker Compose 工具部署具有三个组织的系统,其中一个组织是设备成员组成的管理小组,分为 Peer 和 Orderer。Peer 负责账本和智能合约的调用,而 Orderer 负责将交易打包成区块,并将其分发给锚节点。组织 1 部署在云端,另外两个组织 2 和 3 分别部署在两个不同的节点上,对应两个树莓派 3 平台:设备 1 和设备 2。注意,每个组织都有两个 Peer,即 Peer0 和 Peer1。云端的组织 1 有 3 个 Orderer(Orderer1、Orderer2、Orderer3),而边缘节点各只有一个 Orderer,包括设备 1 上的 Orderer4 和设备 2 上的 Orderer5。因此,在这个设置中,云组织有 3 倍的机会成为领导者(如本章后面的 Raft 共识中所述)。云的强大计算能力,可以使系统更健壮,容错能力更高。Orderer 中的领导者将智能合约产生的交易打包成区

## 区块链在数据隐私管理中的应用

块,分发给全网其他组织的锚节点。更重要的是,云管理员可以访问这些数据,一旦边缘设备数据异常可快速得到通知。

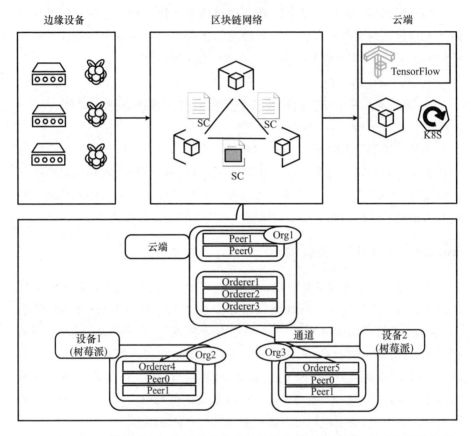

图10.3 区块链系统架构(边缘设备将数据发送到区块链网络,然后将其同步到云端。区块链网络包括3个组织、5个Orderer节点和6个Peer节点)

用于保护边缘设备信息安全的机制,包括共识机制、私有数据和智能合约,具体如下:

(1) PBFT算法:PBFT是由芭芭拉·利斯科夫(Barbara Liskov)和米盖尔·卡斯特罗(Miguel Castro)设计的一种复制算法,旨在解决拜占庭将军问题。PBFT解决了原始拜占庭容错算法(如非许可链中的工作量证明或权益证明)效率低下的缺陷,PBFT系统可以容忍网络中存在少于1/3的恶意节点,即[27]

$$|R| = 3f + 1 \quad (10.1)$$

式中:$R$为副本数;$f$为故障副本的最大数量。

(2) Raft 共识:尽管改进了原始 BFT 算法的缺点,但 PBFT 有三个阶段且要向网络中所有其他节点广播,因此需要很高的时间复杂度。Raft 试图只用 $2f+1$ 个节点来解决容错问题,其表现出更高的效率,而且支持更多的故障节点①。本小节的其余部分将简要介绍 Raft 及其实用设计。

①Raft:由迭戈·翁伽罗(Diego Ongaro)和约翰·欧斯特霍特(John Ousterhout)提出,Raft 承诺实现分布式共识,从注重直观理解和安全性证明来增强其可理解性[28]。节点分为追随者、候选者和领导者三个角色,并经历领导选举和日志复制两个主要过程。当领导者崩溃时,通过心跳机制触发新的选举,新当选的领导者将所有的命令附加到其日志中,同时向其他每个节点并行发出 AppendEntries RPCs 指令,任何任期内都只有一个领导者。

②实用设计:Raft 共识的一个灵活实用的实现是 Etcd/raft 库,该库使用 Golang 语言编写,是 Fabric v1.4.1 版本的新库。如图 10.4 所示,Orderer3 是通过接收 MsgVoteResp(即其决策将由追随者复制)被选为 Orderer 中的领导者。现在,取消领导者 Orderer3 身份,如图 10.5 所示,然后 Orderer2 被选举为新的领导者,称为第 1 次容错;如果 Orderer2 也被取消,则选举另一个新的领导者,即第 2 次容错,以此类推。当网络中的节点越来越多时,网络的安全性和容错性将更高。

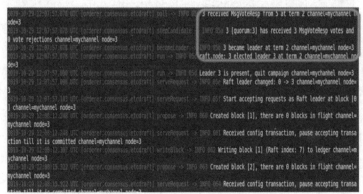

图 10.4　Raft 共识中 Orderer3 当选为领导者

(Orderer3 从其他 Orderer 收到 3 张 MsgVoteResp 投票,并在任期 2 成为领导者)

---

① Raft 只是 CFT 而非 BFT。——译者

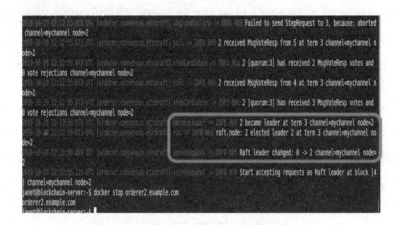

图 10.5　Raft 共识中 Orderer2 当选领导者

（Orderer2 从其他节点获得 3 张 MsgVoteResp 投票，并在任期 3 成为 Raft 领导者）

（3）私有数据：在某些应用程序中，数据信息是私有的，即其不应在特定组织中可见，组织之间数据的竞争关系就是一个例子。在本章的系统中，采用 Fabric v1.2 版本新引入的私有数据收集来解决隐私问题，在不创建单独通道的情况下，存储在个人私有状态数据库中的私有数据只能授权的组织者访问[29]，从而确保物联网设备的隐私以及数据机密性。

（4）智能合约：与第一代区块链（即比特币）相比，第二代区块链中智能合约的出现使交易逻辑能够在特定情况下自动执行。将预先定义的条件和逻辑指令写入智能合约，然后参与节点可以调用智能合约来做出决策或访问数据以及其他功能。智能合约在物联网安全方面很有用，因为与智能合约的所有交互都是防篡改的且存储在区块链中。此外，在基于边缘的区块链系统中，边缘设备的数据信息可以通过本章提出的智能合约进行监控。更多实现细节在下一小节中描述。

## 10.4.2　边缘区块链系统架构

在现实世界的应用领域中，物联网设计架构往往是分布式的，然而，传统的分布式物联网架构缺乏既安全又可扩展的分布式管理架构，如果经过精心设计，区块链网络架构将同时具备这两个特性。本章以基于边缘的区块链系统架构的形式提出了这样的解决方案。所提出的架构使用智能合约，同时还具有同步、容错、透明和执行协议的功能。如图 10.6 所示，本章提出的 eBC 系统由多个层组成:**本地物联网设备层、边缘计算层和云层**,具体描述如下。

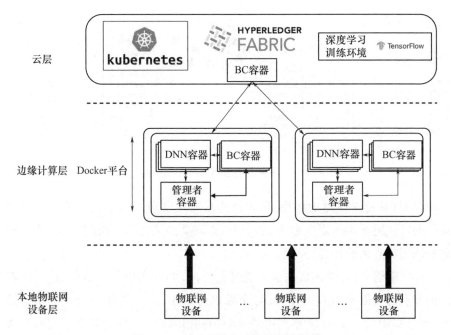

图 10.6　基于边缘的区块链网络架构

(共 3 层,本地物联网设备层发送数据至边缘计算层,然后将其同步到云层的 BC 容器)

(1)**本地物联网设备层**:该层由所有物联网设备组成,也称为节点,可以像气象传感器、智能计量传感器等设备一样简单,也可以如摄像机等设备般复杂。

(2)**边缘计算层**:该层可以包括网络网关,网络网关负责从物联网设备收集数据并将其直接处理或经过一些基本处理(如信息提取或基于边缘的机器学习)后传递到云端。网络网关架构采用 Docker 容器设计,将深度神经网络(Deep Neural Network,DNN)模型、区块链模块和管理器模块容器化部署到不同的容器中。该架构允许 Kubernetes(在云层)进行动态编排。

(3)**云层**:该层负责边缘计算层容器的整体管理,将容器化应用部署到容器中,包括深度神经网络和区块链模块,以及 DNN 模型的训练环境。

基于边缘的区块链网络部署在整体架构边缘计算层的一个或多个容器中。图 10.7 描述了基于边缘的区块链网络的作用。在网络中存在两个连接器,即区块链连接器和边缘连接器,区块链连接器负责管理本地物联网设备,边缘连接器负责为边缘计算提供服务。下面分别介绍这两个连接器的作用。

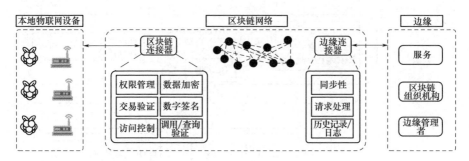

图10.7 区块链在边缘物联网安全中的作用

(1)区块链连接器的作用:区块链连接器主要负责维护在物联网网络中运行的区块链系统所需的服务,包括权限管理、交易验证、访问控制、数字签名和调用或查询验证,具体如下。

①权限管理:传统的区块链系统是公开的,如以太坊和比特币,这意味着任何节点都可以参与共识过程,对交易进行排序,并将数据打包成区块。然而,本章提出的 eBC 系统是许可的,即只有获得许可的特定节点才能参与共识。本书使用有许可的 Hyperledger Fabric 平台。在许可区块链系统中,许可管理用于管理参与者(物联网设备或区块链节点)的身份,系统中只有每个组织中的 Orderer 有权限,这样 Orderer 才能参与 Raft 共识(领导选举)。因为物联网系统需要高可扩展性和性能,所以许可区块链是正确的选择,这类区块链系统在共识方面更高效、更具成本效益,并提供私人成员资格。例如,部分去中心化(相对于完全去中心化)和较低安全性等许可区块链的负面影响可以通过精心设计来解决,如本章提出的系统。

②交易验证:为了在物联网中成功部署区块链,本章基于边缘的区块链系统采用更灵活的执行-排序-验证方法,而不是比特币中复杂的交易验证过程。在节点将交易提交到区块链中的账本之前,需要通过运行智能代码(Fabric 中的链码)来执行交易,通过共识协议(此处为 Raft)对交易排序,并进行交易验证(由一些预定义的对等节点背书)。该区块链部署契合物联网的特性包括:(a)高效背书,其中一个交易只需要一部分对等节点背书;(b)并行执行,其中交易可以由不同的对等节点并行背书。

③访问控制:在许可区块链中,访问控制是用于处理物联网中保护和隐私问题的关键机制之一。通过访问控制机制,物联网应用的用户可以完全掌控自身数据,并可以控制信息的共享方式。本章使用访问控制列表,通过将策略与资源相关联来管理对资源的访问。给定一组身份和目标资源,策略来指定评估为真或假的规则。Hyperledger Fabric 包括各种默认访问控制列表,用户要访问具有关联策略的资源,需要根据策略检查访问身份(或身份集)。默认策略有签名策略和隐式策略两种类型。签名策略规定了在允许交易访问资源之前,背书节点组合需要对资源请求交易进行签名;隐式策略聚合了策略的结果,如签名策略。

④数字签名:需要确保物联网中数据的机密性、完整性和真实性(Confidentiality Integrity and Authenticity,CIA)。物联网中的数据可以通过访问控制来确保机密性;完整性由区块链中的哈希机制确保;该边缘区块链系统通过使用数字签名对文件进行公证来确保真实性。每个物联网节点(区块链用户)在 Fabric CA 注册并收集签名密钥和认证证书(如 X.509),并将密钥和认证证书存储在自己的钱包中。对于每个要签名的文件(或数据),从文件中计算一个哈希值(如 SHA-256),并使用用户钱包中的签名密钥对哈希值进行签名。对于认证过程,需要验证的文件是从账本中获得的,从文件中计算一个哈希值,并将其与计算的哈希值进行比较,后者是通过使用认证证书中的公钥对签名进行解密得到的。因此,区块链连接器实现了本地物联网边缘设备的认证程序。

⑤调用及查询验证:区块链连接器还为物联网节点提供链码服务,包括应用逻辑的调用和查询功能。例如,在智能电表应用中,要记入账本的电表数据由电表 ID、时间戳、状态(正常/异常)、消费、网关 ID 组成,本章后面会详细说明。链码是用 Golang 语言实现的,创建、更新和删除操作都封装在调用及查询方法中,物联网安全策略以 X.509 公钥证书格式的 TLS 证书实现。不同的渠道用于不同的目的或组织,具体取决于物联网应用。

(2)边缘连接器的作用:边缘连接器主要负责管理物联网网络中的应用逻辑,主要包括边缘功能,如同步、处理请求和日志等,具体如下。

①同步:区块链网络的一个固有特征是状态复制,其中参与节点始终可以将账本状态更新为最新提交的版本。这一特性是通过区块链的同步机制实现的,网络中的一个节点与其他节点通信以请求和导入账本上区块的完整

历史记录。该机制涉及内核的多个组件,其中值得注意的是:支持通信的点对点协议,以及确保所有节点就如何解释每个区块中的信息达成一致的共识算法。对于物联网部署,同步服务有助于保持边缘层所有节点的一致性。换句话说,使用基于云的 MQTT 服务器进行同步(发布/订阅主题)的传统方法可以完全更换为更安全和可扩展的分布式区块链同步机制。这也是本工作的创新点之一。

②处理请求:边缘连接器以智能合约或链码的形式为处理来自应用逻辑的请求提供服务。处理请求的安全性得到了保证,因为每条通信消息都由其发送方物联网节点签名,并由背书节点验证,之后经领导节点提交。因此,即使存在恶意领导者,也无法破坏网络,因为来自其他节点的同步最终会根除恶意领导者的攻击影响,如中间人、冒名顶替等。

③日志:为了支持客户端应用需求,本意所提出的基于边缘的区块链系统设计可以提供访问和查询交易历史的服务。该服务侧重于系统对账本数据相关的记录、证明和审计事件的准确性和可靠性。

### 10.4.3　物联网应用实例场景

基于上一节,本章实际实现了一个基于边缘的物联网系统架构,并使用深度神经网络模型和基于边缘的区块链网络确保其安全性。本章实现的系统架构如图 10.6 所示,其中管理器容器负责容器的动态配置,DNN 容器部署了长短期记忆模型,区块链容器部署了提出的基于边缘的区块链系统模块。当应用在智能电表时,基于边缘的设计在智能物联网网关中实现,该网关从 200 个智能电表收集用电数据,该应用中,物联网安全的主要目标是检测窃电、智能电表篡改和智能电表故障问题。

相应的智能电网架构如图 10.8 所示,异常数据可以通过本章的物联网安全方案检测到并记录于账本中,通过警报向电力公司管理者确认。在图 10.8 中,用户表示安装了智能电表的住宅或微电网;数据表示从用户发送到智能网关的智能电表数据;部署在智能网关中的 LSTM 模型的异常检测结果,即正常数据或异常数据,都存储在网关本地,这些数据也通过基于边缘的区块链网络发送到云端;部署在云端的区块链组织负责在数据异常时通过智能合约通知电力公司管理者。智能电表数据包含电表 ID、时间戳、消费和网关 ID,经 LSTM 模型对电表数据进行校验后,通过另一个智能合约在智能电表数据记录中增加一条信息,即数据是正常还是异常状态可体现为状态(正常/异常)。存储在云端区块链节点中的智能电表数据也可以使用智能合约进行查询,如相关人员可以查询有多少智能电表遭到破坏以及智能电表攻击有多严重或频繁。

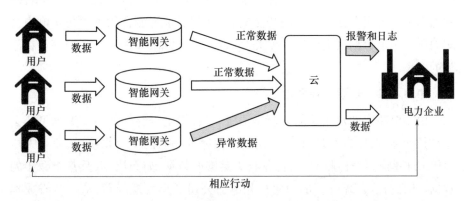

图 10.8　物联网安全的智能电网架构(用户数据发送至智能网关,一旦数据异常,电力公司将收到警报,同时记录和采取相应行动)

如图 10.9 所示,智能电表应用中的物联网安全主要针对不同场景下的异常检测[30],包括数据丢失异常(Data Loss Abnormal,DLA)、长期消费异常(Long-Term Consumption Abnormal,LCA)和短期消费异常(Short-Term Consumption Abnormal,SCA),其描述如下。

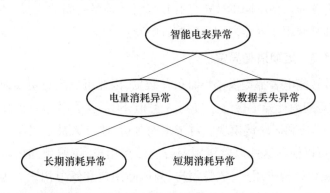

图 10.9　智能网关异常分类树(智能电表异常可分为电量消耗异常和数据丢失异常,其中电量消耗异常包括长期异常和短期异常)

#### 10.4.3.1 数据异常丢失

当智能电表被无意破坏或物理篡改,或者其通信断开时,物联网网关将无法从智能电表接收到任何数据,这称为数据丢失异常。在提出的 eBC 系统中,研究人员设计了一个智能合约,该合约可以检测此类数据丢失异常事件,并通知电力公司存在有缺陷的智能电表。因此,该智能合约可以防止电力公司因用户用电数据丢失而遭受损失,电力公司可以派人去检查和修理存在故障的电表。

#### 10.4.3.2 长期消耗异常

由于电路中的永久性漏电或能源窃取,智能电表感知的负荷数据可能会存在长期异常,称为 LCA 事件。在基于边缘的物联网安全系统中,研究人员使用 LSTM 模型来检测 LCA,首先收集足够的数据,如数周、数月甚至数年的数据。因此,该系统可以帮助用户和电力公司及早发现问题,从而节省成本和电力。Kubernetes 编排有助于部署具有 LSTM 模型的不同 Docker 容器,以满足不同的时间窗口。

云组织中的区块链节点可以执行链码查询,以检索存储在账本中的每个智能电表在一周、一个月、半年、一年或更长时间内的历史消费数据。然后节点将检索到的历史数据提供给另一个可以检测 LCA 容器中的 LSTM 模型,一旦检测到,就会通过另一个链码发送警告给用户和电力公司。管理器容器应用有助于配置和切换不同 LSTM 容器和区块链容器之间的连接,还在所有容器中维护和复制用于容器之间通信配置的套接字表。

#### 10.4.3.3 短期消耗异常

大多数智能电表都提供半小时负荷数据,因此可以进行更实时的分析和检测,称为短期消耗异常检测。与 LCA 类似,SCA 也采用部署在 Docker 容器中的 LSTM 模块和区块链模块。对于短期分析,研究人员定义了 4 个等级的异常风险,可以根据这些风险级别警告或隔离用户,按照预测风险递增的顺序,4 个等级包括警告用户、危险用户、高风险用户和紧急用户。为了使 SCA 检测更准确,研究人员针对不同类别的用户进行负荷分析[31],并使用不同阈值来检测不同等级的异常情况[32]。

在 Hyperledger Fabric 中,研究人员可以在打包交易逻辑的链码中定义多个智能合约。首先考虑 DLA,当智能网关接收到信号 -999(即电表坏了）并尝试将数据存储在区块链网络中时，运行人员调用链码中的函数 save_data( )，如图 10.10 所示。云中的节点向电力公司发送警报，并附上坏的电表信息，智能电表发送的信息包括电表 ID、时间戳、状态（正常/异常）、消费、网关 ID。在保存新信息之前，该函数会检查确定是否存在类似的记录，如果发现有类似的记录，则用新信息对其进行更新，以保证账本中不会存储重复的记录。

```go
func (t *SmartContract) save_data(stub shim.ChaincodeStubInterface, args []string) pb.Response {
    var err error
    if len(args) != 5 {
        return shim.Error("Incorrect number of arguments. Expecting 5(Id, Timestamp, Status, Consumption, GatewayId)")
    }
    //Create meter object and marshal to json (ex.)
    key := args[4] + "," + args[0] + "," + args[1]
    meter := &Smartmeter{"Smartmeter", args[0], args[1], args[2], args[3], args[4], key}
    //Check if meter already exists
    meterAsBytes, err := stub.Getstate(key)

    if err != nil {
        return shim.Error("Failed to get meter:" + err.Error())
    } else if meterAsBytes != nil {

        //Retrieve the valAsbytes and check the input gatewayId
        Sep_status := Smartmeter{}
        err = json.Unmarshal(meterAsBytes, &Sep_status) //unmarshal it
        if err != nil {
            return shim.Error(err.Error())
        }

        //Update the status and pusState
        Sep_status.Status = args[2]
        meterJsonasBytes, err := json.Marshal(Sep_status)
        err = stub.Putstate(key, meterJsonasBytes)
        if err != nil {
            return shim.Error(err.Error())
        }

        response := fmt.Sprintf("Update %s,%s status successful!", args[4], args[0])
        return shim.Success([]byte(response))
    }
    //DLA detection
    if args[3] == "-999" {
        alarm()
    }
}
```

图 10.10　DLA 链码（函数 save_data( )保存智能电表中的数据，并检查是否有标有"-999"的缺失数据）

当智能电网管理员需要从账本中调取电表数据分析 LCA 问题时，调用函数 query_all( )，如图 10.11 所示，返回 JSON 格式的所有电表数据。此外，如图 10.12 所示，管理员还可以从账本中检索特定范围内的电表数据，如某年 1~3 月的电表数据。在 SCA 情况下，管理者还可以设置一周内异常事件发生频率的阈值（即在一定时间间隔内发生了多少次异常事件），作为链码函数的参数。

图 10.11　Query All 链码（函数 query_all（　）从账本中查询数据，并将其写入缓冲区）

图 10.12　LCA 链码（函数 query_by_month（　）从账本中查询一段时间内的数据，并将其写入缓冲区）

## 10.5 边缘区块链系统实验与讨论

本节首先测试了所提出的基于边缘的区块链系统在物联网安全方面的性能;其次,详细讨论了该系统在机密性、完整性和可用性方面的特性;最后,讨论了基于 Docker 容器的应用虚拟化如何帮助物联网实现安全和隐私保护。

### 10.5.1 性能测试

基于边缘的区块链物联网安全系统已在树莓派 3B 平台上实现并进行了实验,该平台 CPU 采用四核 Broadcom BCM2837,运行频率为 1.2GHz,主内存大小为 1GB,操作系统为 64 位 Ubuntu 旗舰版,区块链系统底层采用 Hyperledger Fabric v1.4 版本。

本章通过测试智能合约操作(如调用和查询交易)的吞吐量来评估本章所提出的区块链系统性能。研究人员根据执行时间和吞吐量对性能进行评估,并通过改变每个平台上的工作负荷(对等节点同时请求的交易和请求(查询或调用)的数量)进行负荷上限估算,负荷最多可达 4000 个交易。

图 10.13 和图 10.14 分别展示了查询交易和调用交易的执行时间,执行时间是指平台成功添加和执行交易所需的时间。通常执行时间随着执行交易数量的增加而增加。

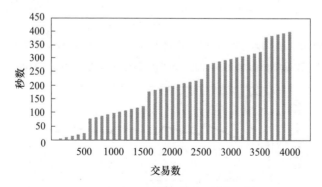

图 10.13 查询的执行时间

(柱状图显示 y 轴的查询秒数随着 x 轴的交易数量增加而增加)

○ 区块链在数据隐私管理中的应用

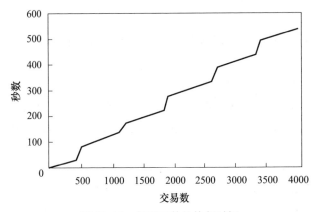

图 10.14　调用函数的执行时间

（柱状图显示 y 轴的调用秒数随着 x 轴的交易数量增加而增加）

如图 10.15 和图 10.16 所示，本章还根据每秒成功交易数（TPS）评估了系统的吞吐量。

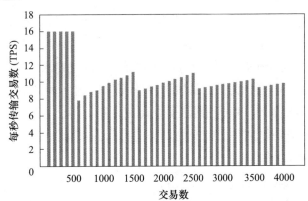

图 10.15　查询函数的吞吐量（柱状图显示 y 轴的查询 TPS 随着 x 轴的交易数量增加而增加，在 250～500 个交易量时达到 16TPS 的峰值）

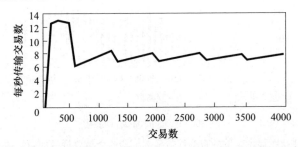

图 10.16　调用函数的吞吐量（柱状图显示 y 轴的调用 TPS 随着 x 轴的交易数量增加而增加，在 250 个交易时达到 13TPS 的峰值）

对于这两种场景,交易时间是从节点提交交易达成共识开始,到将交易提交到区块来测量的。

## 10.5.2 安全机制实现

物联网安全考虑如何保护物联网中的网络和连接设备,让连接在网络中的设备避免曾经面临的严重问题,如信息泄露问题[33]。

为确保信息安全,本章将讨论如何使用基于边缘的区块链网络在物联网中解决 CIA 三要素问题,即机密性、完整性和可用性。在讨论如何在本章所提系统中解决这三个安全特性之前,本节详细阐述了选择关键机制背后的原因。

(1) Hyperledger Fabric 的选择:本章选择 Hyperledger Fabric 是因为其提供许可的成员资格以及可插拔的模块架构;更重要的是,Hyperledger Fabric 中的通道和私有数据可以安全地保护从物联网设备接收的数据。所有这些特性使 Hyperledger Fabric 非常适合物联网的部署,因为该架构安全、可扩展且性能更高。

(2) 联盟链的选择:由于物联网节点需要隐私,但物联网也需要开放以纳入新节点,联盟链是物联网的最佳选择。公有链无法确保隐私,而私有链非常封闭,会给自动、轻松地扩展物联网带来问题。

(3) Raft 共识的选择:可用性是每个物联网应用的重要特征,Raft 共识比 PBFT 更轻量级,其可以有效地重新选择新的领导节点。因此,Raft 是物联网部署的一个很好的选择。

(4) 容器化架构的选择:通过使用容器技术,可以确保不同应用和同一应用中不同用户之间的安全性,还可以在容器领域内保护数据和通信。针对应用或用户的攻击结果可以限制在相应的容器中,从而确保威胁隔离。

如表 10.1 中总结的那样,以下小节将讨论基于边缘的区块链系统如何解决物联网三层架构中每层的 CIA 三要素问题。

表 10.1 确保 eBC 系统 CIA 三要素的关键机制

| | 机密性 | 完整性 | 可用性 |
| --- | --- | --- | --- |
| 本地物联网设备 | 智能电表注册 | AES-128 加密 | ACK 机制 |
| 边缘计算层 | Fabric CA<br>私人数据<br>访问控制 | BC 抗篡改(哈希) | Raft 共识<br>Docker 容器<br>分布式配置 |
| 云层 | Fabric CA<br>私人数据<br>访问控制 | BC 抗篡改(哈希) | Raft 共识<br>Docker 容器<br>Kubernetes 部署 |

#### 10.5.2.1 机密性

本章 eBC 系统通过多种方式实现机密性,包括许可区块链系统,其中所有物联网节点都需要通过获取数字签名和公钥证书来注册,然后才能执行交易。此外,该系统还有基于通道的访问控制和隐私交易,用户始终可以选择合法用户来查看与当前执行交易相关的数据。整套机制都在 Fabric CA 中实现。

#### 10.5.2.2 完整性

在本章提出的 eBC 系统中,边缘层和云层的数据完整性通过 Hyperledger Fabric 的 gossip 数据传播协议以及动态领导者选举来维护;在物联网设备层,数据完整性由通信协议的安全性维护,如在智能电表应用中,LoRaWAN 协议中使用 AES-128 加密用于保护数据[34]。

#### 10.5.2.3 可用性

当授权用户需要访问账本中的数据时,系统应随时可用并提供不间断的服务。此外,系统必须具有高容错能力,即使在传感器设备等组件损坏的情况下也应如此。在 eBC 架构中,当物联网设备无法传输数据或未从网络网关获得任何 ACK 回复时,数据最多会重传三次。如果区块链节点在边缘计算层或云层发生故障或行为异常,节点将根据 Raft 共识自动重新选举新的领导者,从而保持 eBC 的可用性。边缘层和云层两层可用性维护的两个主要区别是边缘层采用分布式配置,云层采用 Kubernetes 部署;前者可以减轻云层的计算负担,后者可以重新编排崩溃的容器,两者都确保了高可用性。

### 10.5.3 虚拟化环境安全

在本章的系统架构中,应用层的虚拟化是使用 Docker 容器来实现的。然而,第三方套件可能存在安全问题,如 Theo Combe 等[35]调查了 Docker 安全问题,如通过特权容器进行的主机安全攻击;Combe 等还给出了设置文件参数的方法来提高 Docker 的安全性。在本章提出的 eBC 系统中,研究人员通过隔离容器和主机来确保容器的使用安全,从而保护主机免受恶意容器攻击;如容器非法访问主机数据。此外,容器部署在内网,即网络不对外开放,因此无法对容器进行网络攻击,所有对容器的操作都只能通过主机进行,从而确保了容器和主机的安全。

## 10.6 结论与展望

本章提出了一种基于边缘的物联网安全区块链系统,不仅采用了最先进的技术,包括区块链、Docker 容器和 Kubernetes 编排,而且在智能电表应用中实现了本章所提出的架构,并解决了数据丢失异常、长期消费异常和短期消费异常的问题。本章所提出的基于边缘的区块链系统与基于云的区块链网络实现不同,前者是专门为物联网安全而设计的,该系统与 Raft 共识机制一起在开源 Hyperledger Fabric v1.4 平台上实现。由于树莓派 3 设备的内存限制,本章的区块链系统分成多个组织,部署在不同的树莓派设备和云端。

在树莓派 3 上使用 Hyperleger Fabric v1.4 实现 eBC 系统的实验表明,在 400s 内可以执行 4000 个查询交易,即性能为大约每秒 10 个交易(TPS);在调用交易的情况下性能约为 7TPS。总体而言,性能分析结果表明,本章提出的区块链网络可用于增强特定物联网应用(如智能电表)的安全性。

未来,该研究计划提高在树莓派 4 平台和英伟达 Jetson Nano 设备上实现的性能。此外,该研究还计划将 Kubeflow 项目应用于提出的物联网安全智能网关中容器化模块(DNN 和 BC)的动态 MLOps 开发。

## 参考文献

[1] Alaba, F. A., Othman, M., Targio, I. A. H., and Alotaibi, F., 2017, June. Internet of things security: A survey. *Journal of Network and Computer Applications*, 88, pp. 10 – 28.

[2] Goswami, S. A., Padhya, B. P., and Patel, K. D., 2019. Internet of Things: Applications, challenges and research issues. In *2019 Third International Conference on I – SMAC(IoT in Social, Mobile, Analytics and Cloud)(I – SMAC)* (pp. 47 – 50). Palladam, India: IEEE.

[3] Cai, H., Xu, B., Jiang, L., and Vasilakos, A. V., 2017. Iot – based big data storage systems in cloud computing: Perspectives and challenges. *IEEE Internet of Things Journal*, 4(1), pp. 75 – 87.

[4] Liu, H., Eldarrat, F., Alqahtani, H., Reznik, A., de Foy, X., and Zhang, Y., 2017. Mobile edge cloud system: Architectures, challenges, and approaches. *IEEE Systems Journal*, 12(3), pp. 2495 – 2508.

[5] Khan, L. U., Yaqoob, I., Tran, N. H., Kazmi, S. M. A., Dang, T. N., and Hong, C. S.,

2020. Edge computing enabled smart cities: A comprehensive survey. *IEEE Internet of Things Journal*, 7(10), pp. 10200 – 10232.

[6] Guo, S., Hu, X., Guo, S., Qiu, X., and Qi, F., 2020. Blockchain meets edge computing: A distributed and trusted authentication system. *IEEE Transactions on Industrial Informatics*, 16(3), pp. 1972 – 1983.

[7] Hasan, H. R., Salah, K., Jayaraman, R., Omar, M., Yaqoob, I., Pesic, S., Taylor, T., and Boscovic, D., 2020. A blockchain – based approach for the creation of digital twins. *IEEE Access*, 8(34), pp. 113 – 134.

[8] Huang, X., Yu, R., Kang, J., He, Y., and Zhang, Y., 2017. Exploring mobile edge computing for 5G enabled software defined vehicular networks. *IEEE Wireless Communications*, 24(6), pp. 55 – 63.

[9] Abbas, N., Zhang, Y., Taherkordi, A., and Skeie, T., 2018. Mobile edge computing: A survey. *IEEE Internet of Things Journal*, 5(1), pp. 450 – 465.

[10] Zhang, X., Li, R., and Cui, B., 2018. *A security architecture of VANET based on blockchain and mobile edge computing*. In *2018 1st IEEE International Conference on Hot Information – Centric Networking (HotICN)* (pp. 258 – 259). Shenzhen: IEEE.

[11] Qiu, X., Liu, L., Chen, W., Hong, Z., and Zheng, Z., 2019. Online deep reinforcement learning for computation offloading in blockchain – empowered mobile edge computing. *IEEE Transactions on Vehicular Technology*, 68(8), pp. 8050 – 8062.

[12] Huang, Y., Zhang, J., Duan, J., Xiao, B., Ye, F., and Yang, Y., 2019. *Resource allocation and consensus on edge blockchain in pervasive edge computing environments*. In *2019 IEEE 39th International Conference on Distributed Computing Systems (ICDCS)* (pp. 1476 – 1486). Dallas: IEEE.

[13] Sultan, A., Mushtaq, M., and Abubakar, M., 2019, March. *IoT security issues via Blockchain: A review paper*. In *Proceedings of the International Conference on Blockchain Technology* (pp. 60 – 65). Honolulu: Assocation for Computing Machinery.

[14] Anilkumar, V., Joji, J. A., Afzal A., and Sheik, R., 2019. *Blockchain simulation and development platforms: Survey, issues and challenges*. In *2019 International Conference on Intelligent Computing and Control Systems (ICCS)*. (pp. 935 – 939). Madurai, India: IEEE

[15] Yang, R., Yu, F. R., Si, P., Yang, Z., and Zhang Y., 2019. Integrated blockchain and edge computing systems: A survey, some research issues and challenges. *IEEE Communications Surveys Tutorials*, 21(2), pp. 1508 – 1532.

[16] Wu, H., Cao, J., Yang, Y., Tung, C. L., Jiang, S., Tang, B., Liu, Y., Wang, X., and Deng,

Y., 2019. Data management in supply chain using blockchain: Challenges and a case study. In *2019 28th International Conference on Computer Communication and Networks (ICCCN)* (pp. 1-8). Valencia, Spain: IEEE.

[17] Routh, K., and Pal, T., 2018, February. *A survey on technological, business and societal aspects of Internet of Things by Q3, 2017*. In *Proceedings of the 3rd International Conference On Internet of Things: Smart Innovation and Usages (IoT-SIU)* (pp. 1-4). Bhimtal: IEEE.

[18] Neshenko, N., Bou-Harb, E., Crichigno, J., Kaddoum, G., and Ghani, N., 2019. Demystifying IoT security: An exhaustive survey on IoT vulnerabilities and a first empirical look on internetscale IoT exploitations. *IEEE Communications Surveys Tutorials*, 21(3), pp. 2702-2733.

[19] Sharma, T., Satija, S., and Bhushan, B., 2019. *Unifying blockchian and iot: security requirements, challenges, applications and future trends*. In *2019 International Conference on Computing, Communication, and Intelligent Systems (ICCCIS)* (pp. 341-346). Greater Noida, India: IEEE.

[20] Malik, A., Gautam, S., Abidin, S., and Bhushan, B., 2019. *Blockchain technology-future of IoT: Including structure, limitations and various possible attacks*. In *2019 2nd International Conference on Intelligent Computing, Instrumentation and Control Technologies (ICICICT)* (pp. 1100-1104). Kannur, Kerala, India: IEEE.

[21] Hassija, V., Chamola, V., Saxena, V., Jain, D., Goyal, P., and Sikdar, B., 2019. A survey on IoT security: Application areas, security threats, and solution architectures. *IEEE Access*, 7, pp. 82721-82743.

[22] Shin, D., Yun, K., Kim, J., Astillo, P. V., Kim, J.-N., and You, I., 2019. A security protocol for route optimization in DMM-based smart home IoT networks. *IEEE Access*, 7, pp. 142531-142550.

[23] Varshney, T., Sharma, N., Kaushik, I., and Bhushan, B., 2019. *Architectural model security threats and their countermeasures in IoT*. In *Proceedings of the International Conference on Computing, Communication, and Intelligent Systems (ICCCIS)* (pp. 424-429). Greater Noida, India: IEEE.

[24] Ahmed, A., and Ahmed, E., 2016, January. *A survey on mobile edge computing*. In *Proceedings of the 10th International Conference on Intelligent Systems and Control (ISCO)* (pp. 1-8). Coimbatore: IEEE.

[25] Jain, R., and Tata, S., 2017, June. *Cloud to edge: Distributed deployment of process-aware IoT applications*. In *Proceedings of the IEEE International Conference on Edge Computing (EDGE)* (pp. 182-189). Honolulu, HI: IEEE.

[26] Androulaki, E., Barger, A., et al., 2018, January. *Hyperledger Fabric: A distributed operating system for permissioned blockchain*. In Proceedings of the Conference on the EuroSys (pp. 1-15). Porto, Portugal: Assocation for Computing Machinery.

[27] Nolan, S., 2018, November. *pBFT: Understanding the consensus algorithm*, https://medium.com/coinmonks/pbft-understanding-the-algorithm-b7a7869650ae. Accessed on November 18, 2020.

[28] Howard, H., 2014, July. *ARC: Analysis of raft consensus*, https://www.cl.cam.ac.uk/techreports/UCAM-CL-TR-857.pdf. Accessed on November 18, 2020.

[29] Thummavet, P., 2019, May15. *Demystifying Hyperledger Fabric(2/3): Private data collection*, https://www.serial-coder.com/\\post/demystifying-hyperledger-fabric-private-data-collection. Accessed on November 18, 2020.

[30] Tabrizi, F. M., and Pattabiraman, K., 2019, May. Design-level and code-level security analysis of IoT devices. *ACM Transactions on Embedded Computing Systems*, 18(3), pp. 1-25.

[31] Wang, Y., Chen, Q., Hong, T., and Kang, C., 2019, May. Review of smart meter data analytics: Applications, methodologies, and challenges. *IEEE Transactions on Smart Grid*, 10(3), pp. 3125-3148.

[32] Farah, E., and Shahrour, I., 2017, September. *Smart water for leakage detection: Feedback about the use of automated meter reading technology*. In Proceedings of the IEEE International Conference on Sensors Networks Smart and Emerging Technologies (SENSET) (pp. 1-4) Beirut: IEEE.

[33] Arora, A., Kaur, A., Bhushan, B., and Saini, H., 2019. *Security concerns and future trends of internet of things*. In 2019 2nd International Conference on Intelligent Computing, Instrumentation and Control Technologies (ICICICT) (pp. 891-896). Kannur, Kerala, India: IEEE.

[34] Tsai, K., Huang, Y., Leu, F., You, I., Huang, Y., and Tsai, C., 2018. AES-128 based secure low power communication for LoRaWAN IoT environments. *IEEE Access*, 6, pp. 45325-45335.

[35] Combe, T., Martin, A., and Di Pietro, R., 2016. To docker or not to docker: A security perspective. *IEEE Cloud Computing*, 3(5), pp. 54-62.

# 第 11 章

# 物联网智能家居的区块链安全和隐私

索米亚·戈亚尔

苏迪尔·库马尔·夏尔马

普拉迪普·库马尔·巴蒂亚

## 11.1 引言

物联网在"智能家居"中为人们提供了一份礼物,可以更好地安排生活,提供更高的舒适度和便利性,并提高个人满意度。智能家居内部的智能系统基于物联网设计,将手机、传感器和执行器等各种设备互联。智能家居架构在日常生活中有着广泛的应用范围,已成为客户和设计师着迷的焦点。智能家居应用包括监控、家庭自动化、医疗健康等,其全球市场正在不断发展。

智能家居是一种利用物联网连接异构设备的系统,可以让人们的生活更加舒适、愉快[1]。区块链具有去中心化、直接性、适应性和多功能性的特点[2],正逐步充实智能家居架构。基于区块链的智能家居生态系统可以看作一个4层结构,该结构包括物联网的传感层或信息源层、区块链层、智能家居层、用户界面层或客户层[3]。物联网传感层或信息源层包括监控智能家居状态、条件和居住者的传感器。例如,研究人员可以将室内恒温器引入该层,以量化和管理室温。闭路电视(Closed-Circuit TV,CCTV)可能是传感层的另一个组成部分。从这些来源收集的信息汇集并存储在统一的服务器或某些去中心化环境中,如区块链[4]。区块链层处于信息源的顶端,包含区块链信息结构和智能合约两个重要的部分。哈希值以密码运算方式连接区块,矿工(家庭服务器)负责确认新交易并将其添加到新区块,智能合约遵守预定义的准则并推动去中心化交易[5]。智能家居层旨在促进不同应用的发展,包括信息商业中心、行政人员、家庭护理和社会保险互操作,以及机械化公共设施安装和智慧城市管理。用户界面(User Interface,UI)层或客户层允许外部合作伙伴从基于区块链的智能家居应用程序中获利,如微电网、零售店、专业合作社、安全设备等。该层采用通用工程手段以应对智能家居应用的隐私保护和安全问题[6]。智能家居架构本质上由智能协议、私有区块链和公共区块链组成。智能协议内置于智能家居的设备中;这在主数据层意味着是具体的物联网信息源。私有区块链允许家庭内部设备之间的安全通信[7];物联网连接到公共区块链,用于各种智能家居之间的分布式通信。该架构允许在智能家居设计中加入区块链,以保证智能家居的安全。

本研究为协议设计和标准、支付网关和智慧城市项目做出了贡献[8]。未来研究和实验的领域包括对智能家居的贡献以及确保数据和设备访问的安全性[9]。

本章以简化的方式对新兴的区块链技术进行了全面回顾。本章解释了区块链和信息区块的工作原理,以及链接技术。本章提出一个使用区块链的智能家居安全案例的研究和实施,并与传统系统相比较,这可以将整个数字世界提升到更高的维度。

本章的其余部分结构如下:11.2 节介绍了中央区块链创新和智能家居应用系统。在 11.3 节中,研究人员为基于区块链的智能家居安全案例研究提供了背景分析。其中,各小节涉及研究人员提出的模型架构及其实现方法,以及对实验结果的评估。11.4 节对本研究进行了总结,并展望了该技术未来可能的应用方向。

## 11.2 区块链技术与智能家居

本节介绍区块链创新所执行的架构。该架构属于创新架构,使用分布式信任来保证安全,使区块链系统越来越适合与智能家居中的物联网一起使用。

### 11.2.1 智能家居的安全和隐私威胁

尽管智能家居具有很大的优势,但由于实时数据共享规模不断扩大,无法抵御数字攻击可能带来的危险。研究人员预测在 2020 年,恶意软件、病毒和网络攻击数量将激增[10],这些攻击可能会危及智能家庭网络连接客户端的安全。基于物联网的智能家居安全推动了物联网创新从早期阶段到现在的发展。由于智能家居应用系统中心化的特点,传统的安全措施无法防范攻击,这种情况促使了对区块链的适当使用。区块链是一种易于传播的公开账本,其三个具体特性是去中心化、公开透明和防篡改性,这有助于确保智能家居所有者的安全。

### 11.2.2 区块链安全解决方案

区块链解决了机密性、完整性和可用性三个 CIA 参数。区块链可以实现交易的广泛认可,开辟在智能家居中实施安全措施的新途径。区块链在智能家居应用的家庭访问控制和信息共享方面取得了令人惊讶的成果。研

# 区块链在数据隐私管理中的应用

究人员正在利用区块链解决智能家居的安全问题,主要是因为使用了矿工设备,矿工负责跟踪与物联网关联的异构设备。此外,区块链对不同设备之间的通信进行了加密。该架构的主要层次是智能家居层、云存储和覆盖网络。

(1)智能家居层:所有的智能设备都引入这一层,该层通过矿工统一管理。在该层,矿工组织与服务提供商(Service Provider,SP)、云存储和客户端设备(手机或PC)一起组成覆盖网络。

(2)云存储:智能家居设备通过分布式存储方式来存储信息。

(3)覆盖网络:本层集线器隔离成组以减少系统中的延迟。簇头(Cluster Head,CH)由每个簇选择。选择簇头的原因是保持一个开放的区块链,其中有请求者密钥记录和被请求者密钥记录两种。这种覆盖网络架构如图11.1所示[11]。

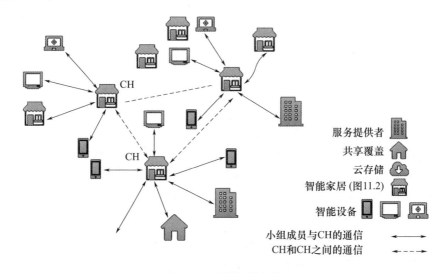

图11.1 覆盖网络架构

基于区块链架构的智能家居的组成如图11.2所示,包括:

(1)交易:网络设备或覆盖集线器之间发生的通信。

(2)本地区块链:监控交易。报文头存储了客户连接和主动交流的策略。

(3)智能家居矿工:一种集中处理智能家居交易的设备。

(4)本地存储:一个在本地存储信息的强化驱动器。

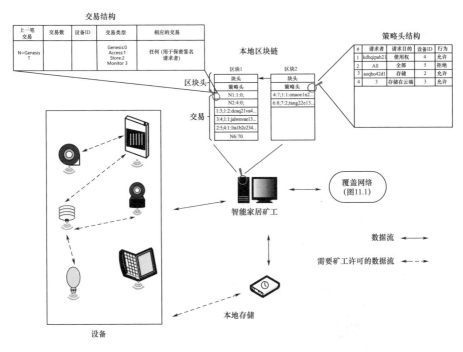

图 11.2 基于区块链架构的智能家居组成

## 11.2.3 区块链中的密码学

2008年,中本聪提出了区块链的概念[12]。区块链是加密货币(如比特币)的底层平台,通过改进 P2P 交易系统来消除第三方信任和双花问题。区块链不是一个中心化的信息枢纽,在区块链中,信息的每部分都利用密码学中的哈希特性与过去的部分相关联,如安全哈希算法(SHA-256),这部分信息称为区块,具有相关属性,如区块号、历史区块的哈希值、时间戳、交换信息和 Nonce 值[12]。图11.3介绍了区块链内部架构和工作流程,其基本功能的步骤描述如下。

步骤1:区块链网络中每个连接的物联网设备都称为一个节点,节点存储所有当前交易,这些交易在内存池的等待队列中。

步骤2:所有交易均由默克尔树验证。

步骤3:通过验证的交易添加到区块中。

步骤4:矿工改变 Nonce 值和时间戳并生成区块的哈希值。

步骤5：系统将生成的哈希值与目标值进行比较。

步骤6：如果发现哈希值高于目标值，则转到步骤4。

步骤7：如果哈希值小于目标值，则为成功结果，成功完成PoW的验证。

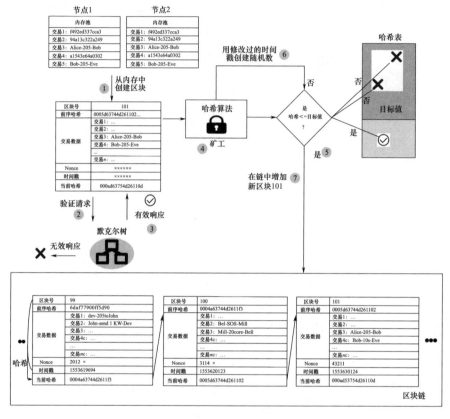

图11.3　区块链的工作流程

## 11.3　智能家居案例研究

本节将讨论一个在智能家居应用程序中完整实施的区块链案例研究。

### 11.3.1　智能家居架构

区块链技术允许在智能家居中轻松集成来自不同范围的多个物联网设备。图11.4展示了一个基于区块链框架的智能家居架构。该架构由主数据层、区块链层、应用层和用户界面层4个层次组成。

图 11.4　智能家居架构

#### 11.3.1.1　第1层：主数据层

主数据层从设备中创建信息,这些设备在监控智能家居的状态、条件和家庭成员方面起着不可或缺的作用,通常分为传感器、声光信息以及安全保障三个主要类别。传感器测量生态元素,如室内调节器用于测量和控制室温。所有这些设备收集的信息组合并存储在一个统一的服务器中,以作为区块链平台部署在下一层。

#### 11.3.1.2　第2层：区块链层

区块链创新处于物联网生态系统顶端,包括区块链信息结构和智能协议两个重要部分。哈希值以密码学方式将区块链接起来。

#### 11.3.1.3　第3层：应用层

应用层旨在鼓励智能家居的不同智能应用,以及应用与区块链平台的协作。应用层是整合智能家居智能应用程序最重要的一层,如数据市场、访问管理、家庭护理和医疗健康互操作,以及自动化支付和智慧城市服务等。开发的大量应用程序正在使用区块链,其中一些仍在研究中。

#### 11.3.1.4　第4层:用户界面层

智能家居架构中排在首位的是用户界面层,外部合作伙伴可以通过基于区块链的智能家居应用程序获利,如微电网、零售店、专业合作社、护理人员等。

### 11.3.2　智能家居模型简介

在这个现代化数字时代,智能家居中安装与物联网平台和自动化技术相结合的传感器设备很有吸引力,同时也不可或缺。配备独特物联网设备的家庭自动化和智能家居依赖于网关来完成集成与协作任务,网关在智能家居中起着至关重要的作用[13]。然而,基于物联网的智能家居在连接到互联网时会暴露出不同的安全漏洞,如侵入者可以访问智能家居的私人摄像头,侵犯家庭成员的隐私。本章提出了一种基于区块链的新型智能家居网关架构,以应对和解决所有此类安全问题,该网关架构可应对智能家居中预期的所有漏洞。该框架由三个层次的分层堆栈组成:第1层是所有设备,第2层是网关,第3层是云本身[14]。第2层具有最关键的组件——区块链,区块链负责接收数据和交换信息块,支持信息处理的去中心化。第2层可用的区块链提供从外部网络到智能家居内部安全网络的批量数据认证和授权,在家用设备和外部设备之间提供可靠的通信[15]。研究人员主张在以太坊区块链上实施该框架,完成模型安全性、响应时间和准确性的开发、实施和性能评估。从实验结果可以推断出区块链智能家居安全模型优于当前最先进的技术。

物联网设备安装在智能家居中[16-17],并与网关相关联,该网关会分配一个唯一标识符作为设备ID。物联网设备和通信通道分配了固定ID,还具有加密能力,可以使用PKI和SHA-2算法进行加密和解密计算。智能家居网关的证书选择、设备数据表示结构及其相互关系,如图11.5所示。

(1)网关验证的设备应该不断间歇认证。设备层中的$D_n$直接注册或自然地与网关交互。网关向连接或请求的设备获取设备ID,以获取有关连接设备的数据。

# 第11章 物联网智能家居的区块链安全和隐私

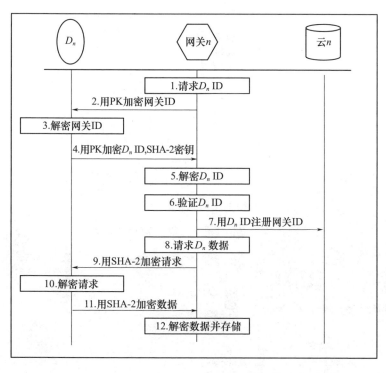

图 11.5　智能家居模型中的网关①

（2）网关执行密码运算，以将通道数据加密并发送到设备。设备使用预置共享密钥解密消息。

（3）设备将加密消息和未加密的通道数据发送给未注册或没有解密能力的网关。

## 11.3.3　智能家居系统实例

本节展示所提出的模型如何实现安全性。本章举例说明：一位访客想进屋，一只猫（宠物）在家里，现在是宠物的晚餐时间，而且猫独自在家。访客是来喂养这只饥饿的猫。现在，模型允许修改并授予访客住宅访问权限。图 11.6 显示了区块链架构允许安全访问的步骤：

---

① 图中第9步提到的 SHA–2 算法加密请求，表述不妥。SHA–2 算法为哈希算法，可用于计算数据哈希值，不能对数据进行加解密。——译者

## 区块链在数据隐私管理中的应用

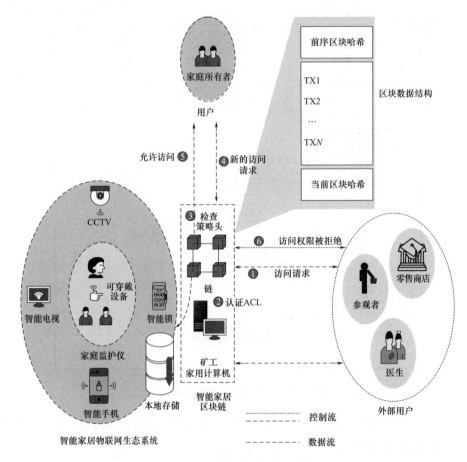

图 11.6 智能家居架构示例

步骤1:来访者敲门。模型有一个访问控制列表,在该列表上将不同访问级别分配给不同的用户。第1级(最高优先级)分配给业主,第2级分配给配偶和子女,以此类推。现在,这位新访客的级别为0,这意味着无法进入该住宅。因此,在步骤1中,访客请求允许自己进入。

步骤2:访客的请求触发房屋的服务器。服务器检查访问控制列表,并将请求的详细信息转发到区块链,验证针对特定类型访客的策略。

步骤3:策略头发挥作用。区块链的这一部分存储所有访问控制列表,以及连接的设备和控制策略实施的详细信息。

步骤4:当访问请求从安全系统移至管理员时,管理员开始发挥作用。管理员可以允许或拒绝访客进入家中。

步骤5:管理员允许访客进入房屋,之后区块链将在策略头中添加所有信息。

步骤6:访客根据访问控制策略和权限,可以在有限权限的情况下在家里喂猫。

这种方式可以使用区块链系统及其特色功能,实现受控访问控制,以避免安全漏洞。

### 11.3.4 智能家居系统实验结果

本节描述了智能家居架构工作的实验设置。仿真环境是使用Mininet设置的[18],以模拟开放的交换机和连接节点,如IoT设备样本。该平台使用Linux服务器和15个台式终端,每台台式机的配置是Intel i7处理器和64GB DDR3内存。环境运行SDN控制器以配置网关,具体在自主虚拟机中运行。亚马逊EC2云数据服务器用于云服务[19]。本书提出的架构基于以太坊区块链平台实现[20],将这种去中心化系统的指标与传统的中心化系统进行性能评估比较[21]。该中心化架构是基于亚马逊EC2云服务器及其网关实现的[22-23]。演示评估结果如图11.7和图11.8所示,研究人员基于安全性标准进行评估,即估算随着数据流量的变化,响应时间和准确度的变化情况。

从图11.7可以清楚地看出,本章所提出的架构比当前最先进的架构表现得更好。本章架构因为网关位于设备附近,因此响应更快[24-27]。

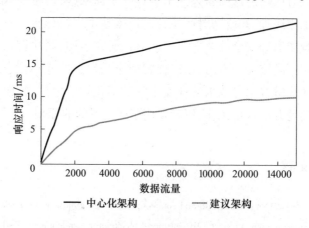

图11.7 响应时间

本章提出的架构与中心化架构相比,在负载增加时具有更好的性能,如图 11.8 所示。

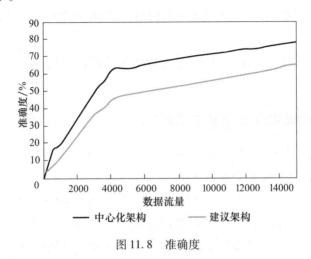

图 11.8　准确度

## 11.4　结论与展望

综上所述,区块链有能力将普通房屋改造为安全可靠的智能家居。区块链之所以能实现这种神奇的改造,是因为其去中心化和自治性的特点。本章以简化的方式对区块链这一新兴技术进行了全面回顾,以更深入地了解区块链和区块的工作原理,并成功对区块链的链接技术进行建模。本章提出并实现了区块链智能家居安全的案例研究。对比研究表明,区块链具有将整个数字世界提升到更高维度的潜力,以确保智能家居数据的隐私性、机密性、认证和完整性。区块链技术可以部署在安全的数字化智能家居中,研究人员未来可以更大规模地开展这项工作,以开发用于研究目的的原型。

## 参考文献

[1] PR Wire,2016. Gartner:Blockchain and connected home are almost at the peak of the hype cycle. https://prwire. com. au/pr/62010/gartner – blockchain – andconnected – home – are – almost – at – the – peak – of – the – hype – cycle. Accessed on December 28,2019.

[2] Sharma, P. K., Moon, S. Y., and Park, J. H. 2017. Block – VN: A distributed blockchain

based vehicular network architecture in smart city. *Journal of Information Processing Systems*, 13(1), pp. 184 – 195.

[3] Bharat, B., Aditya, K., Martin Sagayam, K., Sudhir Kumar, S., Mohd Abdul, A., and Debnath, N. C., 2020. Blockchain for smart cities: A review of architectures, integration trends and future research directions. *Sustainable Cities and Society*, 61 (102360), pp. 2210 – 6707. doi:10.1016/j.scs.2020.102360.

[4] Malik, A., Gautam, S., Abidin, S., and Bhushan, B., 2019. *Blockchain technology – future of IoT: Including structure, limitations and various possible attacks*. In *2019 2nd International Conference on Intelligent Computing, Instrumentation and Control Technologies (ICICICT)* (pp. 1100 – 1104). Kannur, Kerala, India: IEEE. doi:10.1109/icicict46008.2019.8993144.

[5] Ahram, T., Sargolzaei, A., Sargolzaei, S., Daniels, J., and Amaba, B., 2017. *Blockchain technology innovations*. In *2017 IEEE Technology & Engineering Management Conference (TEMSCON)* (pp. 137 – 141). Santa Clara, CA: IEEE. doi:10.1109/TEMSCON.2017.7998367.

[6] Lee, Y., Rathore, S., Park, J. H., and Park, J. H., 2020. A blockchain – based smart home gateway architecture for preventing data forgery. *Human – Centric Computing and Information Science*, 10(9). doi:10.1186/s13673 – 020 – 0214 – 5.

[7] Arora, A., Kaur, A., Bhushan, B., and Saini, H., 2019. *Security concerns and future trends of Internet of Things*. In *2019 2nd International Conference on Intelligent Computing, Instrumentation and Control Technologies (ICICICT)* (pp. 891 – 896). Kannur, Kerala, India: IEEE. doi:10.1109/icicict46008.2019.8993222.

[8] Bhushan, B., Sahoo, C., Sinha, P., and Khamparia, A., 2020. Unification of blockchain and Internet of Things (BIoT): Requirements, working model, challenges and future directions. *Wireless Networks*. doi:10.1007/s11276 – 020 – 02445 – 6.

[9] Khamparia, A., Singh, P. K., Rani, P., Samanta, D., Khanna, A., and Bhushan, B., 2020. An internet of health things – driven deep learning framework for detection and classification of skin cancer using transfer learning. *Transactions on Emerging Telecommunications Technologies*. doi:10.1002/ett.3963.

[10] Moniruzzaman, Md., Khezr, S., Yassine, A., and Benlamri, R., 2020. Blockchain for smart homes: Review of current trends and research challenges. *Computers & Electrical Engineering*, 83, p. 106585. doi:10.1016/j.compeleceng.2020.106585.

[11] Nakamoto, S., 2008. Bitcoin: A peer – to – peer electronic cash system. https://Bitcoin.org/Bitcoin.pdf. Accessed on December 28, 2019.

[12] Goyal, S., Parashar, A., and Shrotriya, A., 2018. Application of big data analytics in cloud

computing via machine learning. In *Data Intensive Computing Applications for Big Data*, IOS PRESS – 2018. *Advances in Parallel Computing Series*, vol. 29, pp. 236 – 266. doi: 10.3233/978 – 1 – 61499 – 814 – 3 – 236.

[13] Goyal, S., and Bhatia, P., 2021. *Empirical Software Measurements with Machine Learning. Computational Intelligence Techniques and Their Applications to Software Engineering Problems*, vol. 1 Boca Raton: CRC Press, Taylor & Francis Group, pp. 49 – 64. doi: 10.1201/9781003079996.

[14] Parashar, A., Parashar, A., and Goyal, S., 2018. Big data analysis using machine learning approach to compute data. In *Data Intensive Computing Applications for Big Data*, IOS PRESS – 2018, *Advances in Parallel Computing Series*, vol. 29, pp. 133 – 160. doi: 10.3233/978 – 1 – 61499 – 814 – 3 – 133.

[15] Sharma, P. K., and Park, J. H., 2018. Blockchain based hybrid network architecture for the smart city. *Future Generation Computer Systems*, 86, pp. 650 – 655. doi: 10.1016/j.future.2018.04.060.

[16] Goyal, S., and Parashar, A., 2017. Selecting the COTS components using Ad – hoc approach. *International Journal of Wireless and Microwave Technologies (IJWMT – 2017)*, 7(5), pp. 22 – 31. doi: 10.5815/ijwmt.2017.05.03.

[17] Goyal, S., and Bhatia, P. K., 2020. *Cloud assisted IoT enabled smoke monitoring system (e – Nose) using machine learning techniques*. In Proceeding of SSIC 2019, *Smart Systems and IoT: Innovations in Computing* (Edition Number 1, Series Vol. 141, pp. 743 – 754). Singapore: Springer. doi: 10.1007/978 – 981 – 13 – 8406 – 6_70.

[18] Xue, J., Xu, C., and Zhang, Y., 2018. Private blockchain – based secure access control for smart home systems. *Ksii Transactions on Internet and Information Systems*, 12(12), p. 6057. doi: 10.3837/tiis.2018.12.024.

[19] Wang, J., Gao, Y., Liu, W., Sangaiah, A. K., Kim, H. J., 2019. Energy efficient routing algorithm with mobile sink support for wireless sensor networks. *Sensors*, 19(7), pp. 1468 – 1494.

[20] Rathore, S., and Park, J. H., 2018. Semi – supervised learning based distributed attack detection framework for IoT. *Applied Soft Computing*, 72, pp. 79 – 89. doi: 10.1016/j.asoc.2018.05.049.

[21] Somya, G., and Pradeep Kumar, B., 2020. Comparison of machine learning techniques for software quality prediction. *International Journal of Knowledge and Systems Science (IJKSS)*, 11(2), pp 21 – 40. doi: 10.4018/IJKSS.2020040102.

[22] Huang, X., Yu, R., Kang, J., Xia, Z., and Zhang, Y., 2018. Software defined networking for

energy harvesting internet of things. *IEEE Internet of Things Journal*, 5(3), pp. 1389 – 1399. doi:10. 1109/JIOT. 2018. 2799936.

[23] Magurawalage, C. M. S. , Yang, K. , Hu, L. , and Zhang, J. , 2014. Energy – efficient and network – aware offloading algorithm for mobile cloud computing. *Computer Networks*, 74, Part B, pp. 22 – 33. doi:10. 1016/j. comnet. 2014. 06. 020.

[24] Rathore, S. , Kwon, B. W. , and Park, J. H. , 2019. BlockSecIoTNet: Blockchain – based decentralized security architecture for IoT network. *Journal of Network and Computer Applications*, 143, pp. 167 – 177. doi:10. 1016/j. jnca. 2019. 06. 019.

[25] Choi, B. , Lee, S. , Na, J. , and Lee, J. , 2016. Secure firmware validation and update for consumer devices in home networking. *IEEE Transactions on Consumer Electronics*, 62(1), pp. 39 – 44. doi:10. 1109/TCE. 2016. 7448561.

[26] Goyal, S. , Sharma, N. , Kaushik, I. , Bhushan, B. , and Kumar, A. , 2020. *Precedence & issues of IoT based on edge computing.* In *2020 IEEE 9th International Conference on Communication Systems and Network Technologies (CSNT)* (pp. 72 – 77). Gwalior, India: IEEE. doi:10. 1109/csnt48778. 2020. 9115789.

[27] Varshney, T. , Sharma, N. , Kaushik, I. , Bhushan, B. , 2019. *Architectural model of security threats & their countermeasures in IoT.* In *2019 International Conference on Computing, Communication, and Intelligent Systems (ICCCIS)* (pp. 424 – 429). Greater Noida, India: IEEE. doi:10. 1109/icccis48478. 2019. 8974544.

/第 12 章/

# 基于物联网和区块链的电子医疗健康系统安全框架

T. 桑贾纳
B. J. 索米亚
D. 普拉迪普·库马尔
K. G. 斯里尼瓦萨

区块链在数据隐私管理中的应用

## 12.1 引言

高质量的医疗健康系统是每个国家关注的首要领域。医疗健康系统由医院、诊所、实验室、医疗设备、远程医疗、健康保险和远程医疗组成。在当今时代,医疗健康行业的发展是革命性的。医疗健康系统的影响因素包括:创建、集成和维护电子健康档案(Electronic Health Record EHR)的需求,对可穿戴设备、智能设备和医疗设备生成大量数据的分析,对医疗健康提供者高质量服务的期望以及以患者为中心的医疗健康等方面。最近,远程医疗、3D 打印、人工智能、物联网、云计算、雾计算、5G、密码学和虚拟现实等方面的进展将医疗健康行业带入了一个新的水平,即称为健康 4.0。医疗健康的所有服务和部门都有望做到无可挑剔,这对人类福祉和一个国家的经济增长至关重要。医疗健康的重要性迫使研究人员关注该行业的缺点。当前医疗健康系统面临的挑战包括医疗档案数据管理、健康档案更新、错误用药、假药、电子健康档案访问困难、医疗档案安全需求、药品追踪、医疗凭证、临床试验、医疗健康交易、保险理赔、疾病预防和监测等方面[1]。此外,人们对移动医疗、医疗协调、虚拟化、去中心化系统、互操作性、高质量和实时服务等方面提出了新的要求。满足医疗健康领域的新需求和应对不同挑战的迫切需求,使区块链和物联网技术成为人们关注的焦点。

区块链是一种先进的技术,能够在系统中提供透明性、安全性、隐私性、认证、机密性和数据验证等特性。区块链是分布式、安全、可审计和防篡改的账本[2],其提供的主要功能包括共识算法、智能合约、对等网络(去中心化和分布式)、哈希密码学、挖矿和公开防篡改的账本。区块链的这些极其有用的特性激发了其在不同领域的应用,其中最有前途的应用之一是在医疗健康系统的物联网框架中使用。

区块链是区块的链接,每个区块都有包含前一个区块哈希的区块头。前一个区块是当前区块的父区块,每个区块只能有一个父区块,区块链中没有父区块的第一个区块称为创世区块。区块由区块头和区块体组成:区块头包含版本、默克尔根哈希、时间戳、目标值、Nonce 值和父块哈希[3];区块体包含交易数据或任何有价值的数据。区块的大小限制为允许的最大值内。每个区块都有密码学哈希函数生成的唯一数字签名,数字签名使区块不可篡改,因为区块中的任何微小更改都会改变其签名,结果会将区块从区块链中断开,区块链网络上的其他节点不会接受这种情况。区块头中的 Nonce 值是一个完全随机的数字字符串。区块添加到区块链上,更改 Nonce 值并为区块生成有效数字签名的过程称为挖矿,该过程由矿工完成。矿工使用计算资源进行挖矿,矿工拥有的计算资源越多,计算哈希值的速度越快,找到有效签名值的速度也就越快。任何矿工或用户都很难破坏区块链。一种可能的攻击是 51% 攻击,这实际上是不可能的,因为自私的矿工很难控制区块链网络超过 50% 的计算能力。这种情况很少发生,但是当矿工比网络的其他部分更快并且具有更多计算能力时,为了更改现有和新增加区块的数字签名[4],可能会发生攻击。每个区块链用户都有私钥和公钥。私钥用于用户的交易和数据签名,公钥对区块链的所有用户可见并用于验证。区块链最重要的特征是去中心化和分布式系统、密码技术、时间戳、智能合约、共识、防篡改性、安全性和可验证性[5-6]。这些特点使其有利于在医疗健康行业的运用。

医疗物联网(Internet of Medical Thing,IoMT)集成了软件应用程序和医疗健康服务的医疗设备(配备传感器)。IoMT 有助于更好地照顾处于健康危急情况下的患者,以及那些远程安置的患者,具有易于获取、可快速提供、高效护理等特点。传感器设备如可穿戴设备、智能药丸、植入式传感器、独立设备(如 X 光机、CT 扫描仪或核磁共振成像)和智能设备,可以收集与患者健康相关的数据,并将其传输到云端存储。医生和其他护理人员可以访问与分析这些信息,建议患者采取进一步的行动。IoMT 有助于远程监控和避免频繁去看医生,可提供快速诊断,并防止慢性病的不利影响。IoMT 监测患者活动,如心率、血压、血糖水平、体温等。人工智能(AI)可用于处理存储在云端的数据,并为医生提供相关信息。人工智能、深度学习、无线连接、云雾计算等技术增强了 IoMT 的能力。

IoMT 的优点包括可以远程监控和护理、节约患者时间、更好地帮助需要频繁或紧急医疗救助的老人和患者、易于访问和实施、提供预防性医疗健康、减少用药错误并提高效率。但是,该系统也缺乏监管措施和标准化,容易受到安全威胁和攻击。IoMT 的体系架构分为设备层、中间层和计算层三层[7]。设备层包括可穿戴设备、智能设备和医疗设备,以及所有利益相关者,具体包括患者和医疗健康服务提供商。设备层通过不同的协议与网关组成的中间层进行通信。

后端计算层使用了复杂的安全协议,对数据进行预处理和分析,将其传输到服务器。大数据分析和云计算在服务器上发挥着重要作用。IoMT 面临的挑战涉及性能、互操作性、设备约束、安全性和隐私等方面[8]。IoMT 性能的主要障碍是 DDoS、勒索软件和其他攻击。如果安全和隐私方案不健全，患者的敏感医疗信息和医院工作人员的详细信息存储在云中，可能会被未经授权的用户滥用或窃取。

当患者和医院临床工作人员使用个人设备传输或访问健康相关信息时，他们很容易受到各种安全攻击。IoMT 的主要安全原则是机密性、完整性和可用性。安全性在设备、连接和云三个不同层面至关重要。私钥或安全令牌可用于向网关验证设备，从而确保设备安全。用户通过管理物联网网关中使用的注册表和协议，可以保证连接和安全性。研究人员通过设计合适的安全方案和网络协议来防止云层面可能发生的安全问题，如数据泄露、账户劫持、DoS 和恶意节点。隐私在电子医疗中也非常重要，系统可能不得不向第三方披露个人身份信息(Personal Identifiable Information, PII)，以保证 IoMT 系统的正常运行。为了克服这一问题并保护个人隐私，研究人员使用了各种技术，如 PII 所有者决定将多少信息共享给谁的策略、限制存储、删除旧数据、避免重复查询和匿名隐私方案。然而，这些技术无法在某些情况下和攻击期间保护隐私，而且也不能维护患者健康档案防篡改的账本[9]。研究人员针对现有攻击开发的风险评估模型有助于量化 IoMT 使用医疗设备的安全性和隐私性[10]，可以帮助用户选择满足指标的合适设备。但每天都有可能发生新的和未知的攻击，这很难应对。因此，区块链是与 IoMT 集成的首选技术，可确保医疗健康系统的安全性、隐私性和防篡改性。

## 12.2 相关工作回顾

人们已经努力地尝试将区块链与物联网集成到医疗健康应用中。文献中提出了一些值得分享的架构，这些架构可作为解决可扩展性、延迟、存储、互操作性、计算复杂性、吞吐量等问题的用例。

研究人员提出使用区块链来存储用户医疗健康数据的哈希值和用户数据访问策略的架构[11]。医院通过为患者和医院工作人员提供注册服务来建立区块链平台。系统采用了集群和 PBFT 共识算法克服网络开销。另一种架构由物联网设备、雾节点以及患者和医生的手机组成，这些设备分配了公私钥对。系统使用椭圆曲线数字签名算法及其私钥对从物联网设备测量的信号进行签名。雾节点即树莓派 3 代，将物联网设备的数据存储数个小时，并使用机器学习(Machine Learning, ML)算法根据患者是否需要关注对数据进行分类[12]。研究人员提出了区块链的分析框架[13]，其中使用机器学习算法分析了使用蓝牙的可穿戴设备在智能手机中收集的患者数据。该框架根据症状、生命参数、年龄和一段时间内的健康趋势进行分析,有助于医生更好、更快地做出诊断。研究人员提出了一种称为 BiiMED 的区块链架构[14]。该架构符合 ICD-10(国际疾病分类)标准,基于医院信息系统(Hospital Information System,HIS)运行,包含前端门户网站和基于区块链与云的后端。该架构在成本和可扩展性方面表现良好,由一组医院运营的联盟区块链在 Hyperledger Fabric 平台上实现[15]。

研究人员提出了用于远程患者监控(Remote Patient Monitoring,RPM)的定制区块链[16]。该模型的主要单元是以患者为中心的代理(Patient-Centric Agent,PCA),将患者数据分类为有事或无事的案例。该模型使用基于密钥的哈希消息认证码(Hash Message Authentication Code,HMAC)和基于语音的高速邻近识别双向认证。研究人员提出如何在有阅读障碍的情况下进行更好的诊断[17]。在这种情况下,受试者可以使用智能手机或其他电子设备进行在线测试。移动边缘捕获多媒体数据后自动分级,多媒体数据存储在去中心化数据库 BigchainDB 中。这些文件和测试结果的哈希值可通过区块链提供给利益相关者。研究人员开发了基于区块链的成本效益型家庭治疗监测模型[18],使用支持移动边缘计算的物联网平台和安全通信模块,应用基于 TOR (The Onion Route)的区块链,为残障患者提供服务。手势跟踪传感器和其他物联网传感器产生多媒体数据,这些数据在移动边缘存储、分析和处理。区块链还存储指向多媒体文件的指针,这些文件在分布式存储中具有更强的安全性。

DITrust 区块链模型考虑物联网环境中的互操作性和可扩展性。公共区块链用于连接每个物联网节点。Ripple 区块链在边缘进行实现,涉及验证和评价交易、访问控制和隐私保护[19]。该模型可以更好地可视化患者数据并在紧急情况下跟踪患者[20]。开发架构由患者的医疗设备区块链平台和医生的咨询区块链平台两个区块链平台组成。该架构基于 Hyperledger Fabric 平台实现,可通过图形用户界面(Graphical User Interface,GUI)的实时监控系统向医生发送警报,并在紧急情况下提供患者的位置。

研究人员描述了患者自行管理糖尿病护理的区块链和物联网框架[21]。医院验证、创建和添加区块,并将数据哈希存储在链下分布式数据库中。系统选择 PoA 作为共识算法,该算法与其他现有共识算法相比,需要的计算资源和能量更少。研究人员详细介绍了结合物联网、区块链和机器学习的安全医疗健康系统[22]。机器学习检测患者数据中的异常情况,并通过一段时间内的数据来预测患者所面临的状况。该系统使用了两个区块链平台,即个人医疗健康平台(Personal Health Care,PHC)和外部档案管理平台(External Record Management,ERM)。PHC 区块链平台保存和监管存储在外部存储器中医疗设备的数据,ERM 区块链平台存储医院的信息。

　　研究人员提出了优化的医疗健康区块链架构[23],该架构由物联网设备、覆盖网络和云三层组成。该框架在数据发送到云端之前对其进行数字签名。云服务器使用 SHA-3 算法生成数据根哈希值发送到覆盖网络并存储。Anik Islam 和 Soo Young Shin[24]提出了安全的户外健康模式,即 BHMUS 模式。该模式使用无人机(Unmanned Aerial Vehicle,UAV)、移动边缘计算(Mobile Edge Computing,MEC)服务器和区块链。该框架加密可穿戴设备的医疗数据,并通过无人机传送到 MEC 服务器。MEC 服务器使用 $\eta$ 哈希布隆过滤器验证接收的数据,检查是否存在任何异常。如果发现异常,则该服务器通知用户和最近的医院。

　　研究人员提出了为安全远程健康监控系统设计智能合约的方法[25]。该方法通过改变 Gas 价格(即进行交易的费用)检测异常数据并将其发送到区块链平台。该系统将紧急消息连同健康参数和患者位置一起发送给相关医生。系统的主要组件包括树莓派 3 代、GSM 模块、带传感器的智能设备和 GPS。Partha Pratim Ray 等[26]提出了基于区块链的支付验证系统。在物联网电子医疗健康环境中,系统将来自传感器的患者数据进行处理并发送到云端,随后医院使用 TestNet 比特币进行简单支付验证(Simplified Payment Verification,SPV)。

　　将区块链纳入物联网应用程序的两个重要问题是可扩展性和吞吐量。这两个问题通过在 Virtex 6 板上设计高效的现场可编程逻辑门阵列(Field-Programmable Gate Array,FPGA)缓存系统来解决,以减少区块链上的负载和自定义 SHA-256 哈希函数,以获得更好的哈希表。FPGA 上的网络接口控制器(Network Interface Controller,NIC)收到客户端请求时检查缓存。如果缓存匹配成功,则系统会直接从缓存发送数据到客户端,无须区块链服务器介入;如果缓存缺失,系统将通过千兆 PCIE 接口向区块链服务器发送请求[27]。研究人员为糖尿病患者设计一种具有成本效益的安全移动辅助设备(Secured Mobile Enabled Assisting Device,SMEAD)。该系统由可穿戴设备组成,如腕带、鞋类、颈带和 MEDIBOX(由胰岛素和其他药物组成)。以太坊区块链平台通过加密方式保护数据安全,并通过智能合约管理访问权限。系统如果检测到异常血糖水平,就会使用移动应用程序将信息传达给医生,并使用社交网络将其传达给朋友或亲戚[28]。

研究人员描述了医疗保险索赔情况下基于区块链的身份管理框架[29]。保险公司、保单持有人和医院在以太坊虚拟机中创建账户。保险公司负责客户注册,并使用会话密钥验证保单持有人的详细信息;客户或医院启动索赔处理;保单持有人使用私钥对保险索赔金额相关的文件签名;金额记入客户或医院的以太坊钱包。研究人员认为 Vibranthealthchain 是一个可互操作的系统,该系统结合了物联网、人工智能、大数据分析和区块链的功能,以满足医疗健康中对参与性、个性化、主动性、预防性、预测性和精准用药的需求[30]。

学者在智能手机和保证安全通信的云雾服务器上安装了带有患者代理(Patient Agent,PA)的 RPM 去中心化系统[31]。研究人员使用带模糊推理系统(Fuzzy Inference System,FIS)的轻量级 PoS 共识算法评估节点的适应性具有额外的优势,这可以减少能源消耗和区块生成时间。研究人员提出了一种使用区块链来保护患者隐私的细粒度访问控制方案[32],方案中的平台命名为健康链,使用两个区块链平台:Userchain 平台——患者使用的公共区块链平台,以及 DocChain 平台——医生使用的联盟区块链平台。Userchain 平台使用 PoW 共识算法,DocChain 平台使用 PBFT 共识算法。

研究人员建议在医疗健康领域使用个人所有的私有区块链平台[33],患者独自管理跨机构的信息共享。快速医疗健康互操作性资源(Fast Healthcare Interoperability Resource,FHIR)为医疗档案提供标准数据格式,API 可促进电子健康记录(Electronic Health Record,EHR)的交换[34]。这种标准格式有助于区分患者或临床医生发送的数据,还有助于按时间顺序存储数据。研究人员提出了一种基于区块链、以患者为中心的医疗健康 4.0 系统[35]。该系统通过访问控制机制,使得患者、实验室、临床医生和系统管理员之间的数据可以无缝访问。Caliper 测试工具可验证系统在延迟、吞吐量、往返时间(Round Trip Time,RTT)和网络安全方面的性能。

以患者为中心的区块链模型旨在为医疗档案提供去中心化的以太坊云存储。该模型使用了多重签名的智能合约,需要患者和医院双方的签名进行验证与存储。每次访问或更改数据时都会生成一个哈希值,以避免数据泄露[36]。

最近(2020 年),研究人员建议使用基于区块链的应用程序来遏制 2019 年新型冠状病毒肺炎(COVID-19)大流行[37]。研究人员基于区块链技术开发了 CIVITAS[38] 和 MiPasa[39] 两个应用程序。Deloitte 提出了一种新的 HIE 模型,该模型在医疗健康领域中采用区块链技术可降低交易成本,并提供近乎实时的处理。国家协调员办公室(Office of the National Coordinator,ONC)可以提供全国范围使用的指南、政策和标准,并就哪些数据以及哪种大小的数据应存储在链上和链下提供指导[40]。

## 12.3 安全框架设计

电子医疗健康系统安全框架的三层架构分别由分布式计算、雾节点处理和协同工作的传感器组成。传感器可以嵌入在贴近患者的可穿戴或不可穿戴设备中。检查患者健康状况的应用程序将在雾计算层、可穿戴传感器或云中协调的边缘设备中执行操作,信息将流过这个三层结构。

图 12.1 显示了应用端从传感器采集数据的过程。系统将数据通过网关发送到雾计算层进行数据分析,并使用区块链技术增强这些档案的安全性。数据可以存储在云端,供医生进一步分析。

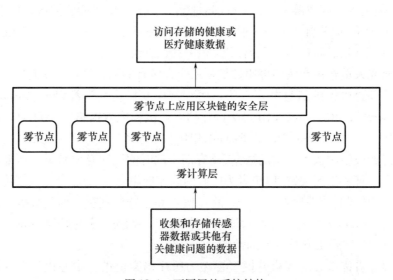

图 12.1 不同层的系统结构

系统将电子健康设备收集的信息发送到树莓派,树莓派将数据发送到雾计算层中。该层提供了表现层状态传输(Representational State Transfer,REST)接口,允许不同类型的用户获取信息,从而使所提出的安排具有语法互操作性。患者的便携式应用程序和医疗护理人员的网络应用程序解析所收集的数据,并将其展示给客户。系统通过与传感器的交互来完成数据收集过程,甚至可以通过与客户端的查询过程来手动收集数据。调度器将数据发送到网关,网关又将数据转发到雾节点。

### 12.3.1 基于传感器的信息收集器

物联网正在纳入各种类型的企业。该主题相关的应用之一是医疗服务领域,该领域中的便携式应用程序和可穿戴设备可以实时收集数据。此外,物联网不仅可以在医疗服务业中实现经济性和安全回报,还可以让医疗健康供应商监督患者,使医生压力更小。在医疗服务领域,医疗健康人员迫切需要利用新技术改进实践,提高治疗的可行性。根据研究人员的调查,在医疗服务领域,物联网可以从偏远地区筛选和分析患者数据,使治疗成为可能。实现这一点的方法之一是使用可穿戴设备,这些设备具有与系统交互的能力。雾驱动的云具有巨大的信息存储能力,可以提供复杂的处理功能。根据研究情况,本章选择在雾节点上加强信息存储,同时将其放在数据库的存储空间里的能力。云的这种能力同样可以执行远程测试,包括模式识别和人工智能。网关模块是产品的一部分,它可以获取在传感器上创建的信息并将其发送到雾计算层上。网关模块存放交换档案,该档案存储与模块相关的所有交换信息,以及包含临床档案全部信息类型的数据描述符。网关通过智能调度程序执行工作传送任务。

### 12.3.2 雾节点中医疗档案的处理方法

雾节点中医疗档案的处理方法包括医疗报告的数据预处理、使用机器学习算法对数据进行有效性分析,以及最后使用区块链确保档案的安全。

#### 12.3.2.1 电子健康档案的预处理

大多数当前的患者档案都经过数据挖掘处理(如分组、预测),并依赖于标准描述形成数字化和其他隐含特点的有组织档案。预处理在临床影像、消息和信号的准备、设计确认和理解方面取得了显著进步,并且可以与其他信息挖掘和信息披露策略相结合。这种结合可以显著改善患者档案数据挖掘的结果,特别是当全面整理患者病史和状态信息时。

#### 12.3.2.2 数据库条目提取

系统通常使用事件标识符识别所有基本的 EHR 信息组件和查询数据库以恢复所有的关键段落,提取大量表格。

#### 12.3.2.3 特征定义

系统采用精确的方法,通过每个特征的重点来区分其类型(数字),将

EHR 信息的每个特征都区分开。

#### 12.3.2.4 过程数据标记

能力清单是可控的,目的是提高同质性,并通过调节重复性(由不同任务处理的特征)和颗粒性(以不同程度的细节传达临床想法)来与信息分散保持策略距离,这是通过加入各种标记来处理的,以实现将相同的临床想法映射到一个唯一的元素。

#### 12.3.2.5 特征值评估

每个数据集示例的临床成分(变量)估算是通过询问提取的数据库部分来决定的,包括元素类型和记录指令。

#### 12.3.2.6 数据元素整合

链接框架是由每个 EHR 信息组件的坐标线使用标识符传递的,以这种方式将网络融合在一起;该组件将每个示例与标记点阵的坐标线匹配(线代表事件,面代表数值)。

### 12.3.3 基于机器学习的设计有效性分析

电子病历(Electronic Medical Record,EMR)信息的一般属性包括创建、调查和测试信息。具体内容如下:

(1)高维度:EMR 数据通常包含无数临床重点,如各种临床试验、处方、结论和策略。

(2)时间上的不规则性:EMR 数据的不规则性是通过记录每位患者在访问危机设施时的临床特征实现的。因此,每个患者的档案可以作为短暂的进展来处理,在每对事件之间具有不同的延伸性,并且始终具有不同的长度。

(3)大量缺失数据和数据稀疏性:EMR 数据经常会遇到大量缺失数据。这可能是由于数据组合问题(即仅针对某些临床问题考虑对患者进行检查)或文档问题造成的。除此之外,数据稀疏性是 EMR 的另一个普遍特性。虽然大多数患者多次去危机干预中心,但大部分患者只接受一小部分临床诊断和药物[41],这使得数据稀疏是不可避免的。信息分发中心存储了从不同来源创建的大量信息。

### 12.3.4 区块链保证医疗档案的安全

区块链保护健康档案的过程包括初始化、新区块生成、新区块验证和新区块添加。下一次迭代再次从创建新区块开始。

### 12.3.4.1 初始化

在声明阶段,每个供应商$P_I$, $I = 1, 2, \cdots, n$,将与一个值得注意的$S_I$相关联,这取决于自身数据库中健康档案的数量和估算值。本章将档案的数量和估算值表征如下:假设$P_I$在其数据库中有$m_I$位档案数据,则供应商$P_I$的严格性表征为

$$S_i = \sum v_t \tag{12.1}$$

其中,$v_t$表示对客户端$U_t$每条档案数据$R_t$的估算值。记录估算的转换可能因不同的合作伙伴而有所不同。在这里,本章指的是档案数据的估算值取决于完整性和冗余性两个标准[42]。

### 12.3.4.2 新区块生成

所有存在更新档案且需要包含在新区块中的供应商将在系统中传递一个元组(供应商 ID,工作),其中"工作"是一个 2bit 字符串,表示供应商是否有更新档案以及是否必须生成新的区块。系统中的每个供应商最初都会收集这些数据,然后将收集到的数据传送给系统。传送数据的分类关联性将是所有供应商认可的最终状态。

### 12.3.4.3 新区块验证

验证新区块有两种技术:

(1)每个供应商$P_I$检查其新区块的日志,并将其标记的确认信息发送给$P_j$。

(2)当$P_j$收到所有标记的确认信息时,用激励器$c$更新$s_j$,并建议所有供应商添加新区块。

### 12.3.4.4 新区块添加

所有供应商对新区块进行有效确认后,将合并新区块来扩展自己的区块链,并更新每个档案关系合约(Record Relationship Contract, RRC)中的状态和关键信息。摘要合约(Summary Contract, SC)将使用最后一次更改的时间戳进行更新。

## 12.4 系统框架实施与结果

本章提出的模型应用在传感器层、雾计算层和云计算层各层中。这种模型很常见,但是在雾计算层中完成的处理类型,以及使用区块链来保护预处

理 EHR 安全的方法与其他架构不同。

### 12.4.1 传感器层

传感器是收集患者数据的设备,汇集了额外的新特性和自然特性。外在属性是温度、部位等。内在属性是患者可穿戴传感器收集的脉搏、血糖水平、心跳等数据。患者还可以将信息输入设备中,然后对该信息进行访问。传感器的任务是收集此信息并将其发送到雾计算层。

### 12.4.2 雾计算层

雾计算层实现信息的检查和综合分析,分解边缘设备收集的信息和数据。该层以服务器方式运行,雾计算层将准备工作分发给与雾计算层相关的不同边缘设备,随后分解大量信息。

(1)工作分配:此任务是通过智能网关使用调度程序执行的。

(2)数据聚合:当任务分散执行时,系统需要对信息进行汇总。信息采集包括构图规划、复制标识和信息组合三个主要部分。构图规划保证了信息的积累,使其预示良好且存在信息流;复制标识保证不会有多余的信息;信息组合是信息收集的最后阶段,其中最后的数据组装为一个元素[43]。在雾节点上,系统使用区块链技术执行不同的操作,包括数据预处理、数据分析和数据保护等。

### 12.4.3 云计算层

患者的安全健康档案存储在云计算层,可供通过认证的医生访问,以进行进一步分析和诊断。

### 12.4.4 数据预处理

数据预处理是对数据进行更改或编码操作,使得机器可以有效地解析数据。从某种意义上说,数据特征现在可以通过估算成功地解析得到。

数据预处理有几个比较重要的步骤,具体如下:

步骤 1:获取数据集:该数据集包括不同来源收集的信息,然后将这些信息加入合规集合以形成数据集。

步骤 2:导入所有必要的库。

步骤 3:导入数据集。

步骤 4:提取自变量。

步骤 5:识别和处理缺失的属性。

步骤6：对未经处理的信息进行编码。

步骤7：特征缩放。缩放是一种在特定范围内对数据集的因子进行归一化的技术。

### 12.4.5 基于机器学习的有效性分析

研究人员从传感器收集数据，创建包含产前护理的大数据，甚至还检索了患者的糖尿病数据集进行分析。研究人员使用不同的机器学习算法获得相应结果，最终分析输入区块链模块，以保证数据的安全。主动堕胎是有意识地采取措施终止妊娠。图12.2展示了堕胎次数与原因。

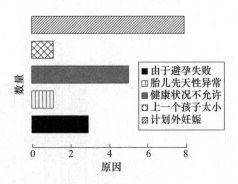

图12.2 堕胎次数与原因

研究人员分析了通过不同医院传感器收集的糖尿病数据，包括患者的测试结果和其他档案。研究人员对数据进行线性回归处理，这是一种展示标量变量 $y$ 与至少一个表示为 $x$ 的信息因子之间关联的程序。一个说明性变量的出现称为原发性直接复发。图12.3显示了线性回归的结果。

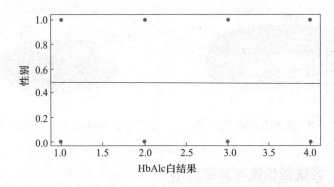

图12.3 性别与糖化血红蛋白（HbA1c）测试之间关系的线性回归

进一步地,计算复发、逻辑复发或逻辑模型是关联变量(Dependent Variable,DV)的复发模型。成对因素的实例即能占据的位置只有两种性质,如通过或不通过、胜利或失败、活着或死亡、健康或不健康。具有多重分类病例称为多指标策略复发,如果需要多个分类,则称为有序计算复发。

研究还根据年龄组对数据进行了分析(间隔为10年),最初所作的假设为:60~80岁年龄段的人受糖尿病的影响最大。研究人员使用图形方法来分析这个假设。图12.4中所示的条形图是在 $x$ 轴上绘制年龄组,在 $y$ 轴上绘制患者数量。基于性别分析的3D饼图表示如图12.5所示,基于胰岛素给药分析的3D饼图如图12.6所示。

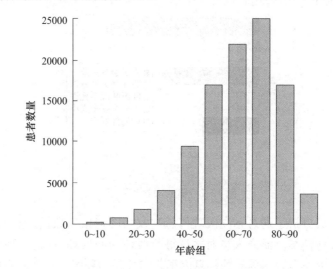

图12.4 基于年龄组的患者人数分布

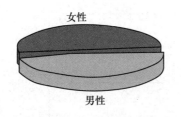

图12.5 基于性别分析的3D饼图

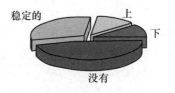

图12.6 胰岛素给药分析的3D饼图

### 12.4.6 区块链构建与加密货币

本节讨论构建区块链和创建加密货币的详细步骤与要点。

**1. SHA - 256 算法**

256 位安全哈希算法是一种为文本、文件或交易生成哈希值的算法,这在区块链中确保数据的防篡改性。此算法创建长度为 256 位,对于指定内容生成唯一的哈希值。哈希算法不是加密算法,会将输入数据转换为哈希值。该算法是单向的,即无法从哈希值中获取原始信息。该算法为相同的数据生成相同的哈希值,当数据发生微小变化时会生成不同的哈希值。进一步说,用户可以使用私钥对该哈希值签名。区块链的其他参与者通过用户公钥来验证数字签名,将生成的哈希值与原始哈希值进行比较,这是一个确保数据未被更改的过程。

**2. 对等网络**

对等网络或系统是分布式和去中心化的体系结构,工作负载在对等节点之间共享。每个对等节点都配备了诸如电力、带宽、存储空间和对其他对等节点的访问列表等资源。对等节点既可以发送也可以接收数据。对等网络能够共享资源,还可以查找具有所需资源量的对等节点执行特定任务,因此,这种网络变得越来越重要。

**3. 拜占庭容错**

具有挑战性的任务是在网络中存在故障节点和进程的情况下,设计一个具有安全共识的可靠系统。由于区块链是分布式系统,找到恶意节点或无法运行的节点至关重要。拜占庭容错系统能够在存在故障节点的情况下高效运行。拜占庭将军问题可以通过多种方式解决,一种有希望的解决方案是选择合适的共识机制,共识机制应能够处理拜占庭故障问题。BFT 意味着两个节点可以通过网络安全地传输信息,节点显示相同的信息。

**4. 工作量证明共识算法**

工作量证明共识算法是矿工执行一项用于将新区块添加到区块链中的计算密集型任务。矿工因生成哈希、执行添加有效区块的任务,以及将新区块的哈希值链接到前一个区块而获得奖励。所有经过验证的交易都按区块排列,每个新区块都需经过验证,并在将新区块添加到区块链之前获得大多数节点的共识。创世区块的前一个哈希值是零,从那时起,区块一的哈希值成为第二个区块的前一个哈希值,如图 12.7 所示。

**5. 智能合约**

智能合约是包含交易条款和条件的代码,由区块链网络中文件的发送者和接收者商定。智能合约以唯一地址存储在区块链中,完全消除了对中间人的需求,使交易更加可信和不可篡改。智能合约是节点之间的协议,是自动执行的法律框架,可在以太坊虚拟机中使用solidity语言实现。

6. Truffle Ganache 区块链测试环境

这是一个虚拟的以太坊区块链测试环境,用于设置地址、智能合约,并使用函数运行和测试区块链网络的运作,这可用于控制一个计划中的区块链功能。

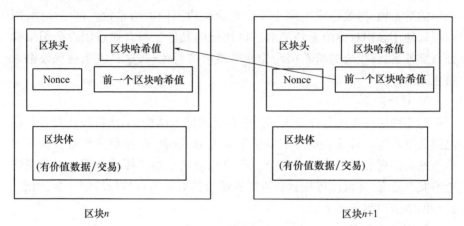

图 12.7　区块链中区块的详细信息

研究人员创建了一种加密货币,可在测试网络中的三个节点上与区块链和postman协作平台进行交互。研究人员在不同的控制台上运行每个节点,这相当于让计算机连接到不同的服务器。执行的步骤如下:

步骤1:创建区块链:研究人员使用函数get_chain()在节点1上执行GET请求,这将检查创世区块是否完成创建。研究人员分别在节点2、节点3上执行函数get_chain()请求,验证创世区块是否已创建。

步骤2:研究人员将请求设置为POST,并调用函数connect_node()在节点之间创建连接。节点2连接到节点1,节点3正在调用函数connect_node() POST请求。与节点2类似,节点3也连接到其他节点。因此,网络中的所有节点都相互连接。

步骤3:研究人员通过调用函数mine_block()GET请求在第一个节点中挖掘一个区块,这将在区块链中挖掘一个区块。一旦区块开采出来,研究人员就在节点上执行函数get_chain()请求,以获取该节点的所有详细信息。可以看到链中有两个区块:一个是创世区块,另一个是刚刚开采的区块。

步骤4:研究人员对其他节点执行函数replace_chain()GET请求,将链替换为网络中最长的链,从而遵循所有节点的共识。然后,研究人员可以通过函数 get_chain()请求验证函数 replace_chain()要求,观察到链现在被网络中最长的链所取代。函数 add_transaction() POST 请求是将特定交易(如 EHR)添加到链中的请求。研究人员指定发送方和接收方之间要交易的金额,在添加交易后,执行函数 get_chain()请求查看链中的区块。这可以验证交易是否被添加到区块链中。

## 12.5 本章小结

本章提出了基于区块链的物联网框架,使用云雾计算基础设施来安全高效地存储和维护电子健康档案。研究人员提出的框架是安全档案存储的混合,并结合细粒度级别访问规则,创建易于用户理解和使用的系统。雾处理支持医生在危机期间为时间紧迫的医疗健康应用做出明智的选择。与独立的基于云的应用程序相比,雾处理还可以通过减少延迟来保护敏感信息。下面列举一些物联网支持的架构,如健康检查和公用事业辅助计量、敏感信息管理、信息安全结构验证、信息完整性中的区块链应用等。区块链创新将永远改变监督人类服务的方式。区块链允许医生和患者确保临床档案是准确和最新的,适当的记录确保了可以依赖的、无信任形式的信息格式。利用区块链请求和存储如此大量的信息最终将促进医疗服务人员的生产力升级,这意味着医生将把更多的精力投到重要的患者身上。完全隐藏所有数据并保持可用、可互操作的架构将显得异常牵强;然而,该架构通过智能协议来隔离数据,仍提供了显著的安全保护和数据可信度;该架构还采用了加密方法,可以在安全性较低的系统之间传递信息。本章还假设文件的完全加密和保持可用性不能分开处理,系统管理员需要从中权衡取舍。与现有结构相比,该系统的产品部分是轻量级的、反应灵敏、适合处理边缘和远程资产。

## 参考文献

[1] Ozair, F. F., Jamshed, N., Sharma, A., and Aggarwal, P., 2015. Ethical issues in electronic health records: A general overview. Perspectives in Clinical Research, 6(2), pp. 73–76. doi: 10.4103/2229–3485.153997.

[2] Casino, F., Dasaklis, T. K., and Patsakis, C., 2019. A systematic literature review of blockchain–based applications: Current status, classification and open issues. Telematics and Informatics, 36, pp. 55–81. ISSN 0736–5853. doi:10.1016/j.tele.2018.11.006.

[3] Zheng, Z., Xie, S., Dai, H., Chen, X., and Wang, H., 2017. *An Overview of Blockchain Technology: Architecture, Consensus, and Future Trends.* In *2017 IEEE International Congress on Big Data (BigData Congress)* (pp. 557–564). Honolulu, HI: IEEE. doi:10.1109/BigDataCongress.2017.85.

[4] Sarwar, S., and Hector, M. G., 2019, April. Assessing blockchain consensus and security mechanisms against the 51% attack. *Applied Sciences*, 9(9), p. 1788.

[5] Karim, S., Umar, R., and Rubina, L., 2018. *Conceptualizing blockchains: Characteristics & applications.* In *11th IADIS International Conference Information Systems 2018* (pp. 49–57). hhttps://arxiv.org/abs/1806.03693.

[6] Deloitte, 2017. Key characteristics of the blockchain. https://www2.deloitte.com/content/dam/Deloitte/in/Documents/industries/in-convergence-blockchain-key-characteristics-noexp.pdf. Accessed on August 28, 2020.

[7] Irfan, M., and Ahmad, N., 2018. *Internet of medical things: Architectural model, motivational factors and impediments.* In *2018 15th Learning and Technology Conference (L&T)* (pp. 6–13) Jeddah: IEEE. doi:10.1109/LT.2018.8368495.

[8] Darwish, S., Nouretdinov, I., and Wolthusen, S. D., 2017. Towards composable threat assessment for medical IoT (MIoT). *Procedia Computer Science*, 113, pp. 627–632.

[9] Hatzivasilis, G., Soultatos, O., Ioannidis, S., Verikoukis, C., Demetriou, G., and Tsatsoulis, C., 2019. *Review of security and privacy for the internet of medical things (IoMT).* In *2019 15th International Conference on Distributed Computing in Sensor Systems (DCOSS)* (pp. 457–464). Santorini Island, Greece: IEEE. doi:10.1109/DCOSS.2019.00091.

[10] Alsubaei, F., Abuhussein, A., and Shiva, S., 2017. *Security and Privacy in the Internet of Medical Things: Taxonomy and Risk Assessment.* In *2017 IEEE 42nd Conference on Local Computer Networks Workshops (LCN Workshops)* (pp. 112–120). Singapore: IEEE. doi:10.1109/LCN.Workshops.2017.72.

[11] Koosha, M. H., Mohammad, E., Tooska, D., and Ahmad, K., 2019. *2019 IEEE Canadian Conference of Electrical and Computer Engineering (CCECE)* (pp. 1–4). Canada: IEEE. doi:10.1109/CCECE.2019.8861857.

[12] Banerjee, A., Mohanta, B. K., Panda, S. S., Jena, D., and Sobhanayak, S., 2020. *A secure IoT-fog enabled smart decision making system using machine learning for intensive care unit.* In *2020 International Conference on Artificial Intelligence and Signal Processing (AISP)* (pp. 1–6). Amaravati, India: IEEE. doi:10.1109/AISP48273.2020.9073062.

[13] Patil, R. M., and Kulkarni, R., 2020. *Universal storage and analytical framework of health records using blockchain data from wearable data devices.* In *2020 2nd International Conference on Innovative Mechanisms for Industry Applications (ICIMIA)* (pp. 311–317). Bangalore, India: IEEE. doi:10.1109/ICIMIA48430.2020.9074709.

[14] Jabbar, R., Fetais, N., Krichen, M., and Barkaoui, K., 2020. *Blockchain technology for health care:Enhancing shared electronic health record interoperability and integrity*. In *2020 IEEE International Conference on Informatics, IoT, and Enabling Technologies(ICIoT)* (pp. 310 – 317). Doha,Qatar:IEEE. doi:10. 1109/ICIoT48696. 2020. 9089570.

[15] Sabir, A., and Fetais, N., 2020. *A practical universal consortium blockchain paradigm for patient data portability on the cloud utilizing delegated identity management*. In *2020 IEEE International Conference on Informatics, IoT, and Enabling Technologies(ICIoT)* (pp. 484 – 489). Doha,Qatar:IEEE. doi:10. 1109/ICIoT48696. 2020. 9089583.

[16] Uddin,M. A.,Stranieri,A.,Gondal,I.,and Balasubramanian,V.,2018. Continuous patient monitoring with a patient centric agent:A block architecture. *IEEE Access*,6,pp. 32700 – 32726. doi:10. 1109/access. 2018. 2846779.

[17] Rahman, M. A., Hassanain, E., Rashid, M. M., Barnes, S. J., and Hossain, M. S., 2018. Spatial blockchain – based secure mass screening framework for children with dyslexia. *IEEE Access*,6,pp. 61876 – 61885. doi:10. 1109/access. 2018. 2875242.

[18] Abdur,R.,Shamim,H. M.,George,L.,Elham,H.,Syed,R.,Mohammed,A.,and Mohsen,G.,2018. Blockchain – based mobile edge computing framework for secure therapy applications. *IEEE Access*,6,pp. 72469 – 72478. doi:10. 1109/access. 2018. 2881246.

[19] Abou – Nassar,E. M.,Iliyasu,A. M.,El – Kafrawy,P. M.,Song,O.,Bashir,A. K.,and El – Latif,A. A. A.,2020. DITrust chain:Towards blockchain – based trust models for sustainable health care IoT systems. *IEEE Access*, 8, pp. 111223 – 111238. doi:10.1109/access. 2020. 2999468.

[20] Attia, O., Khoufi, I., Laouiti, A., and Adjih, C., 2019. *An IoT – blockchain architecture based on Hyperledger Framework for health care monitoring application*. In *2019 10th IFIP International Conference on New Technologies, Mobility and Security(NTMS)*(pp. 1 – 5). Canary Islands,Spain:IEEE. doi:10. 1109/NTMS. 2019. 8763849.

[21] Azbeg,K.,Ouchetto,O.,Andaloussi,S. J.,Fetjah,L.,and Sekkaki,A.,2018. *Blockchain and IoT for security and privacy:A platform for diabetes self – management*. In *2018 4th International Conference on Cloud Computing Technologies and Applications(Cloudtech)*(pp. 1 – 5). Brussels,Belgium:IEEE. doi:10. 1109/CloudTech. 2018. 8713343.

[22] Chakraborty,S.,Aich,S.,and Kim,H.,2019. *A secure health care system design framework using blockchain technology*. In *2019 21st International Conference on Advanced Communication Technology(ICACT)*(pp. 260 – 264). PyeongChang Kwangwoon_Do,Korea(South): IEEE. doi:10. 23919/ICACT. 2019. 8701983.

[23] Dwivedi, A. D., Malina, L., Dzurenda, P., and Srivastava, G., 2019. *Optimized blockchain model for Internet of Things based health care applications*. In *2019 42nd International Conference on Telecommunications and Signal Processing(TSP)*(pp. 135 – 139). Budapest,

Hungary: IEEE. doi: 10. 1109/TSP. 2019. 8769060.

[24] Islam, A. , and Shin, S. Y. , 2019. *BHMUS: Blockchain based secure outdoor health monitoring scheme using UAV in smart city*. In *2019 7th International Conference on Information and Communication Technology (ICoICT)* (pp. 1 – 6). Kuala Lumpur, Malaysiae: IEEE. doi: 10. 1109/ICoICT. 2019. 8835373.

[25] Pham, H. L. , Tran, T. H. , and Nakashima, Y. , 2018. *A secure remote health care system for hospital using blockchain smart contract*. In *2018 IEEE Globecom Workshops (GC Wkshps)* (pp. 1 – 6). Abu Dhabi, UAE: IEEE. doi: 10. 1109/GLOCOMW. 2018. 8644164.

[26] Ray, P. P. , Kumar, N. , and Dash, D. , 2020, March. BLWN: Blockchain – based lightweight simplified payment verification in IoT – assisted e – health care. *IEEE Systems Journal*, pp. 1 – 12. doi: 10. 1109/JSYST. 2020. 2968614.

[27] Sanka, A. I. , and Cheung, R. C. C. , 2018. *Efficient high performance FPGA based NoSQL caching system for blockchain scalability and throughput improvement*. In *2018 26th International Conference on Systems Engineering (ICSEng)* (pp. 1 – 8). Sydney, Australia: IEEE. doi: 10. 1109/ICSENG. 2018. 8638204.

[28] Saravanan, M. , Shubha, R. , Marks, A. M. , and Iyer, V. , 2017. *SMEAD: A secured mobile enabled assisting device for diabetics monitoring*. In *2017 IEEE International Conference on Advanced Networks and Telecommunications Systems (ANTS)* (pp. 1 – 6). Bhubaneswar: IEEE. doi: 10. 1109/ANTS. 2017. 8384099.

[29] Shobana, G. , and Suguna, M. , 2019. *Block chain technology towards identity management in health care application*. In *2019 Third International conference on I – SMAC (IoT in Social, Mobile, Analytics and Cloud) (I – SMAC)* (pp. 531 – 535). Palladam, India: IEEE. doi: 10. 1109/I – SMAC47947. 2019. 9032472.

[30] Talukder, A. K. , Chaitanya, M. , Arnold, D. , and Sakurai, K. , 2018. *Proof of disease: A blockchain consensus protocol for accurate medical decisions and reducing the disease burden*. In *2018 IEEE SmartWorld, Ubiquitous Intelligence & Computing, Advanced & Trusted Computing, Scalable Computing & Communications, Cloud & Big Data Computing, Internet of People and Smart City Innovation (SmartWorld/SCALCOM/UIC/ATC/CBDCom/IOP/SCI)* (pp. 257 – 262). Guangzhou, China: IEEE. doi: 10. 1109/SmartWorld. 2018. 00079.

[31] Uddin, M. A. , Stranieri, A. , Gondal, I. , and Balasubramanian, V. , 2019. *A decentralized patient agent controlled blockchain for remote patient monitoring*. In *2019 International Conference on Wireless and Mobile Computing, Networking and Communications (WiMob)* (pp. 1 – 8). Barcelona, Spain: IEEE. doi: 10. 1109/WiMOB. 2019. 8923209.

[32] Xu, J. , Xue, K. , Li, S. , Tian, H. , Hong, J. , Hong, P. , and Yu, N. , 2019. Healthchain: A blockchain – based privacy preserving scheme for large – scale health data. *IEEE Internet of Things Journal*, 6(5), pp. 8770 – 8781. doi: 10. 1109/JIOT. 2019. 2923525.

[33] Bhuiyan, M. D., Aliuz, Z., Tian, W., Guojun, W., Hai, T., and Mohammad, H., 2018. *Blockchain and big data to transform the health care.* In *ICDPA 2018:Proceedings of the International Conference on Data Processing and Applications* (pp. 62–68). Guangzhou, China:ACM Digital Library. doi:10.1145/3224207.3224220.

[34] Fast Healthcare Interoperability Resources (FHIR), 2019. FHIR overview. https://www.hl7.org/fhir/overview.html. Accessed on August 28, 2020.

[35] Sudeep, T., Karan, P., Richard, E., 2020. Blockchain-based electronic health care record system for health care 4.0 applications. *Journal of Information Security and Applications*, 50, pp. 102407. doi:10.1016/j.jisa.2019.102407.

[36] Chen, H. S., Jarrell, J. Y., Carpenter, K. A., Cohen, D. S., and Huang, X., 2019. Blockchain in health care:A patient-centered model. *Biomedical Journal of Scientific & Technical Research*, 20(3), pp. 15017–15022. Epub 2019 Aug 8. PMID:31565696;PMCID:PMC6764776.

[37] Chamola, V., Hassija, V., Gupta, V., and Guizani, M., 2020. A comprehensive review of the COVID-19 pandemic and the role of IoT, drones, AI, Blockchain, and 5G in managing its impact. *IEEE Access*, 8, pp. 90225–90265. doi:10.1109/access.2020.2992341.

[38] Wright, T., 2020, April. Blockchain app used to track COVID-19 cases in Latin America. https://cointelegraph.com/news/blockchain-app-used-to-track-covid-19-ca%ses-in-latin-america. Accessed on August 27, 2020.

[39] IBM, 2020, March. Mipasa project and IBM blockchain team on open data platform to support Covid-19 response. https://www.ibm.com/blogs/blockchain/2020/03/mipasa-project-and-ibm-blo%ckchain-team-on-open-data-platform-to-support-covid-19-response/. Accessed on August 27, 2020.

[40] I... 2016. *Blockchain:A new model for health information exchanges.*

[41] Guo, R., Fujiwara, T., Li, Y., Lima, K. M., Sen, S., Tran, N. K., Ma, K.-L., 2020. Comparative visual analytics for assessing medical records with sequence embedding. *Visual Informatics*, 4(2), pp. 72–85. ISSN 2468-502X. doi:10.1016/j.visinf.2020.04.001. http://www.sciencedirect.com/science/article/pii/S2468502X20300139.

[42] Yang, G., and Li, C., 2018. *A design of blockchain-based architecture for the security of electronic health record(EHR)systems.* In *2018 IEEE International Conference on Cloud Computing Technology and Science(CloudCom)* (pp. 261–265). Nicosia:IEEE. doi:10.1109/CloudCom2018.2018.00058.

[43] Paul, A., Pinjari, H., Hong, W.-H., Cheol Seo, H., Rho, S., 2018. Fog computing-based IoT for health monitoring system. *Journal of Sensors*, 2018(2), pp. 1–7. doi:10.1155/2018/1386470.

/第 13 章/

电子健康档案中的区块链

拉文德·库马尔

# 区块链在数据隐私管理中的应用

## 13.1 引言

区块链由于内置安全功能,在如今非常受欢迎。对于中心化信息系统的用户和设计者,会产生以下明显的问题:

(1)用户通过使用区块链可以获得什么?

(2)区块链是如何工作的?

(3)区块链能解决什么问题?

(4)用户如何使用区块链?

"区块链",顾名思义是由许多区块组成的链,如图13.1所示,其中包含交易信息。这种区块链最初是由一群研究人员在1991年提出的,研究人员想要创建防篡改的数字签名。然而,2009年由中本聪创建的数字货币比特币却通过区块链来处理交易[1]。区块链也称为分布式账本,可供所有人查看。区块链的一个有趣特性是数据一旦写入其中,就无法更改。任何人更改存储在区块链中的数据都是非常困难的,因为要这样做就必须改变所有区块的哈希值。这可以从图13.1中看出,该图解释了区块链的工作原理。图13.1包括一个存储数据的区块、该区块的哈希值,以及链上前一个区块的哈希值。

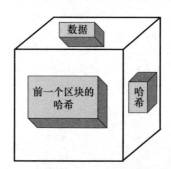

图13.1 区块链上的区块(区块链的每个区块由三种类型的信息组成:区块的哈希值、前一个区块的哈希值和区块内包含的交易数据)

区块链的类型决定了其内部记录的数据类型。例如,比特币区块链用于存储有关交易的数据详细信息,即发送方的信息、接收方的详细信息以及正在交易的比特币数量。每个区块的哈希值就像指纹一样是唯一的,可以用来识别区块以及该区块的内容。区块的哈希值是在创建区块时创建的,每当有人想在区块内部进行更改时,就需要更改区块的哈希值,因此人们就可以很容易检测到区块的变化。一旦节点检测到区块的哈希值发生变化,该区块就不再是链上的一部分。区块的前一个哈希值决定了链上区块的顺序。区块的链称为区块链,如图13.2所示。

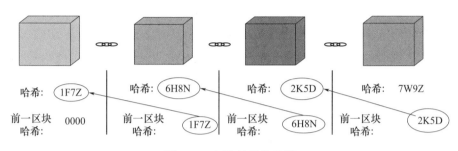

图 13.2 区块链结构示例

区块链中使用哈希值增加了安全性。例如,图 13.2 有 4 个区块,其中区块链的每个区块都包含一个哈希值和前一个区块的哈希值。如图 13.2 所示,4 号区块的前一个区块的哈希值包含 3 号区块的哈希值,以此类推。前一个哈希值为"0000"的区块是该链的第一个区块,这个区块称为"创世"区块。

研究人员为了澄清这一点,假设第二个区块被篡改了,因此其哈希值已更改,第三个区块所包含的前一个哈希值不再有效。哈希值必须重新计算,以再次形成一个有效的区块链。每个哈希值的计算将平均花费 10min。因此发生篡改时,需要重新计算每个区块的哈希值,这需要花费大量时间才能使链重新生效。这就是所谓的哈希或工作量证明,使区块链免受篡改。

区块链正在快速发展,而区块链的一个最新发展是智能合约[2]。这些合约是简短的代码,用于满足某些特定条件时在区块链之间交易比特币的需求。区块链技术的新用途最近引起了许多人的兴趣。人们已很快意识到这项技术可以用于许多类型的交易,如病历存证、数字公证、税收等。

人们定义 Hyperledger 为一套用于实现开源区块链的工具和框架。该框架由 Linux 基金会于 2015 年开发,得到了 IBM、Intel 和 SAP Ariba 的支持[3]。Hyperledger 为使用协作开发模式的区块链分布式账本开发提供支持。为了方便组织,区块链技术分为区块链 V1.0、区块链 V2.0、区块链 V3.0 和区块链 V4.0 四大类[4]。区块链 V1.0 与加密货币有关。加密货币用于与数字支付系统和货币现金转移相关的应用程序。区块链 V2.0 是编写新应用程序的过程,该应用程序必须在称为区块链 V2.0 协议的新协议集上运行。然而,区块链 V1.0 和区块链 V2.0 之间的关系可以根据其协议的层级来说明。区块链 V1.0 可以看作 TCP/IP 传输层,而区块链 V2.0 可以看作 FTP、HTTP 和 SMTP。因此,区块链 V2.0 的应用程序将类似于文件共享、社交网络和浏览器服务[5-6]。区块链 V3.0 为用户的个人身份识别提供安全保障,并更好地控制互联网上的个人信息共享[7]。在工业 4.0 时代,区块链 V4.0 提出了一个层次结构框架,包括 4 个具体层次,该框架旨在整合组织间的价值网络、制造工厂、工程价值链、智能工厂、智能工业等[8]。以下小节讨论基于区块链的分布式账本开发底层技术。

## 13.1.1 区块链技术栈和协议

比特币和区块链可能会混淆,因为比特币表示数字货币,以区块链为底层技术平台,负责通过区块链技术转移资产。区块链运行的技术栈包括以下组件,如图 13.3 所示。下面的小节将对这些组件进行详细讨论[9]。

| 笔记本电脑、智能手机、平板、台式机 用户层 |
| 加密货币:比特币、莱特币 智能合约 应用层 |
| 分布式账本、P2P网络 区块链协议层 |
| 互联网基础设施TCP/IP 网络层 |

图 13.3 区块链分层架构(包括用户层、应用层、区块链协议层和网络层)

### 13.1.1.1 用户层

用户层是区块链技术堆栈的最高层,整合了所有的底层技术开发,以支持用户日常活动的应用开发。人们正在不断开发专门的去中心化应用,以便在用户设备上访问专门的 DApp 浏览器。随着用户越来越熟悉这些应用程序,区块链应用程序的数量正在不断增长。

### 13.1.1.2 应用层

近年来,研究人员已经开发了许多区块链应用程序。然而,比特币是最初且最重要的应用,除了最近引入的变化,比特币是使用本土区块链协议设计的。比特币网络主要用于去中心化金融部门、银行、决策机构和其他金融中介机构[①]。去中心化自治组织(Decentralized Autonomous Organization,DAO)的开发是为了机构之间价值转移的去中心化。近年来,人们需要开发更复杂的区块链应用,以支持交易和数据存储及计算。

以太坊的开发是为了创建一个替代比特币的协议,通过执行智能合约来构建去中心化的公共应用。智能合约应用作为程序在对等网络上运行,从而提高了其安全性、时间和扩展性。以太坊代币与分布式应用或 DAO 代币一起在技术栈中向上移动,提供了支持使用智能合约开发复杂应用程序的框架,这对于区块链新应用的开发至关重要。

### 13.1.1.3 区块链协议层

区块链在计算设备(也称为"节点")的对等网络上实现,这些设备通过互联网(TCP/IP)连接并在区块链协议上运行。每个节点都包含已完成交易的分布式账本的相同副本。加密共识算法为 P2P 网络中每个节点上完成的交易提供了安全性。区块链协议是基于可信的公众和开放、共享的交易账本设置,不受网络中任何单一实体的控制。交易一旦记录在区块链上,就无法更改。区块链协议还负责为节点的创建者或所有者和矿工(运营商)带来经济利益,以保留注册到该分布式账本中的加密交易。这些经济利益称为代币。

新的交易使用代币进行验证,这些代币是在这些交易附加到区块链账本之前生成的。

### 13.1.1.4 网络层

网络层是最底层也是最基础的技术层。互联网是一个网络基础设施,允许所有设备使用最流行的互联网协议 TCP/IP 与其他设备通信。TCI/IP 在 1989 年万维网(World Wide Web,WWW)发明后开始流行。万维网的第一个版本称为 Web 1.0 版本,为所有用户提供了互联网的便利。Web 1.0 提供了多媒体、文档、图像、服务等网络资源设施。为了访问互联网上的服务,互联网上每一项服务都分配了一个统一资源定位器。

在 21 世纪初,随着对 WWW 最初版本(即 Web 1.0)的升级,技术也得到

---

① 比特币网络应该是用于去中心化金融部门等领域。——译者

了发展,称为 Web 2.0 版本。这种创新催生了电子商务、互联网交易和社交网络等服务。WWW 进一步发展,称为 Web 3.0 版本:价值互联网。最初,点对点的交易是在中介机构的帮助下完成的,但随着区块链协议的发明,P2P 互动在没有中介机构的帮助下进行。比特币绝对是第一个也是最重要的区块链应用,比特币允许价值(作为数字货币)在人与人之间转移,而不需要银行的任何预算委托。在这些情况下,区块链技术创新同样可以不需要 Facebook 和 Twitter 就开发出基于网络的生活应用程序,不需要 Uber 和 Grab 就改进拼车应用程序、不需要 Airbnb 就能实现便利分享,以及不需要 YouTube 就能实现交互式媒体共享。这将催生一个真正的去中心化网络。

### 13.1.2 智能合约

区块链也可能用于正在开发的应用程序,而不仅是出售或购买货币交易,还可以携带更多的针对性指令嵌入智能合约区块链中。换句话说,智能合约是一种使用比特币,通过区块链技术在人与人之间形成协议的方法。

智能合约基本上有自治性、去中心化和自足性三个要素。在这种情况下,自治性是指一旦智能合约启动并运行,就不需要与其所有者签订进一步的合约。智能合约本身就足以筹集资金来提供发行股权的服务,并且比所需的存储或处理能力等资源更快。

智能合约同样是去中心化的,在共享系统上流通并可自动执行[2]。协议不会使任何本来就可以想象的事情成为可能,而是允许一般问题得到解决,这限制了对信任的要求。可忽略不计的信任通常会通过从条件中消除人为判断而使情况变得更加有利,从而实现完全机械化。智能合约的一个案例是为下注设置程序化的分期付款。研究人员可以编写代码或者智能协议,在触发特定产品交易的特定估值时或在现实中发生某些事情时进行分期付款。

### 13.1.3 区块链协议项目

许多正在设计和开发的项目都使用了区块链技术,本节讨论一些常见的项目,如瑞波币。瑞波币由网关、交易支付系统和汇款网络以及 Codius 智能合约系统组成。另一类项目交易方是交易系统和货币发行的叠加协议。以太坊是知名且广泛使用的区块链协议,是通用且完备的加密货币平台。NXT

是一种用权益证明共识模型开采的替代币。市场上还有许多这样的项目,如Open Transactions、BitShare、Open Assets 和彩色币。

### 13.1.4　区块链生态系统

区块链是去中心化的记录账本,用于将交易存储在一个庞大的计算系统中,该系统还可能包含其他有用的功能,以帮助进行通信、存储、文件准备和归档。在容量不足的情况下,区块链最需要的是安全、去中心化、链下存储文件,如电子健康档案、基因组、简单的 Microsoft Word 报告等。区块链交易具有增强安全性、提高透明度、改善可追溯性、提高效率和速度、降低成本等优点,区块链可以结合指针和访问控制策略,也可以受益于链下记录存储。在文件处理方面,本章采用了行星间文件系统(Interplanetary File System,IPFS)。IPFS 是一个全球共享框架系统,用于从文件可能存在的不同位置来请求和提供文件记录的一种框架。区块链记录交易不仅仅是用于保护记录,还规定了一种用于恢复和控制区块链之前记录数据的方法,这种方法可以通过特定的算法实现。

### 13.1.5　本章主要工作

在如今的信息通信时代,用户希望即时访问自身健康信息(以及任何其他有用的信息,如新闻、金融信息、测试结果等)。因此,信息提供者必须采用技术手段尽早地提供信息。根据文献显示,医疗健康行业相比食品、零售、银行、保险等其他行业,发展相对落后。另外,由于格式和标准的差异,在不同的组织之间共享健康数据非常困难。数据需要中心化存储以确保数据的完整性、隐私性和安全性。本章工作的贡献是:

(1)提出在 Hyperledger 平台上实施电子健康档案的建议。

(2)任何医院都可访问患者完整病历和健康情况。

(3)设计数据传输和存储过程中的安全与隐私处理方法。

(4)集中存储数据,确保其完整性。

(5)在云端设计一个系统或流程,以实现预期目标。

(6)提出实施情况分析,并对基于区块链的 EHR 实施情况提出验证和建议。

### 13.1.6 本章结构

本章的其余部分结构如下：13.2 节介绍并讨论了 EHR 中的隐私保护。13.3 节介绍了区块链解决方案如何应对医疗健康挑战。13.4 节介绍了区块链在数字货币（比特币）之外的应用，特别提到了 EHR。13.5 节介绍了区块链的局限性和挑战。13.6 节进行了总结。

## 13.2 电子健康档案中的隐私保护综述

许多研究人员提出了保护 EHR 隐私的相关工作，本节将讨论相关研究趋势。

为了复述患者的医疗服务信息，研究人员提出了一种利用区块链创新的程序[10]。由于区块链的计算成本很高且需要额外的计算力，作者试图在将区块链创新应用于物联网设备的同时分析这些问题。在这项研究中，作者提出了一种改进后的区块链模型新结构，这对于依赖高效处理的物联网设备来说是合理的，并通过密码学计算来提供防护和安全。

另一种计算方法利用患者信息去识别勘探数据集[11]。该技术依赖于二进制结论代码的贝叶斯显示，给出了每个病人对协调的可能性。通过将来自庞大的三级医疗网络中患者的 EHR 连接起来，研究人员进行了一项重现研究，并将其与两个实际使用的案例进行了对比。作者提出，如果在数据源之间存储了足够的信息，则仅使用诊断代码就可以链接去标识化的数据集，而不需要任何个人健康标识。

Yang 等[12]介绍了一种基于智能物联网的医疗健康大数据工作隐私系统。在这项工作中，系统生成的数据经算法加密再发送到大数据存储系统[13]。这些加密的文件与其他医疗系统共享。作者将该安全系统与现有方法进行了比较，结果证明了该系统效率更高。

Dubovitskaya 等[13]通过使用区块链技术提出了一个患者医疗健康数据管理系统，以维护用户数据的隐私[14]。作者使用加密功能加密用户数据，并利用了智能合约的成本效益进行数据分析。

在参考文献[14]中，为了满足系统的安全需求，作者提出了一个与领域无关的起源模型。该模型是基于对称网络技术和开放来源模型构建，从而通过集成来源和安全机制来提供数据隐私。

在参考文献[15]中,研究人员提出了一种针对1:M记录的新型攻击,即一个用户拥有许多条数据记录,具有多个敏感属性。对于这些攻击,作者已经进行了形式化建模和分析,以提供隐私保护技术,该技术已用于MSA的1:M数据。

参考文献[16]的研究描述了法律方面的医疗健康数据隐私挑战。作者讨论的两个主要威胁是:①对现有的不同政策和法规缺乏了解,以及其如何影响患者数据的处理;②黑客攻击数据的威胁。

在参考文献[17]的工作中,作者讨论了物联网设备和个人区域网络(Personal Area Network,PAN)对患者数据库造成的威胁和挑战。在查阅文献后,作者描述了医疗健康行业与物联网设备和网络相关的各种挑战。

参考文献[18]中,作者讨论了制定隐私问题的方法,并就数据收集过程中的公平性、知情同意和患者管理的重要性、数据使用的限制以及与处理数据泄露相关的问题进行了讨论。

在参考文献[19]中,作者通过共享个人健康信息确定了维护数据安全的重要性和实用性,以实现数据保护和K-obscurityk-隐匿。根据这项研究的结果,作者推荐了一个健康建议框架。

参考文献[20]所做的研究取决于电子健康服务中的信息关联情况。信息关联管理从健康数据集中删除或隐藏个人标识符信息,如ID、SSN、姓名等,信息的受益人不会识别这些信息。这项工作使用了各种关联程序和模型。

在参考文献[21]中,作者介绍了在共享的多所有者设置中使用隐蔽的访问策略来保护CP_ABKS框架的安全性方法。此外,作者还描述了一种用于跟踪恶意用户的改进方法。

在参考文献[22]的研究中,作者提出在医疗健康系统中采用共享密钥系统来进行数据保护。在该研究中,来自治疗过程的数据在共享密钥的帮助下加密并存储在区块链系统中。这项工作满足了医疗数据的完整性、隐私性和可用性的安全要求。

在参考文献[23]中,作者描述了物联网在医疗健康领域的应用,确定了物联网中通信的异质性和多样性带来的挑战、漏洞和风险因素,并进行了隐私风险评估。

参考文献[24]展示了一个安全保护框架,该框架通过识别智能网络个体不同关键健康指标的变化,依赖云端的持续健康观察。该框架中使用的不可或缺的信号是从支持物联网的可穿戴设备接收信息中获取的。这项工作主要集中在用于智能网络的先例模型结构设计和改进上。实际模型展示了将用于构建智能网络模型的生产力和精度。

在参考文献[25]中,作者提出了一个提供临床选择和情感支持的安全网络。该网络使用保护隐私的随机森林算法来诊断症状而不透露患者的重要信息。仿真结果表明,与其他算法相比,该方法性能更好。

为了展示区块链技术应用于电子健康相关领域的现有研究工作,研究人员开展了另一项调查[26],该调查结果揭示了区块链技术聚焦的可能研究趋势。

在参考文献[27]中,研究人员介绍了一种新的基于混合推理的疾病预测方法,使用IC最近邻方法、模糊集理论和基于案例的推理来增强预测结果。该模型使用空间评估指标进行评估,实验结果表明隐私感知疾病预测支持系统的性能得到了改进。

参考文献[28]提出了一种能够保护名义数据免受语义前景影响的排名交换方法。对于实时临床记录,研究人员已经使用标准医学本体进行了实证实验。结果表明,该方法能够显著地保留数据的语义特征。

在参考文献[29]中,区块链技术用于与健康相关的应用。研究人员使用区块链技术的主要原因是为存储健康相关的数据提供强大的结构。这也有助于数据的分析,同时,不会影响敏感的健康相关数据隐私。

参考文献[30]的作者提出了一种轻量级的强密钥管理模型。作者使用的系统需要对密钥进行一系列计算,并为后向和前向服务提供空值重新加密机制。这为电子健康系统提供了一种安全和隐私保护机制。

为了保护用户的隐私,研究人员基于资源的泛化和分割,提出了一种具有 $t-safe(i,k)$ 多样性的新模型[31]。该模型确保对于每条记录的签名保持一致性,以防止所有接收者进行交互。

在参考文献[32]中,研究人员提出了一种用于电子医疗健康系统的高效且保护隐私的优先分类模型,还设计了一种用于非交互式隐私保护的优先级分类算法。详细的实验和分析表明,该模型实现了优先级分类和数据包延迟,而不会影响用户电子健康系统的隐私。

在参考文献[33]中,研究人员还提出了一种端到端的私有深度学习框架,用于电子健康档案的隐私保护。实施结果表明,所提出的模型可以保持高性能,并提供强大的隐私保护功能,以防止由于外部攻击和数据传输而导致的信息泄露。

参考文献[34]提出了一种平衡的 p + 敏感度、K - 匿名模型,用于保护用户健康数据的电子健康档案隐私。然后,研究人员使用高级 Petri 网分析所提出的模型,并使用 SMT - lab 和 Z3 解决方案验证结果。

在参考文献[35]中,研究人员提出了云电子健康档案模型。该模型使用基于属性的访问控制机制,使用广泛的访问控制标记语言。这个模型主要关注安全问题,当用户的文档发送给文件请求者时,该模型会执行部分加密并使用电子签名。

参考文献[36]表明,通过使用可扩展的访问控制标记语言以及语义功能,可以控制数据披露的风险。

对于电子健康档案,研究人员提出了一种新的隐私保护访问控制机制[12]。该机制使用基于属性的签名加密方法,对基于访问策略的加密数据进行签名。这种方法保护了所有者在电子健康档案中的隐私信息。

在参考文献[37]中,作者分析了一个著名的隐私表示框架。在这项研究中,作者发现了该框架的漏洞。经过仔细分析,作者还提出了增强模型。

在参考文献[38]中,研究人员提出了一种称为模型链的新颖框架,该框架采用区块链技术来保护电子医疗系统中患者的隐私。在这种方法中,每个参与方都为模型的参数作出贡献,且不会泄露任何患者的敏感数据。

## 13.3 医疗健康挑战的区块链解决方案

由于区块链固有的透明度和安全特性,其技术可以重构医疗健康服务的各个环节,包括药物溯源、医疗服务的可及性、保险处理、支付结算以及医疗金融服务。

区块链是一个分布式框架,记录共享交易、跟踪跨系统的进展以及存储和交易密码信息。区块链创新可能会改变健康保险,将患者置于人类服务生物系统的中心,并提升健康信息的安全性、保护性、真实性和互操作性。这种创新为健康数据交易提供了另一种更优秀、更安全的模型,如表 13.1 所列[39]。

区块链在数据隐私管理中的应用

表13.1 区块链在医疗健康系统中的应用

| | |
|---|---|
| 区块链在医疗设备供应链中的应用 | • 区块链上的临床设备或资源的唯一标识符<br>• 临床设备的自主观察和预防性维护<br>• 使用区块链上的唯一标识符安全跟踪和管理医疗设备与医疗资产<br>• 设备生成的健康数据的加密和永久存储,具有访问控制和智能沟通功能 |
| 区块链用于医疗保险 | • 自动化索赔、管理和处理非价值的流程与调解<br>• 自动化背书、策略保护和其他BIR活动<br>• 改进申请人和接收人的KYC流程 |
| 区块链用于电子医疗档案 | • 纵向的电子健康档案(EHR)<br>• 改善不同人群服务供应商之间的健康数据交易<br>• 确保信息的一致性和安全性 |
| 区块链用于药品供应链 | • 自动化处理价值链的序列化和地理标记过程,如工业场所的创建、改进和测试过程<br>• 完善跟踪框架,保证与美国FDA、欧盟FMD保持一致<br>• 检查药物重复 |
| 用于临床试验的区块链 | • 临床探索和信息共享<br>• 在区块链上管理IP和RandD资源交换 |

## 13.4 区块链实现架构

### 13.4.1 区块链开发平台和API

作为区块链V2.0版本协议项目的一部分,多家区块链开发者平台和项目公司提供各种工具和API,以促进区块链应用开发。区块链提供了多种特定于应用类型的API,这些API将在以下章节讨论,如图13.4所示。

(1)接收付款API:该接口的2.0版本自2016年1月1日起可以使用。这是一个组织或企业自动接收比特币付款的最简单途径。该API依赖于HTTP GET需求,并负责为每个客户和每个比特币交易创建一个固定地址,这是接收比特币的基本条件。

(2)区块链钱包API:研究人员自2016年1月1日起开始使用此API,但必须引入一个邻近的工作节点来处理虚拟钱包。使用的特殊策略取决于

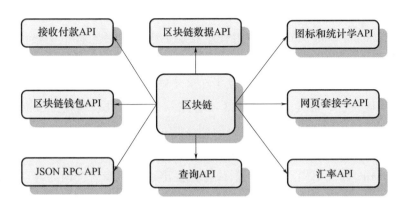

图 13.4 区块链 API 结构(此图显示了区块链开发平台和 API,如区块链数据 API、图表和统计学 API、网页套接字 API、汇率 API、查询 API、JSON RPC API、区块链钱包 API 和接收付款 API)

HTTP POST 或 GET 调用。制作虚拟钱包的过程称为 create_wallet,来自网址 http://localhost:3000/programming interface/v2/make。每个钱包都与一个基本长度为 10 字符的密钥、API 的验证码、每个客户端的私有代码、制作钱包的机构和电子邮件地址相关。

(3)JSON RPC API:自 2016 年 3 月以来,开发者对比特币客户的通用建议是使用新的区块链钱包 API,尽管依赖 RPC 调用的接口一直与原有的比特币 RPC 保持一致,使得该接口以虚拟货币的形式进行通信。该接口便于通过各种编程语言库引入和利用,如 Python、Ruby、PHP、Node.js 和 .NET 等语言。

(4)区块链数据 API:以 JSON 格式查询区块链的交易和活动信息。

(5)查询 API:查询区块链明文内容信息的 API。

(6)网页套接字 API:该接口为工程师提供能够接收到交易和平台活动持续通知。

(7)交易利率 API:该接口以 JSON 格式连续处理比特币交易利率和通用货币形式的数据。

(8)图表和统计学 API:该接口提供了一个可以自动与 Blockchain.info 网站上显示的图表和统计进行协同的简单界面。

## 13.4.2 以太坊平台

以太坊是使用编程语言创建和分发部署应用程序的最知名的平台。开

## 区块链在数据隐私管理中的应用

发以太坊是为了克服与比特币 1.0 版本相应的非图灵完备性问题。使用比特币内容（Bitcoin Content）创建应用程序需要工程师分叉比特币中心代码库。分叉的过程很烦琐，难以维系。因此，工程人员为了克服这些困难，以太坊应运而生。以太坊为软件工程师提供了在区块链头部组装应用程序的平台，称为以太坊区块链。以太坊是在 2013 年底，由一位名叫维塔利克·布特林（Vitalik Buterin）的比特币软件工程师在《以太坊：下一代智能合约和去中心化应用平台》（*Ethereum：A Next – Generation Smart Contract and Decentralized Application Platform*）白皮书中首次提出。该理论提出了用于编写合约内容（智能协议）的图灵完备编程语言，和用于执行智能协议和交易的以太坊虚拟机（Ethereum Virtual Machine, EVM）。以太坊用户可以制定智能合约并将其发布到以太坊区块链上，在这个过程中只需支付少量费用。其他以太坊用户可以通过以太坊应用程序接口提供的远程系统调用来获得这些合约。这些合约可以存储信息，发送交易并与不同的合约交互，以字节码方式执行。当合约发布到区块链上时，由 EVM 存储、执行和解密。EVM 需要适量的费用来执行交易，这些费用称为 Gas，而 Gas 的多少取决于合约的大小。合约执行指令越多，需要的 Gas 就越多。另外，以太坊也有自己的加密货币，称为以太币（ETH）。以太币是一种为去中心化以太坊网络上的应用程序提供激励的代币。比太币最小的单位是 Wei，一个以太币相当于 1018Wei。用户可以使用以太坊交易将实物或普通现金兑换成以太币。截至 2017 年 5 月 13 日，一个以太币的交易估价为 86.59 美元①。

以太坊是一个开源平台，使开发人员能够构建和部署去中心化的应用程序。与比特币类似，以太坊是一个综合性平台，支持智能合约和完整的编程语言。Solidity 有助于创建在规定事件发生时执行的定制合同的协议。该平台编程潜力巨大，大量基于代币的应用程序正在该平台上构建。由于以太坊是第一台完整的图灵机，并且是从比特币中演变而来，所以也称为以太币的加密货币。以太币很容易通过交易所转换为其他加密货币。为了达成共识，以太坊使用 PoW 协议，但正计划更新为 PoS②。

以太坊为数字货币定义了第一个行业标准，即 ERC20，用于大多数常见

---

① 2022 年 12 月 29 日中午 11 点，一个以太币的价格为 1192.40 美元。——译者
② 2022 年 9 月 15 日，以太坊已开始由 PoW 共识机制转为 PoS 共识机制。——译者

的代币开发。事实上,所有代币化的应用程序都使用这种格式进行交易和转移。当然,还有一些针对特定应用程序的新标准,需要一种更强大的代币处理方式,如 ERC223(合并转移)、ERC621(代币供应)、ERC721(不可替代)、ERC998(不可替代和可组合)、ERC827(代币批准)等。

以太坊另一个有意思的方面是以 Gas 为单位的交易成本。以太坊智能合约中的交易行为可以通过调用数据读写,执行其他高端计算,如使用密码原语调用或发送消息给其他合约等。这些操作中的每项都有成本,都以 Gas 来衡量。交易所消耗的 Gas 必须以以太币(以太币是以太坊的本地加密货币)支付。交易的发起人通常会根据共识结果,向成功完成交易的节点支付这笔费用。

相对而言,以太坊长期以来在行业中享有盛誉;以太坊历经了许多成功代币项目的时间考验和证明。以太币是一种交易量很高的加密货币,每天都有新的用户加入。以太坊的链上生态非常丰富,并配有钱包、命令行工具、测试环境和大量的 GUI 应用程序。稳固的用户社区和不断发展的开源工具集是该平台的一大优势。

### 13.4.3　超级账本平台

超级账本(Hyperledger)不是一种特定的技术,而是 Linux 基金会旗下的一组基于区块链和分布式账本技术的项目,用于协作开发。在 Hyperledger 下有多个框架,每个框架的特点都略有不同。Hyperledger 还附带了许多有助于开发的工具。

(1)Hyperledger Fabric:许可区块链平台,提供用以执行智能合约的隔离设计、可配置的协议和参与管理。Texture 组织有对等中心,可以执行用链码编写的智能合约。Texture 支持 Golang、JavaScript 和 Java 中的智能合约执行,Texture 与静态的智能协议语言相比具有更好的适应性。

①Sawtooth 项目:一个用于将构建、发送和运行阶段隔离的区块链平台。该平台使用消逝时间证明(Proof of Elapsed Time,PoET)协议,主要针对资产利用率不高且存在大量传播验证节点的场景。

②Iroha 项目:一个专门用于记录的项目,旨在简单明了地融合到需要传递记录到创新的基础设施项目中。

③Indy 项目:为建立在区块链或其他传递记录上提供互操作性的工具、

库和可重用部分。

④Burrow项目:为模块化区块链用户提供了一个许可的智能合约解释器,该解释器其中的一部分是按照以太坊虚拟机的规范开发的。

(2)超级账本工具包括:

①Caliper工具:一种用于显示区块链使用执行评估的基准工具,利用了大量预定义的用例。

②Explorer工具:用于查看、收集、发送或请求区块、交易和相关信息。

③Cello工具:区块链系统的部署工具,用以减少启动、监控和结束区块链所需的工作量。

④Composer工具:区块链协作工具,用于加快智能合约的改进及其去中心化部署流程。

⑤Quilt工具:通过实现ILP,可以在记录框架之间提供互操作性,这种部署协议旨在提供已记录和未记录状态间转移的激励措施。

超级账本支持CouchDB,用于存储世界状态和查询完整数据。注册服务提供商(Enrollment Service Provider, ESP)允许设置主体的属性、职责和认证方法。

鉴于开源的模块化框架,超级账本可以用来构建特定的区块链,因为超级账本提供了一种符合平台特征的混合匹配方法。

## 13.5 区块链的挑战

如前所述,区块链行业发展仍处于初始阶段,存在众多挑战。这些挑战可能是内部的,也可能是外部的,与技术、政府法规、公众认知和产业情况有关。

### 13.5.1 技术挑战

与区块链相关的技术问题有很多,最常见的是开发人员对实施区块链的认识程度[40]。不同的开发人员可能会对任何特定的问题提出不同的解决方案,因为没有针对潜在问题的通用编码标准。此外,专家们对于是否以及如何克服这些问题以推进区块链行业的后续发展,认识程度不尽相同。比特币底层创新最常见的测试是,对比特币进行标准接收情况下,突破目前每秒7次交易的最大限制。相关问题还包括扩大区块大小、区块链的膨胀问题、应对 51% 挖矿攻击的弱点以及代码执行硬分叉，总结如下：

(1) 吞吐量：比特币网络在吞吐量方面有很大的问题，因为，比特币网络每秒处理的交易数，最大处理速度是 7TPS。

(2) 等待期：目前，每个比特币交易的区块需要 10min 来处理或确认。为了获得令人满意的安全性，人们需要等待一个多小时以确认较大金额的交易。

(3) 存储和带宽：区块链的存储数据非常大，自 2019 年以来从 14GB 增加到 25GB，因此，可能需要大约一天的时间来下载数据。

(4) 安全性：比特币区块链仍然存在各种潜在的安全问题。目前，比特币区块链容易受到 51% 的攻击，即一群矿工对区块链的攻击。

(5) 资源消耗：比特币挖矿耗费了大量能源，每比特确认都需要消耗资源。之前提到的标准是每天资源耗费约 1500 万美元，大大超过了通常使用的资源。

(6) 易用性：与比特币交互的 API 远不如现有其他系统 API 简单易用，如通常使用的 REST API。

(7) 形成硬分叉，多条链：目前，大部分区块链的问题都与架构有关。其中，一个问题是区块链的链条倍增问题。另一个问题是，当多条链需要统一时，很难在已分叉的链上进行合并或交叉执行。

最重要的技术挑战和要求是开发一个完整的即插即用生态系统，以提供完整的服务交付的价值链。

### 13.5.2 业务挑战

区块链另一个重要的考验是确认实际和专门的行动计划。传统的行动计划可能对比特币来说似乎并不重要，因为去中心化的 P2P 模式的目的是消除中间方，以削减交易费用。

### 13.5.3 公众看法

公众对比特币的看法被视为是区块链最大的挑战，因为公众认为比特币是暗网洗钱、毒品相关和其他非法活动的场所，如暗网上的丝绸之路等非法在线市场。与任何技术一样，比特币和区块链本身是中立的，具有"双重用途"，也就是说，比特币和区块链可用于行善，也可用于作恶。

### 13.5.4 政府监管

关于区块链业务是否会在发达的预算管理行业中蓬勃发展,缺乏全面规划的政府指导方针也是最大的变数和危险[41]。其中一个问题是,使用目前的技术进行税收评估可能存在实际困难。还有一个问题是,对于政府及其商业模式提供的价值主张来说,区块链技术对政府监管提出了挑战。在这个大数据时代,政府无法以易于访问的方式保存其数据和档案信息。

### 13.5.5 个人档案的主要挑战

区块链中有许多与个人有关的问题,通过区块链以去中心化的方式保存个人档案,并可能通过区块链进行数据访问[42]。潜在的威胁是用户数据是在线的,用户的密钥可能被盗或暴露。在目前情况下,密码很可能会泄露、被盗或被黑客入侵。

## 13.6 本章小结

本章试图探讨上述所有与比特币和区块链相关的应用、用途、限制以及其他概念。本章将区块链分为 V1.0、V2.0、V3.0 和 V4.0 四大类。区块链可以在中心化和去中心化的模式下实施,并提供更加扁平化的网络和加密货币。区块链的应用领域与日俱增,涉及金融交易安全,也涉及个人隐私安全。本章还讨论了与采用比特币区块链相关的基本挑战。智能合约、以太坊和超级账本是实现隐私与安全的较好选择。不过,区块链需要经历不止一次的革新,才能在政府和个人层面得到大规模使用。

## 参考文献

[1] Nakamoto, S. , 2009, February 11. *Bitcoin open source implementation of P2P currency*. http://p2pfoundation. ning. com/forum/topics/bitcoin – open – source. Accessed on August 19,2019.

[2] Christidis, K. , and Devetsikiotis, M. ,2016. Blockchains and smart contracts for the Internet of Things. *IEEE Access* ,4,pp. 2292 – 2303.

[3] Weinman, J., 2015. *Digital disciplines: attaining market leadership via the cloud, big data, social, mobile, and the internet of things.* New York: John Wiley and Sons.

[4] Yoon, H. J., 2019. Blockchain technology and health care. *Health Care Informatics Research*, 25(2), pp. 59 – 60.

[5] Ulieru, M., 2016. Blockchain 2.0 and beyond: Adhocracies. In Tasca, P., Aste, T., Pelizzon, L., and Perony, N. (eds.) *Banking Beyond Banks and Money*. Cham: Springer, pp. 297 – 303.

[6] Nakamoto, S., 2019. Bitcoin: A peer – to – peer electronic cash system. *Manubot*. https://bitcoin.org/bitcoin.pdf. Accessed on November 29, 2020.

[7] Manohar, A., and Briggs, J., 2018. *Identity management in the age of Blockchain 3.0*. Paper presented at *2018 ACM Conference on Human Factors in Computing Systems*, Montréal, Canada.

[8] Lin, C., He, D., Huang, X., Choo, K. K. R., and Vasilakos, A. V., 2018. BSeIn: A block – chain – based secure mutual authentication with fine – grained access control system for industry 4.0. *Journal of Network and Computer Applications*, 116, pp. 42 – 52.

[9] Corbet, S., Larkin, C., Lucey, B., Meegan, A., and Yarovaya, L., 2020. Cryptocurrency reaction to FOMC announcements: Evidence of heterogeneity based on blockchain stack position. *Journal of Financial Stability*, 46, p. 100706.

[10] Esposito, C., De Santis, A., Tortora, G., Chang, H., and Choo, K. K. R., 2018. Blockchain: A panacea for health care cloud – based data security and privacy? *IEEE Cloud Computing*, 5(1), pp. 31 – 37.

[11] Hejblum, B., Weber, G., Liao, K. P., Palmer, N. P., Churchill, S., Shadick, N. A., Szolovits, P., Murphy, S. N., Kohane, I. S., and Cai, T., 2019. Probabilistic record linkage of de – identified research datasets with discrepancies using diagnosis codes. *Science Data*, 6, p. 180298. doi:10.1038/sdata.2018.298.

[12] Yang, Y., Zheng, X., Guo, W., Liu, X., and Chang, V., 2019. Privacy – preserving smart IoT – based health care big data storage and self – adaptive access control system. *Information Sciences*, 479, pp. 567 – 592.

[13] Dubovitskaya, A., Xu, Z., Ryu, S., Schumacher, M., and Wang, F., 2017. *Secure and trustable electronic medical records sharing using blockchain*. In *AMIA Annual Symposium Proceedings* (Vol. 2017, p. 650). Washington, D.C.: American Medical Informatics Association.

[14] Can, O., and Yilmazer, D., 2020. Improving privacy in health care with an ontology – based provenance management system. *Expert Systems*, 37(1), e12427.

[15] Kanwal, T., Shaukat, S. A. A., Anjum, A., Choo, K. K. R., Khan, A., Ahmad, N., ... and

Khan, S. U. , 2019. Privacy – preserving model and generalization correlation attacks for 1∶M data with multiple sensitive attributes. *Information Sciences*, 488, pp. 238 – 256.

[16] Hsieh, C. Y. , Su, C. C. , Shao, S. C. , Sung, S. F. , Lin, S. J. , Yang, Y. H. K. , and Lai, E. C. C. , 2019. Taiwan's national health insurance research database: Past and future. *Clinical Epidemiology*, 11, p. 349.

[17] Ahmed, S. M. , and Rajput, A. , 2020. Threats to patients' privacy in smart health care environment. In Lytras, M. and Sarirete, A. (eds.) *Innovation in Health Informatics*. London: Academic Press, Elsevier, pp. 375 – 393.

[18] Price, W. N. , and Cohen, I. G. , 2019. Privacy in the age of medical big data. *Nature Medicine*, 25(1), pp. 37 – 43.

[19] Kumar, A. , and Kumar, R. , 2020. Privacy preservation of electronic health record: Current status and future direction. In Gupta, B. , Perez, G. M. , Agrawal, D. P. , and Gupta, D. (eds.) *Handbook of Computer Networks and Cyber Security*. Cham: Springer, pp. 715 – 739.

[20] Bellovin, S. M. , Dutta, P. K. , and Reitinger, N. , 2019. Privacy and synthetic datasets. *The Stanford Technology Law Review*, 22, p. 1.

[21] Miao, Y. , Liu, X. , Choo, K. K. R. , Deng, R. H. , Li, J. , Li, H. , and Ma, J. , 2019. Privacy preserving attribute – based keyword search in shared multi – owner setting. *IEEE Transactions on Dependable and Secure Computing*. http://www.ieeeprojectmadurai.in/2019%20IEEE%20PROJECT%20BASEPAPERS/Privacy – Preserving%20AttributeBased%20Keyword%20Search%20in%20Shared%20Multi – owner%20Setting.pdf.

[22] Tian, H. , He, J. , and Ding, Y. , 2019. Medical data management on blockchain with privacy. *Journal of Medical Systems*, 43(2), p. 26.

[23] Habibzadeh, H. , Dinesh, K. , Shishvan, O. R. , Boggio – Dandry, A. , Sharma, G. , and Soyata, T. , 2019. A survey of health care Internet of Things (HIoT): A clinical perspective. *IEEE Internet of Things Journal*, 7(1), pp. 53 – 71.

[24] Li, M. , Zhu, L. , and Lin, X. , 2019. Privacy – preserving traffic monitoring with false report filtering via fog – assisted vehicular crowdsensing. *IEEE Transactions on Services Computing*. doi:10.1109/TSC.2019.2903060.

[25] Alabdulkarim, A. , Al – Rodhaan, M. , Tian, Y. , and Al – Dhelaan, A. , 2019. A privacy – preserving algorithm for clinical decision – support systems using random forest. *CMC Computers, Materials and Continua*, 58, pp. 585 – 601.

[26] Li, X. , Jiang, P. , Chen, T. , Luo, X. , and Wen, Q. , 2020. A survey on the security of blockchain systems. *Future Generation Computer Systems*, 107, pp. 841 – 853.

[27] Malathi, D., Logesh, R., Subramaniyaswamy, V., Vijayakumar, V., and Sangaiah, A. K., 2019. Hybrid reasoning – based privacy – aware disease prediction support system. *Computers and Electrical Engineering*, 73, pp. 114 – 127.

[28] Kabou, S., Benslimane, S. M., and Kabou, A., 2020, February. *Toward a new way of minimizing the loss of information quality in the dynamic anonymization.* In *2020 2nd International Conference on Mathematics and Information Technology(ICMIT)* (pp. 186 – 189). Adrar, Algeria: IEEE.

[29] Hussien, H. M., Yasin, S. M., Udzir, S. N. I., Zaidan, A. A., and Zaidan, B. B., 2019. A systematic review for enabling of develop a blockchain technology in health care application: Taxonomy, substantially analysis, motivations, challenges, recommendations and future direction. *Journal of Medical Systems*, 43(10), p. 320.

[30] Iqbal, S., Kiah, M. L. M., Zaidan, A. A., Zaidan, B. B., Albahri, O. S., Albahri, A. S., and Alsalem, M. A., 2019. Real – time – based E – health systems: Design and implementation of a lightweight key management protocol for securing sensitive information of patients. *Health and Technology*, 9(2), pp. 93 – 111.

[31] Zigomitros, A., Casino, F., Solanas, A., and Patsakis, C., 2020. A survey on privacy properties for data publishing of relational data. *IEEE Access*, 8, pp. 51071 – 51099.

[32] Wang, G., Lu, R., and Guan, Y. L., 2019. Achieve privacy – preserving priority classification on patient health data in remote eHealth care system. *IEEE Access*, 7, pp. 33565 – 33576.

[33] Mamdouh, M., Awad, A. I., Hamed, H. F., and Khalaf, A. A., 2020, April. *Outlook on security and privacy in IoHT: Key challenges and future vision.* In *Joint European – US Workshop on Applications of Invariance in Computer Vision* (pp. 721 – 730). Cham: Springer.

[34] Aggarwal, S., Kumar, A., and Kumar, R., 2019, March. *The privacy preservation of patients' health records using soft computing in python.* In *2019 6th International Conference on Computing for Sustainable Global Development(INDIACom)* (pp. 156 – 160). New Delhi: IEEE.

[35] Al – Sharhan, S., Omran, E., and Lari, K., 2019. An integrated holistic model for an eHealth system: A national implementation approach and a new cloud – based security model. *International Journal of Information Management*, 47, pp. 121 – 130.

[36] Drozdowicz, M., Ganzha, M., and Paprzycki, M., 2020. Semantic access control for privacy management of personal sensing in smart cities. *IEEE Transactions on Emerging Topics in Computing*, PP(99), p. 1. doi: 10.1109/TETC.2020.2996974.

[37] Aloufi, R., Haddadi, H., and Boyle, D., 2019. Emotionless: Privacy – preserving speech analysis for voice assistants. arXiv preprint arXiv: 1908.03632.

[38] Hussien, H. M., Yasin, S. M., Udzir, S. N. I., Zaidan, A. A., and Zaidan, B. B., 2019. A systematic review for enabling of develops a blockchain technology in health care application: Taxonomy, substantially analysis, motivations, challenges, recommendations and future direction. *Journal of Medical Systems*, 43(10), p. 320.

[39] Ayer, T., Ayvaci, M. U., Karaca, Z., and Vlachy, J., 2019. The impact of health information exchanges on emergency department length of stay. *Production and Operations Management*, 28(3), pp. 740–758.

[40] Bhushan, B., Sahoo, C., Sinha, P., and Khamparia, A., 2020. Unification of Blockchain and Internet of Things (BIoT): Requirements, working model, challenges and future directions. *Wireless Networks*. doi: 10.1007/s11276-020-02445-6.

[41] Bhushan, B., Khamparia, A., Sagayam, K. M., Sharma, S. K., Ahad, M. A., and Debnath, N. C., 2020. Blockchain for smart cities: A review of architectures, integration trends and future research directions. *Sustainable Cities and Society*, 61, p. 102360. doi: 10.1016/j.scs.2020.102360.

[42] Khamparia, A., Singh, P. K., Rani, P., Samanta, D., Khanna, A., and Bhushan, B., 2020. An internet of health things-driven deep learning framework for detection and classification of skin cancer using transfer learning. *Transactions on Emerging Telecommunications Technologies*. doi: 10.1002/ett.3963.

/第 14 章/

# 物联网系统中的安全漏洞和区块链对策

娜娅妮卡·舒克拉

巴拉特·布珊

区块链在数据隐私管理中的应用

## 14.1 引言

　　物联网是一个由物理对象或"事物"组成的网络,通过使用记录数据并提供固定网络连接的传感器,促进互联网上信息的交换以创造新事物[1]。说到"事物",并不指向一个特定的物体;相反,这是计算设备、自动机械、物体和其他电子设备的广义术语。由于物联网具有一些预期的优势,创新领导者已经看到其使用的快速增长。未来几年,物联网有足够的潜力对全球产生巨大的经济影响。物联网作为一个去中心化系统,有助于分析、观察和控制各种过程,从而改造各种活动,有助于更好地提升性能和效率[2]。借助物联网的最新技术,通过检查重复出现的模式并对其进行分析有助于提供许多好处。借助这些准确的信息,传统的程序和服务可以得到改进。尽管物联网提供了许多优势,但也存在与之相关的劣势,如缺乏隐私、过度依赖技术、造成失业[3]。传感器的成本和其他费用也是令人担忧的主要原因。

　　为了避免上述问题,研究人员在物联网和区块链之间建立了适当的联系。区块链作为一个去中心化的、分布式的、持久的和共有的数据库账本,有助于存储所有发生的交易和指向前一个区块的哈希[4]。区块链提供所有交易的完整历史记录。物联网的信息共享组件可以通过区块链技术得到增强。借助区块链,物联网设备可以安全地共享基本信息[5]。区块链技术可以处理交易和集成数十亿连接设备,这对于跟踪这些设备方面极为重要[6]。因此,区块链技术使物联网行业制造商能够显著降低成本[7]。区块链技术一旦普及,或许将消除任何失败的可能,并为设备平稳运行提供一个灵活的环境。为了使客户数据更加安全,区块链技术使用了大量密码算法[8]。医疗健康、银行、工业等各个行业都在使用物联网,以获得各种优势[9]。物联网可以使用区块链技术来解决其安全问题。

　　本章为区块链技术的应用及其在物联网设备运行中的贡献提出了一种综合方法。该工作的主要贡献是对区块链技术、区块链在物联网系统中的应用及其带来的挑战进行了详尽的讨论,此外,本章还对区块链的分布、访问和增长进行了深入分析,展示了区块链如何发展,并提供多种流程来确保隐私和数据的顺利检索。借助区块链和物联网,先进技术可以引入世界,其中包括智能家居和智慧城市等应用。如今,智慧医疗健康和工业系统的概念,分别被认为是"医疗健康4.0"和"工业4.0",极大地受益于区块链技术的出现[10-11]。鉴于物联网设备使用区块链时面临的挑战,包括设备之间的通信、所需的存储容量和成本,物联网和区块链技术很难适当地集成起来[12]。

本章的其余部分组织如下。14.2节从区块链技术的历史和背景开始,强调了区块链的基本组成部分,以及区块链的类型和相关的安全问题。14.3节探讨了物联网的常见安全攻击,以及区块链如何保护物联网设备免受这些攻击。14.4节讨论了区块链技术最有用的应用。14.5节强调了与区块链技术相关的主要挑战。14.6节是本章小结。

## 14.2 区块链背景知识

区块链技术引入了"无信任"一词,以确保数据的安全传输。在没有区块链的情况下,没有对应权威机构可以考虑所有发生的数据条目和交易。许多事件引导了区块链的发展演变,使其在全球范围内流行起来。本节将讨论区块链技术的历史、完整架构及其特性。

### 14.2.1 区块链的演进

中本聪等提出了区块链作为比特币基础技术的想法[13]。虽然区块链在加密货币领域之外获得了足够的关注,但这一切都始于比特币。凭借公钥密码学和哈希的优势,比特币让用户变得非常独特。数字钱包通常由用户的比特币和账户私钥组成,私钥用来签署来自该特定账户的所有交易。网络将借助该账户的相应公钥[14]验证账户引入的任何交易,而区块链平台不需要匿名[15]。

区块链可以通过以下方式概括为公开透明的过程。首先,在实现多见证人之前,各参与者会创建一个公告。每个参与者的公告细节以"区块"的形式记录在自己独特的账本副本中。在网络上,每个参与者经常试图将当前的区块与其他参与者的区块进行对比。如果大多数人都可以访问当前区块的通用版本,则认为该版本是真实的。政府和各种老牌公司正在探索区块链技术,如美国运通和微软公司。表14.1总结了关于区块链架构演进中最重要和最有益的突破性事件。

区块链在数据隐私管理中的应用

表14.1　区块链架构演进中突破性的重要事件

| 年份 | 突破性事件 |
|---|---|
| 2009 | 第一个比特币区块的创建 |
| 2010 | 12月标志着中本聪的消失 |
| 2012 | e–Estonia：爱沙尼亚的区块链技术 |
| 2015 | 超级账本和以太坊上线 |
| 2018 | 区块链需求增加 |
| 2019 | 沃尔玛对生产供应商的要求[16] |
| 2020—2021 | 迪拜倡议[17] |

### 14.2.2　区块链基本要素

各种组件协同工作以实现区块链技术。这些组件包括：

#### 14.2.2.1　账本

区块链在最基本层面上是一种根深蒂固的记录，类似于传统的账本，通常用于控制和追踪资产所有权。尽管区块链通常表达为一种新的、创新的技术，然而其只是各种原有思想、方法和方法论的创新结合。账本、密码学、群体共识和防篡改性是区块链的一些组成部分。账本是位于区块链核心的记录保存基础设施，使账本用户能够查看过去的交易。尽管任何类型的数据都可以借助账本记录[18]，资产在过去的所有权本身就是这个记事的常见要素。

#### 14.2.2.2　密码学

密码学作为区块链技术的第二个最基本组成部分，规定了通信方式以实现机密性。在比特币技术中，密码学用于证明人们对区块链上控制的资产提出的主张是正确的，而区块链提供了账本防篡改性并保持匿名性。"密码学哈希"是一种特殊的函数，实现了区块中的所有数据的哈希计算，以便链接这些区块。当人们试图转换区块中的信息时，生成的哈希值或ID与链中下一个区块记录的真实值不匹配。当人们转换任何区块中的信息时，区块都会产生一个全新的哈希值。因此，这将破坏区块链，并驳斥与转换产生位置相关的所有区块，因为新生成的哈希值将与下一个区块头中的哈希值不匹配。

#### 14.2.2.3　对等网络

在区块链中，对等网络基础设施广泛使用了现有的计算机网络技术。区块链作为当代互联网的主要元素,也使用这种网络技术。随着单点缺陷的消除而增加了冗余和容错性,对等网络架构的使用在客户端和服务器网络基础设施中普遍可用。

#### 14.2.2.4 资产

所有区块链解决方案都将资产作为基本组件之一。资产是指在给定解决方案的上下文中考虑的项目。需要所有权记录的项目称为资产。资产包含一般信息,如健康档案、活动门票或专利,可以是货币的也可以是非货币的。比特币和其他加密货币的转移是借助区块链进行记录,区块链最初是作为一个记录保存系统出现的。区块链的诞生是为了转换数字所有权的文件。区块链以各种方式通过为未来创造的价值互联网补充了人们在当今拥有的知识互联网。

#### 14.2.2.5 默克尔树

区块链中的默克尔树用于对数据进行快速和有条不紊的验证。通过生成特定数据的根哈希值,区块可以基于默克尔树汇总区块中的所有数据。数据的子节点需要重新配对并重复哈希,直到只剩下一个节点,以找出根哈希。默克尔根定义为最后一个剩余的子节点。

#### 14.2.2.6 共识算法

共识的使用是为了验证交易,并确认本节点在账本中存储的交易是否符合顺序。对于像加密货币这样的应用,共识过程是严格的,因为无法避免将无效数据记录到充当所有交易数据库的底层账本中。在不同情况下有相应的不同解决方案来达成共识。人们根据机会成本(如安全性、快速性等)来决定使用哪种共识机制。PoW 和 PoS 是常用的共识算法。私有场景和许可场景包含其他共识机制,如超级账本可不需要计算密集型共识机制。如果区块链不是公开的,那么就有更多的共识替代方案。

### 14.2.3 区块链分类

本节借助以下两个指标对区块链技术进行分类。

#### 14.2.3.1 公有与私有

在公有链的帮助下,公众可以自行将数据添加到账本中。在比特币中,

# 区块链在数据隐私管理中的应用

没有规定或准许关于谁可以参与交易,因此,比特币可作为公有链网络的实例。比特币可以发送给任何人,任何人也可以买卖比特币。借助于区块链解决方案,人们可以确定非营利组织如何使用慈善捐款,因此这是私有链解决方案的示例。只有指定的管理员才允许共享描述非营利组织分配和支出的指标。

#### 14.2.3.2 许可与非许可

几乎不需要公众准许的解决方案称为非许可平台。这些平台既没有追踪和控制身份的能力,也无法最终基于身份定义和施加权限。在选择使用哪种区块链解决方案时,可以检测是否需要授予所有候选人平等的访问权限,这个问题将有助于决定是应用许可还是非许可区块链技术[19]。在企业区块链解决方案中,因为访问权限仅赋予授权员工,因此这是许可区块链的实例。另外,因为在数字货币中,每个人都可以交换和交易,所以这是非许可区块链的实例。

表 14.2 总结了区块链的主要类型及其上述特性。

表 14.2 区块链类型

| 区块链类型 | 特性 |
| --- | --- |
| 公有链 | • 公众可以自行将数据添加到账本中<br>• 比特币 |
| 私有链 | • 只有指定的管理员才允许共享指标<br>• 向非营利组织的捐赠 |
| 非许可链 | • 几乎不需要公众的准许<br>• 数字货币 |
| 许可链 | • 仅限授权用户才有访问权限<br>• 企业区块链解决方案 |

### 14.2.4 区块链的挑战

区块链面临以下几项挑战:

(1) 存储能力和可扩展性:借助通信和信息技术,区块链交易存储的安全性可以实现[20]。但由于区块链的特性,其链无法存储大量数据。遗憾的是,区块链的大小和交易数量随着性能与同步时间呈正比增长。

（2）数据隐私：从系统的初始交易开始，在区块链中每笔交易都可以进行模式化、检查和复制。第一个关注隐私的加密货币是 Dash 币[21]，利用混币器、洗牌算法、去中心化币交换、盲签名等方法可以增强交易数据的隐私。

（3）法律问题：虽然物联网和区块链等新技术的出现使传统交易系统焕发了活力，且造福了世界，但也迫使各国修改、管理和更新现有的法律与秩序。新的法律法规有助于中心化的缓解。

（4）没有特定的软件：由于没有可以连接区块链和物联网的标准软件，每家公司都必须开发自己的软件和整套用例。此外，公司还必须从头开始构建整个架构。程序的正确建立需要数年时间。

（5）技术的快速变化：现有区块链因其不成熟的特性很快就会淘汰。如果区块链技术在 6 个月内就淘汰，或者在用例中表现不佳，或对物联网设备的验证时间过慢，那么就没有组织愿意致力于该技术研究。

## 14.2.5 区块链的安全分析

区块链容易受到各种安全威胁，具体如下：

（1）对共识协议的攻击：攻击者通过获得整个网络的大部分算力，可以破坏共识协议的安全性。此类攻击者可以控制和重建链。例如，比特币中存在 PoW 的 51% 攻击风险[22]。

（2）日蚀攻击：当对等网络中的敌手伪造每个与合法节点的连接，并阻止这些合法节点连接到任何真实的节点时，称为日蚀攻击。例如，日蚀攻击是通过采用 kademlia P2P 协议引入以太坊的[23]。

（3）智能合约的脆弱性：由于区块链的不可逆性和开放性，智能合约很容易受到影响。公众与故障和欺诈之间是透明的。由于区块链的不可逆性，在已建立的智能合约中，修复病毒和其他故障也变得极其困难。2016 年，对去中心化自治组织的攻击就是该情况的一个典型实例。

（4）双花攻击：由于交易存在冲突，交易的接收方可能会被对手欺骗。例如，在比特币中，有相同货币的支出。安排冲突交易，以及提前提取一个或多个区块来实现冲突交易，都是双花中可能包含的攻击手段。

## 14.3 物联网中的攻击

本节通过以下 4 个领域对物联网中的安全攻击进行大致分类:

### 14.3.1 物理攻击

当攻击者与网络或系统的其他设备保持物理接近时,就会发起物理攻击。物理攻击包括:

#### 14.3.1.1 篡改攻击

当设备(如 RFID)或任何传输链路在物理上得到增强时,就可能会受到篡改攻击[24]。攻击者通过篡改可能会获取机密和敏感信息。研究人员已进行相关研究,以确认流行物理设备(如智能电表、IP 摄像机和亚马逊 Echo 音箱)中的漏洞。无论密码长度以及对特定用户保密和敏感的配置如何,攻击者都可以获取摄像头的密码。物理不可克隆函数(Physically Unclonable Function,PUF)是针对此攻击提出的对策。PUF 适用于小型物联网设备,以利用集成电路(Integrated Circuit,IC)的整体不稳定性。PUF 使用挑战 – 响应机制,其中设备微观层面的物理结构主要决定系统的输出。因此,PUF 是消除篡改等攻击的有效措施。

#### 14.3.1.2 射频干扰

为了阻碍通信,攻击者不发送射频(Radio Frequency,RF)信号,而是创建并传输噪声信号,以对 RFID 标签发起 DoS 攻击。这称为 RF 接口与干扰。阻碍或干扰通信是这种攻击的重要影响。可定制且可信的终端设备 mote(Customizable and Trustable end Device mote,CUTE mote)是针对此攻击提出的对策。研究人员在工作中提出了基于 CUTE mote 设备的解决方案,可实现生产力和整体性能的提高[25]。有了核心硬件微控制器单元(Microcontroller Unit,MCU)和 IEEE 802.15.4 无线电收发器,架构就具备了一些基本元素,即可重构计算单元(Reconfigurable Computing Unit,RCU)。

#### 14.3.1.3 虚假节点注入

为了控制数据流,攻击者将假节点投放到整个网络的合法节点连接中,这称为虚假节点注入。该攻击的效果是管理数据流动,攻击者可以获得对任何数据进程的控制。一些物理设备容易受到虚假节点注入攻击。Pathkey 是针对该攻击的建议对策。在当今世界,分布式 IoT 应用是非常重要的基础组件。在这样的环境中,在每个传感器节点和终端用户之间建立安全链接是极其重要的。

#### 14.3.1.4 拒绝休眠攻击

拒绝休眠攻击是指攻击者通过向电池供电设备提供错误的输入,以持续使用电池供电设备。拒绝休眠攻击容易受到节点关闭的影响,这是该攻击的主要影响。CUTE mote 和支持向量机(Support Vector Machine,SVM)是针对此攻击提出的对策。CUTE mote 因其异构结构而有利于防止拒绝休眠攻击。SVM 设计使用来自患者设备的医疗访问模式。由于其分类算法,SVM 能够确定资源是否耗尽,这使得 SVM 不会受到拒绝休眠攻击。

### 14.3.2 网络攻击

通过密谋物联网网络而破坏整个系统的攻击称为网络攻击。即使不靠近网络,也可以轻松发起这些攻击,常见的网络攻击如下。

#### 14.3.2.1 流量分析攻击

攻击者即使不靠近网络也能获取机密信息,从而获取网络信息。这些攻击容易受到数据泄露的影响,即未经授权访问网络信息。高效且隐私保护的流量混淆(Efficient and Privacy Preserving Traffic Obfuscation,EPIC)架构是针对流量分析提出的对策。Jianqing Liu 等[26]提出的 EPIC 架构,可用于保护智能家居免受流量分析攻击。该架构确保流向特定智能家居,以及源和目的地之间流量的匿名性。该架构作为安全的多跳路由协议,确保强大的隐私保护。

#### 14.3.2.2 RFID 欺骗攻击

在 RFID 欺骗中,为了获取标记在 RFID 标签上的数据,攻击者首先欺骗 RFID 信号。其次,攻击者借助于原始标签 ID,通过将其数据发布为有效数据来发送。这种攻击旨在管理和修改数据(即读、写和删除)。基于 SRAM 的 PUF 可作为对抗 RFID 欺骗的对策。研究人员已经发明了基于板载 SRAM 的物理不可克隆功能(Physically Unclonable Function,PUF),PUF 借助唯一设备足迹制造了唯一的设备 ID。通过使用设备 ID 匹配机制,可以最大限度地减少对手冒充 ID 的机会,从而预防欺骗和欺诈性访问的风险。

### 14.3.2.3 路由信息攻击

攻击者通过创建路由循环、发送错误消息与欺骗、更改路由信息等活动制造麻烦的直接攻击称为路由信息攻击。该攻击的主要目标是路由环路。哈希链认证是针对路由信息攻击提出的对策。为了防止恶意代码利用防控消息来进行路由攻击,可采用验证哈希链身份的方式进行防御。通过结合使用哈希链认证和等级阈值,可以有效减少选择性转发攻击和槽洞攻击。

### 14.3.2.4 中间人攻击

在中间人攻击中,攻击者可以通过窃听或监视两个物联网设备之间的通信来访问任何用户的私人数据。侵犯任何用户的数据隐私是中间人攻击的显著效果。物联网系统可能会受到中间人攻击的严重影响。例如,攻击者可以控制工业物联网环境中的智能执行器[27],通过破坏工业机器人自身设计的车道和速度限制,从而损坏组装线。MQTT 协议和设备间认证是针对此攻击提出的对策。MQTT 通过使用密钥策略(Key – Police,KP)实现椭圆曲线密码(Elliptic Curve Cryptography,ECC)来确保设备到设备(Device – to – Device,D2D)的通信,从而防止中间人攻击。

## 14.3.3 软件攻击

攻击者利用物联网系统提供的辅助软件或安全漏洞发起软件攻击。其中,有各种软件攻击,主要包括以下两种。

### 14.3.3.1 病毒和木马

这种危险的软件通过对系统造成不利影响,甚至启动 DoS 来篡改数据或窃取信息。这些攻击在任何物联网系统中都容易造成资源破坏。高级合成(High – Level Synthesis,HLS)和轻量级架构是针对这些软件攻击提出的对策。为了保护物联网系统,减轻这些攻击变得尤为重要。研究人员已经开发出一个轻量级架构,架构集成了三个安全功能,以避免将木马引入基于物联网的设备。首先,研究人员通过建立供应商多样性来确保不信任节点之间的可信传输;其次,研究人员建立消息加密机制,以防止不相关方的访问通信;最后,研究人员允许合法节点通过共同审核来验证消息的加密状态和内容。HLS 的引入是为了防止硬件木马,HLS 设计了一种安全增强的硬件,可以直接防止将木马注入网络。

### 14.3.3.2 恶意软件

恶意软件是影响物联网设备中数据的软件,会进一步对数据或云中心造成污染[28]。实际上,这是在物联网系统中最常见的软件攻击,该软件攻击的主要效果是恶意软件感染数据。轻量级神经网络架构和恶意软件图像分类系统(Malware Image Classification System,MICS)是针对此软件攻击提出的对策。MICS 是对恶意软件进行分类并描绘全局和局部图像的软件,在捕获混合局部和全局恶意软件特征以执行恶意软件家族分类之前,MICS 首先会将可疑程序转换为灰度图像。轻量级传统神经网络架构是一种替代解决方案,可以对从两个不同家族收集的恶意软件样本进行分类。在这种情况下,将程序二进制文件转换为灰度图像,可以高精度地检测恶意软件。

## 14.3.4 数据攻击

为了对某些计算资源施加压力,以维持物联网设备所需的数据集合和管理数据连接特性,物联网的发展和演进是极其重要的[29]。作为物联网能够为用户提供一切服务的根源,云计算开始发挥作用。借助于云计算,虚拟服务器、数据库示例以及帮助物联网解决方案运行的数据管道创建都可以变得毫不费力。云通过提供固件和其他软件技术、更好的管理方案和不同的程序以确保更好的安全性,以确保数据安全。主要的数据攻击如下。

### 14.3.4.1 数据一致性攻击

在中央数据库中,当数据受到攻击而导致数据与存储不兼容时,称为数据不一致。顾名思义,数据的不一致是该攻击的主要效果。区块链架构和混沌方案是针对这种数据攻击提出的对策。基于混沌方案以及混沌隐私保护密码方案,研究人员使用消息认证码(Message Authentication Code,MAC),以提供给智能家居内数据的安全传输。该方案通过使用逻辑映射创建对称密钥来保证数据完整性,以提供安全的通信方式。对于远程半可信数据存储,研究人员基于三层分离使用了区块链技术[30]。

### 14.3.4.2 非授权访问

在物联网中,防止未授权用户获得访问控制,并确保授权用户完全访问是极其重要的。未授权用户如果被赋予完全的访问控制权限,则可以访问私人数据。数据隐私的侵犯是该数据攻击的主要效果。基于区块链的属性基加密(Attribute Based Encryption, ABE)机制和隐私保护 ABE 方案是针对此攻击提出的对策。尽管无线传感器网络在物联网中发挥着重要作用,但由于 WSN 的开放无线信道,获取对私人数据的访问变得极其困难。正因为如此,访问控制非常重要,无论是否使用密码学技术,访问控制必须纳入对策中。借助于 ABE,研究人员已经提出了基于区块链的基础设施。本章所提方案以保护交易数据隐私、支持完整性和不可否认性的方式工作。为了保护物联网系统,该方案提供了端到端的隐私保护,并通过在区块链中引入访问控制来管理共享数据的隐私。

#### 14.3.4.3 数据泄露攻击

未授权用户访问私人或机密数据称为数据泄露,也称为内存泄露。数据泄露是该数据攻击的主要影响效果。双因素认证、动态隐私保护(Dynamic Privacy Protection, DPP)和改进安全定向扩散(Improved Secure Directed Diffusion, ISDD)是针对此攻击提出的对策。近年来,由于数据泄露,用户的个人数据隐私一直处于风险之中。某研究提出了一种轻量级的认证方案[31],这是一种安全保障,以确保多个物联网设备之间的正确传输。借助于动态编程,一些作者在其他工作中设计了 DPP 模型[32],该模型使资源受限的设备能够获得安全保护级别的最优解。研究人员通过使用面向内容的数据对(Content-Oriented Data Pair, CODP)和最优数据替代(Optimal Data Alternative, ODA),以避免任何隐私泄露的机会。一些作者提出了 ISDD 协议,该协议确保了物联网系统中的数据机密性。

表 14.3 总结了可能损害物联网设备及其功能的主要攻击。

表 14.3 物联网设备容易受到的攻击

| 类型 | 特性 |
| --- | --- |
| 物理攻击[33] | 篡改<br>射频接口<br>干扰<br>虚假节点注入<br>拒绝休眠 |
| 网络攻击 | 流量分析<br>RFID 欺骗<br>路由信息<br>中间人攻击 |

续表

| 类型 | 特性 |
| --- | --- |
| 软件攻击 | 病毒<br>蠕虫<br>特洛伊木马<br>间谍软件和广告软件<br>恶意软件 |
| 数据攻击[34] | 数据不一致<br>未经授权的访问<br>数据泄露 |

## 14.4 区块链在智能工业自动化中的应用

区块链技术是一个去中心化的系统,正在改变人们的生活,从管理商业活动的方式到生活方式,即智能家居(14.4.3节)。区块链正在简化事务、推进过程、减少错误,并使人们免于依靠第三方资源。以下是区块链的一些应用,这些应用提供给人们巨大的好处,并改善了人们的生活方式。

### 14.4.1 工业4.0

工业和商业运营的自动化已成为当今世界的一部分。随着技术的巨大进步,工业4.0已成为新的生产方式。区块链技术与工业物联网系统的集成增强了整个系统,提供了如数据机密性、数据安全共享等优势。工业4.0的主要目标是结合如区块链和信息物理系统(Cyber Physical System,CPS)等多个技术领域。为了在这个竞争激烈的世界中取得成功,业务流程管理(Business Process Management,BPM)已将业务运营计算机化和自动化,以显著提高利润。但恶意和不可信的客户可能会为了私利而滥用该系统。此外,随着这些业务运营中独特代理人的加入,交易费用的显著增加以及与之相关的风险也可见一斑。因此,Aleksandr Kapitonav等[35]提出了区块链技术的实施,以构建去中心化系统来确保多代理系统中的安全通信。此外,为了推行具有精细访问控制的安全、交互式验证系统,Chao Lin等[36]基于区块链技术设计了一个名为BSeIn的系统。工业物联网面临两大挑战——实现高质量的数据并确保移动终端(Mobile Terminals,MT)之间的安全通信。BPM基于区块链技术提供了各种好处：建立信任、降低成本、提供准确的交易、提高效率、提高现代企业的灵活性并结合跨组织的业务。在当今时代，现代业务还包括 QoS。QoS 区块链需要信息的即时升级，这与以太坊和比特币去中心化的账本相反。

### 14.4.2 自动驾驶汽车

近年来，智能交通系统（Intelligent Transportation System，ITS）发展迅猛，观测、通信、审查和计算方面的技术进步很快。ITS 提供了流行、安全和更方便的交通设施。由于 ITS 倾向于集中化，因此存在恶意用户的严重安全威胁。为了克服这个问题，研究人员已经提出了基于 B2ITS 区块链技术的安全可信生态系统。该系统旨在优化现实世界的交通系统，使用与对应方的并行交互，从而充当并行运输管理系统（Parallel Transportation Management System，PTMS）的权宜之计。也有研究人员已经设计出一种无线通信系统，通过在系统之间以及与道路大小的基站交换信息来确保安全和高效的运输。这称为车用移动通信网络（VANET）[37]。VANET 由配备无线电接口的汽车组成。为了实现安全准确的消息传递，VANET 网络中引入了区块链。Othman S. Al – Heety 等[38]简要回顾了 VANET 的基础设施和运作，给出了 SDN – VANET 及其应用的简要说明。该工作表明 VANET 技术如何助力物联网系统的发展。

### 14.4.3 智能家居

技术先进的环境表现有助于提升生活品质，该先进技术称为智能家居。智能手机应用对智能家居主人具有重要价值，因为这些应用允许用户根据自己的喜好控制设置，从而提供安全、便利和舒适的体验，节能智能家居可以根据用户的选择提供连续服务。智能家居的基本要素是基于物联网技术的网络连接、传感器设备和移动应用[39]。智能照明、智能门、智能恒温器、视频监控和智能停车是智能家居的一些优势。智能门锁系统可防止被禁止的用户进入房屋，从而成为每个智能住宅的有效组成部分。然而，智能家居很容易受到不同形式的入侵，其中未经授权的用户会访问系统。研究人员还提出了一种基于区块链技术的智能锁系统，以确保安全、认证、数据集成和不可撤销等重要特性。由于物联网设备提供的是不活跃状态，很难检测入侵，5G 无线技术可以用来解决这个问题，该技术提供了区块链上交易的低延迟和区块挖掘。但研究工作中提议的模型存在一个小缺点,即交易确认的延迟较高。为了克服这个小缺点,研究人员提出了一种基于区块链技术的智能家居,智能家居由智能家居、覆盖层和云存储三层组成。这种覆盖网络与比特币中的对等网络有许多相似之处。李伟贤等[40]提出了一种智能能源盗窃系统(Smart Energy Theft System,SETS),用于监控系统的能源。该系统使用了机器语言和数据科学,结合了各种机器学习应用,以提供过程中消耗的能量。

### 14.4.4 智慧城市

城市化进程的加快带来了复杂的挑战,如城市的整体基础设施,以及确保市民是否能够满足供水、交通、供电和医疗设施等基本需求,包括气候变化、人口增长和资源不足在内的各种因素导致了这种前所未有的城市扩张。在这种情况下,智慧城市可以通过确保可用资源的有效、智能使用,以积极应对上述问题。随着总体管理成本的降低,智慧城市旨在为其居民提供更好、更高效的服务质量。Sabre Talari 等[41]根据对基于物联网的智慧城市进行的调查,提出了智慧城市的各种应用和优缺点。先进的停车系统是每个智慧城市的基本要素,其通过招聘相关人员来降低成本。为了减少尝试定位停车位的次数,Thanh Nam Pham 等[42]设计了一种算法来提高基于云计算的智能停车系统的有效性。物联网传感设备提供的信息为高效智慧城市构建了基础结构。

### 14.4.5 医疗4.0

改善国家的医疗健康设施对其全面发展至关重要。由于人口增长以及医疗条件的要求提高,现代医疗健康系统的负担也在增加。电子医疗健康已经出现,现代技术和先进通信系统开始造福于医生、患者、政策制定者和其他人[43]。由于使用了区块链技术,整个医疗健康机构都可以进行重组,以实现国家的全面福祉。借助支持5G的物联网[44-45],可以减轻医疗健康系统的负载。Stephanie B. Baker 等[46]已将远程健康监测确定为基于物联网技术的医疗健康系统的关键要素。电子健康控制(Electronic Health Control,EHC)可以对患者医疗健康信息的收集进行数字化控制[47]。另外,对于个别患者的信息收集可以使用个人健康档案(Personal Health Record,PHC)。EHC 确保安全并提供医疗信息的实时共享。研究人员还提出了一种名为 MedRec 的分布式记录管理系统,该系统使用区块链技术来处理 EHC。EHC 可能会侵犯用户的数据隐私。基于区块链技术的可搜索加密方案可用于防止共享私人数据,该方案有助于数据所有者完全控制其数据。另一项工作提出了一个基于区块链的平台[48],该平台对 EHC 友好并确保完全的隐私和安全。Adarsh Kumar 等[49]提出了各种算法,可用于增强医疗健康 4.0 的运营。该工作展示了区块链技术的应用如何对医疗健康行业大有裨益。

### 14.4.6　无人机

可以由任何用户自动操作的飞行器称为无人驾驶飞行器,也称为无人机[50]。从无人机获取的图片可以协助各种工业实现,如监督、城市建模、通信和农业[51]。偏远地区的 Wi-Fi 连接对于 UAV 的运行极为重要。然而,在视距(Line-of-Sight,LoS)通信的情况下,UAV 可能不适合。因此,研究人员认为在这种情况下 5G 网络是一个理想的选择,5G 网络覆盖区域广泛,并提供较快的传输速度和安全的网络连接[52]。随着自主 UAV 数量的增加,侵扰的危险也增加了。因此,UAV 网络变得容易受到攻击,如计算网络的压缩、网络运行的干扰以及虚假数据的插入[53]。研究人员设计了一种可分配、可扩展且安全的模型,称为无人机通信网络(UAV Communication Network,UAVNet),该网络模型支持不同 UAV 之间的安全实时通信。

### 14.4.7　智能电网

由通信线路、变压器、电阻器和其他元件组成的整个网络构成了电力基础设施。该基础设施将电力从发电厂输送到用户家中,这就是所谓的"电网"。智能电网将数字技术与电网融合在一起,电网的元件与计算设备相结合,以满足用户的需求。智能电网是研究人员和开发人员的热门话题,一直受到广泛讨论和研究。凭借更好的网络连接、权限访问和数据交换安全措施,智能电网近来获得了极大的普及[54],但一些未经授权和欺诈的市场行为可能会干预智能电网系统的安全标准[55]。在为智能电表(Smart Meter,SM)提供服务时,相应的服务提供商(Service Provider,SP)可能容易受到某些故障点的影响。研究人员引入了一种有效且安全的去中心化无密钥签名方案来解决这个问题。

## 14.5 区块链在物联网中的挑战

最近,研究人员已经发明了能够在一致对等网络上运行的区块链系统。物联网的各种特性使其避免了区块链技术的直接部署。例如,物联网使用资源有限的终端设备,而不是快速的服务器。在物联网设备中使用区块链的挑战如下。

### 14.5.1 计算开销

就主要开销而言,区块链技术不利于一些物联网设备,因为这些设备较轻量化,无法承担区块链运行。区块链技术使用高级加密算法以保护隐私,如 ABE 和零知识,这些算法对于物联网设备来说过于繁重。全节点对区块链中的每个区块和交易进行验证与搜索,使得物联网设备的管理变得相当繁重,因为物联网设备通常资源有限[56]。物联网设备不支持共识协议。比特币网络每秒进行大约 $10^{19}$ 次哈希运算[57]。树莓派 3 代板卡是一种强大的物联网设备[58],每秒可以进行大约 $10^4$ 次哈希运算。

### 14.5.2 存储限制

区块链需要大量存储,这可能对某些物联网设备造成压制。在比特币中,过去 9 年的时间大约产生 $5 \times 10^5$ 个区块,整个比特币区块链的大小约为 150GB。以太坊包含大约 $5 \times 10^6$ 个区块,以太坊的整体大小约为 400GB。每个区块的存储都非常重要,如果没有这些海量的数据,那么物联网设备就无法验证其他人生成的交易。为了创建新交易,交易发送方需要有关过去事件的数据,如余额索引和交易索引。通过信任自身或信任远程服务器,物联网设备可以确保与其他可靠服务器安全高效的通信。在区块链技术中,如果将物联网设备用作轻节点,部分存储可以降低负载。但是,区块头必须包含在这个过程中。众所周知,信息存储在区块链中非常重要。在区块链网络中,数据的整体大小可能是爆发式增长的,因为在一个 $n$ 节点网络中,每个区块都会被复制 $n$ 次。

### 14.5.3 通信约束

由于区块链运行在对等网络上,所有节点都需要持续传输和数据交换。

区块链不断交换数据以维护一致的记录,如新区块和交易。部分物联网设备使用的无线通信技术比有线通信技术更难管理,因为无线通信技术容易受到各种因素的影响,如干扰、阴影和衰落,这些因素会阻止数据流动,如比特币的各种区块链项目都使用无线通信技术。区块链所需的容量远低于无线技术提供的容量。例如,蓝牙(IEEE 802.15.1)可以达到 0.72Mb/s 的数据传输速率;ZigBee(IEEE 802.15.4)可以达到 0.25Mb/s 的数据传输速率;超宽带(Ultra-WideBand,UWB)(IEEE 802.15.3)可以达到 0.11Mb/s 的数据传输速率;Wi-Fi(802.11 a/b/g)可以达到 54Mb/s 的数据传输速率。窄带物联网(Narrow Band Internet of Thing,NB-IoT)每个信号可以达到大约 100kb/s 数据传输速率。

### 14.5.4 能源需求

借助电池供电,物联网设备可以长时间工作。例如,在容量为 600mW·h 的 CR2032 电池的帮助下,功耗为 0.3mW·h/d 的物联网设备至少可以工作 5 年。物联网设备采用各种节能策略,如睡眠模式和如 NB-IoT 的高效通信技术。然而,各种区块链运行所强制的计算和传输通常是依赖于功率的。例如,SHA-256 需要大约 90nJ/B。蓝牙的常规传输功率消耗约为 140mJ/Mb、ZigBee 约为 300mJ/Mb、UWB 是 7mJ/Mb、Wi-Fi 大约是 13mJ/Mb。因此,基于 ZigBee 协议,上述 0.3mW·h/d 的功率预算可以支持 0.5MB 的数据处理和通信。

### 14.5.5 移动自组网

无线通信网络可以分为两种模式,即基础设施模式和移动自组网网络模式。在基础设施模式下,借助网络架构,所有数据包转发出去。相比之下,在移动自组网网络模式下,网络不依赖于预先存在的架构,使每个节点都能给数个不同的节点转发信息。区块链运行因物联网设备的移动性而变得薄弱。在无线网络中,基于基础设施模式的设备会影响信令和控制消息的发展。另外,在自组织网络中,当移动节点以多种模式移动时,分区会将网络隔离成独立的路由。凭借创新的传感和传输能力,手机和车辆都配备齐全。不同传感器采用了不同技术,这导致更多的功耗且不可持续。因此,调整和管理这些传感器非常重要。

### 14.5.6 延迟和容量

为了确保分布式网络的稳定性,区块链应该具有高延迟特性。各种物联网设备可能不支持区块链接受的延迟。例如,比特币需要大约10min来确认一个区块,这对于某些延迟敏感的物联网应用来说时间可能太长了。车辆网络就是此类物联网应用的实例。但根据研究,区块链的高延迟可能会限制区块链的容量。例如,比特币在10min内使用10MB的数据,这远低于物联网应用所需的数据。各种物联网设备所需容量取决于不同的应用。例如,在基于物联网的智慧城市应用中[59],24h内700辆汽车的车辆轨迹产生了4.03GB数据。上述数据表明,每辆汽车每小时大约使用0.24MB的存储容量。同时,在大约5个月的时间里,从停车场的55个点获取了294KB的数据,即每个点每天产生约36B的数据。此外,随着物联网设备数量的增加,有些物联网应用所需的容量将不断增加。

## 14.6 本章小结

基于区块链提供的分布式网络架构,世界已经发生了技术革命。区块链在技术上是可靠的,这有助于为物联网设备开发一个安全的环境。区块链是自我调节和自我管理的。物联网和区块链这两种技术的结合,有利于各行各业正确有效地汇集海量数据。本章简要介绍了物联网设备如何利用区块链技术去获益。正如大家所见,区块链技术在医疗健康、工业、智慧城市等领域的部署带来了各种优势。但是,区块链的某些特性存在需要注意的风险。因此,研究人员应仔细观察两种不同技术结合的优势,并妥善处理。本章展示了区块链技术给物联网设备带来的主要挑战。研究人员必须对这些挑战进行分析,以使这两种技术高效、成功地协同工作。

## 参考文献

[1] Ganz, F., Puschmann, D., Barnaghi, P., and Carrez, F., 2015. A practical evaluation of information processing and abstraction techniques for the Internet of Things. *IEEE Internet of Things Journal*, 2(4), pp. 340–354. doi:10.1109/jiot.2015.2411227.

[2] Arellanes, D., and Lau, K., 2019. *Decentralized data allows in algebraic service compositions for the scalability of IoT systems.* In *2019 IEEE 5th World Forum on Internet of Things (WF-IoT)* (pp. 668-673). Limerick, Ireland: IEEE. doi: 10.1109/wf-iot.2019.8767238.

[3] Arora, A., Kaur, A., Bhushan, B., and Saini, H., 2019. *Security concerns and future trends of Internet of Things.* In *2019 2nd International Conference on Intelligent Computing, Instrumentation and Control Technologies (ICICICT).* (pp. 891-896). Kannur, Kerala, India: IEEE. doi: 10.1109/icicict46008.2019.8993222.

[4] Liu, Y., Wang, K., Qian, K., Du, M., and Guo, S., 2020. Tornado: Enabling blockchain in heterogeneous Internet of Things through a space-structured approach. *IEEE Internet of Things Journal*, 7(2), pp. 1273-1286.

[5] Bhushan, B., Sahoo, C., Sinha, P., and Khamparia, A., 2020. Unification of Blockchain and Internet of Things (BIoT): Requirements, working model, challenges and future directions. *Wireless Networks.* doi: 10.1007/s11276-020-02445-6.

[6] Zhaofeng, M., Xiaochang, W., Jain, D. K., Khan, H., Hongmin, G., and Zhen, W., 2020. A blockchain-based trusted data management scheme in edge computing. *IEEE Transactions on Industrial Informatics*, 16(3), pp. 2013-2021. doi: 10.1109/tii.2019.2933482.

[7] Arora, D., Gautham, S., Gupta, H., and Bhushan, B., 2019. *Blockchain-based security solutions to preserve data privacy and integrity.* In *2019 International Conference on Computing, Communication, and Intelligent Systems (ICCCIS)* (pp. 468-472). Greater Noida, India: IEEE. doi: 10.1109/icccis48478.2019.8974503.

[8] Wang, D., Jiang, Y., Song, H., He, F., Gu, M., and Sun, J., 2017. Verification of implementations of cryptographic hash functions. *IEEE Access*, 5, pp. 7816-7825. doi: 10.1109/access.2017.2697918.

[9] Varshney, T., Sharma, N., Kaushik, I., and Bhushan, B., 2019. *Architectural model of security threats and their countermeasures in IoT.* In *2019 International Conference on Computing, Communication, and Intelligent Systems (ICCCIS)* (pp. 424-429). Greater Noida, India: IEEE. doi: 10.1109/icccis48478.2019.8974544.

[10] Bhushan, B., Khamparia, A., Sagayam, K. M., Sharma, S. K., Ahad, M. A., and Debnath, N. C., 2020. Blockchain for smart cities: A review of architectures, integration trends and future research directions. *Sustainable Cities and Society*, 61, p. 102360. doi: 10.1016/j.scs.2020.102360.

[11] Sharma, T., Satija, S., and Bhushan, B., 2019. *Unifying Blockchain and IoT: Security requirements, challenges, applications and future trends.* In *2019 International Conference on*

Computing, Communication, and Intelligent Systems(ICCCIS)(pp. 341 – 346). Greater Noida, India: IEEE. doi:10. 1109/icccis48478. 2019. 8974552.

[12] Memon, R. A., Li, J. P., Nazeer, M. I., Khan, A. N., and Ahmed, J., 2019. DualFog – IoT: Additional Fog Layer for Solving Blockchain Integration Problem in Internet of Things. *IEEE Access*, 7, pp. 169073 – 169093. doi:10. 1109/access. 2019. 2952472.

[13] Nakamoto, S., 2019. Bitcoin: A peer – to – peer electronic cash system. *Manubot*. https://bitcoin. org/bitcoin. pdf. Accessed on November 24, 2020.

[14] Motohashi, T., Hirano, T., Okumura, K., Kashiyama, M., Ichikawa, D., and Ueno, T., 2019. Secure and scalable mHealth data management using blockchain combined with client hashchain: System design and validation. *Journal of Medical Internet Research*, 21(5). doi: 10. 2196/13385.

[15] Zyskind, G., Nathan, O., and Pentland, A., 2015. *Decentralizing privacy: Using blockchain to protect personal data*. In *2015 IEEE Security and Privacy Workshops*. San Jose, CA: IEEE. doi:10. 1109/spw. 2015. 27.

[16] Al – Jaroodi, J., and Mohamed, N., 2019. Blockchain in Industries: A Survey. *IEEE Access*, 7, pp. 36500 – 36515. doi:10. 1109/access. 2019. 2903554.

[17] Bishr, A. B., 2019. Dubai: A city powered by Blockchain. *Innovations: Technology, Governance, Globalization*, 12(3 – 4), pp. 4 – 8. doi:10. 1162/inov_a_00271.

[18] Pilkington, M., n. d.. Blockchain technology: Principles and applications. In Olleros, F. X., and Zhegu, M. (eds.) *Research Handbook on Digital Transformations*. Cheltenham, UK: Edward Elgar Publishing, pp. 225 – 253. doi:10. 4337/9781784717766. 00019.

[19] Reyna, A., Martín, C., Chen, J., Soler, E., and Díaz, M., 2018. On blockchain and its integration with IoT: Challenges and opportunities. *Future Generation Computer Systems*, 88, pp. 173 – 190. doi:10. 1016/j. future. 2018. 05. 046.

[20] Soni, S., and Bhushan, B., 2019. *A comprehensive survey on Blockchain: Working, security analysis, privacy threats and potential applications*. In *2019 2nd International Conference on Intelligent Computing, Instrumentation and Control Technologies (ICICICT)*(pp. 922 – 926). Kannur, Kerala, India: IEEE. doi:10. 1109/icicict46008. 2019. 8993210.

[21] Dash, 2017. Your money, your way. https://www. dash. org/es/. Accessed on October 20, 2019.

[22] Bastiaan, M., 2015. *Preventing the 51% – attack: A stochastic analysis of two phase Proof of Work in Bitcoin*. https://fmt. ewi. utwente. nl/media/175. pdf. Accessed on November 24, 2020.

[23] Atzei, N., Bartoletti, M., and Cimoli, T., 2017. A survey of attacks on Ethereum smart contracts(SoK). *Lecture Notes in Computer Science Principles of Security and Trust*, 164 –

186. https://eprint.iacr.org/2016/1007.pdf. Accessed on November 24,2020.

[24] Andrea, I., Chrysostomou, C., and Hadjichristofi, G., 2015. *Internet of Things: Security vulnerabilities and challenges.* In *2015 IEEE Symposium on Computers and Communication (ISCC)* (pp. 180 – 187). Larnaca: IEEE. doi:10.1109/iscc.2015.7405513.

[25] Gomes, T., Salgado, F., Tavares, A., and Cabral, J., 2017. CUTE mote, a customizable and trustable end – device for the Internet of Things. *IEEE Sensors Journal*, 17(20), pp. 6816 – 6824. doi:10.1109/jsen.2017.2743460.

[26] Liu, J., Zhang, C., and Fang, Y., 2018. EPIC: A differential privacy framework to defend smart homes against internet traffic analysis. *IEEE Internet of Things Journal*, 5(2), pp. 1206 – 1217. doi:10.1109/jiot.2018.2799820.

[27] Eom, J. H., 2015. Security threats recognition and countermeasures on smart battlefield environment based on IoT. *International Journal of Security and Its Applications*, 9(7), pp. 347 – 356. doi:10.14257/ijsia.2015.9.7.32.

[28] Rambus, n. d. *Industrial Iot: Threats and countermeasures.* https://www.rambus.com/iot/industrial-iot/.1230. Accessed on November 24,2020.

[29] Varga, P., Plosz, S., Soos, G., and Hegedus, C., 2017. *Security threats and issues in automation IoT.* In *2017 IEEE 13th International Workshop on Factory Communication Systems (WFCS)* (pp. 1 – 6). Trondheim: IEEE. doi:10.1109/wfcs.2017.7991968.

[30] Machado, C., and Frohlich, A. A., 2018. *IoT data Integrity verification for cyber – physical systems using blockchain.* In *2018 IEEE 21st International Symposium on Real – Time Distributed Computing (ISORC)* (pp. 83 – 90). Singapore: IEEE. doi: 10.1109/isorc.2018.00019.

[31] Gope, P., and Sikdar, B., 2019. Lightweight and privacy – preserving two – factor authentication scheme for IoT devices. *IEEE Internet of Things Journal*, 6(1), pp. 580 – 589. doi: 10.1109/jiot.2018.2846299.

[32] Gai, K., Choo, K. R., Qiu, M., and Zhu, L., 2018. Privacy – preserving content – oriented wireless communication in Internet – of – Things. *IEEE Internet of Things Journal*, 5(4), pp. 3059 – 3067. doi:10.1109/jiot.2018.2830340.

[33] Li, F., Shi, Y., Shinde, A., Ye, J., and Song, W., 2019. Enhanced cyber – physical security in Internet of Things through energy auditing. *IEEE Internet of Things Journal*, 6(3), pp. 5224 – 5231. doi:10.1109/jiot.2019.2899492.

[34] Xie, S., Yang, J., Xie, K., Liu, Y., and He, Z., 2017. Low – sparsity unobservable attacks against smart grid: Attack exposure analysis and a data – driven attack scheme. *IEEE Ac-

cess,5,pp. 8183 – 8193. doi:10. 1109/access. 2017. 2680463.

[35] Kapitonov, A. , Lonshakov, S. , Krupenkin, A. , and Berman, I. , 2017. *Blockchain – based protocol of autonomous business activity for multi – agent systems consisting of UAVs*. In *2017 Workshop on Research, Education and Development of Unmanned Aerial Systems (RED – UAS)* (pp. 84 – 89). Linköping, Sweden: IEEE. doi:10. 1109/red – uas. 2017. 8101648.

[36] Lin,C. ,He,D. ,Huang,X. ,Choo,K. R. ,and Vasilakos,A. V. ,2018. BSeIn:A blockchain – based secure mutual authentication with fine – grained access control system for Industry 4. 0. *Journal of Network and Computer Applications*, 116, pp. 42 – 52. doi: 10. 1016/j. jnca. 2018. 05. 005.

[37] Kang, J. , Xiong, Z. , Niyato, D. , Ye, D. , Kim, D. I. , and Zhao, J. , 2019. Toward secure blockchain – enabled Internet of Vehicles:Optimizing consensus management using reputation and contract theory. *IEEE Transactions on Vehicular Technology*, 68(3), pp. 2906 – 2920. doi:10. 1109/tvt. 2019. 2894944.

[38] Al – Heety, O. S. , Zakaria, Z. , Ismail, M. , Shakir, M. M. , Alani, S. , and Alsariera, H. , 2020. A comprehensive survey:Benefits, services, recent works, challenges, security, and use cases for SDN – VANET. *IEEE Access*, 8, pp. 91028 – 91047. doi: 10. 1109/access. 2020. 2992580.

[39] Roshan,R. ,and Ray,A. K. ,2016. Challenges and risk to implement IOT in smart homes:An Indian perspective. *International Journal of Computer Applications*, 153(3), pp. 16 – 19. doi:10. 5120/ijca2016911982.

[40] Li,W. ,Logenthiran,T. ,Phan,V. ,and Woo,W. L. ,2019. A novel smart energy theft system (SETS) for IoT – based smart home. *IEEE Internet of Things Journal*,6(3),pp. 5531 – 5539. doi:10. 1109/jiot. 2019. 2903281.

[41] Talari, S. , Shafie – Khah, M. , Siano, P. , Loia, V. , Tommasetti, A. , and Catalão, J. ,2017. A review of smart cities based on the Internet of Things concept. *Energies*, 10(4), p. 421. doi:10. 3390/en10040421.

[42] Pham, T. N. , Tsai, M. , Nguyen, D. B. , Dow, C. , and Deng, D. , 2015. A cloud – based smart – parking system based on Internet – of – Things technologies. *IEEE Access*, 3, pp. 1581 – 1591. doi:10. 1109/access. 2015. 2477299.

[43] Chen,L. ,Lee,W. – K. ,Chang,C. – C. ,Choo,K. – K. R. ,and Zhang,N. ,2019. Blockchain based searchable encryption for electronic health record sharing. *Future Generation Computer Systems*,95,pp. 420 – 429.

[44] Jain, R. , Gupta, M. , Nayyar, A. , and Sharma, N. , 2020. Adoption of fog computing in

health care 4. 0. In Tanwar, S. ( eds. ) *Fog Computing for Health Care 4. 0 Environments*. Signals and Communication Technology Series. Cham: Springer, pp. 3 – 36. doi: 10. 1007/978 – 3 – 030 – 46197 – 3_1.

[45] Islam, S. M. , Kwak, D. , Kabir, M. H. , Hossain, M. , and Kwak, K. , 2015. The Internet of Things for health care: A comprehensive survey. *IEEE Access*, 3, pp. 678 – 708. doi: 10. 1109/access. 2015. 2437951.

[46] Baker, S. B. , Xiang, W. , and Atkinson, I. , 2017. Internet of Things for smart health care: Technologies, challenges, and opportunities. *IEEE Access*, 5, pp. 26521 – 26544. doi: 10. 1109/access. 2017. 2775180.

[47] Hathaliya, J. J. , Tanwar, S. , Tyagi, S. , and Kumar, N. , 2019. Securing electronics health care records in health care 4. 0: A biometric – based approach. *Computers and Electrical Engineering*, 76, pp. 398 – 410. doi: 10. 1016/j. compeleceng. 2019. 04. 017.

[48] Omar, A. A. , Bhuiyan, M. Z. , Basu, A. , Kiyomoto, S. , and Rahman, M. S. , 2019. Privacy – friendly platform for health care data in cloud based on blockchain environment. *Future Generation Computer Systems*, 95, pp. 511 – 521. doi: 10. 1016/j. future. 2018. 12. 044.

[49] Kumar, A. , Krishnamurthi, R. , Nayyar, A. , Sharma, K. , Grover, V. , and Hossain, E. , 2020. A novel smart health care design, simulation, and implementation using health care 4. 0 processes. *IEEE Access*, 8, pp. 118433 – 118471. doi: 10. 1109/access. 2020. 3004790.

[50] Government of India Department of Space, 2020. Applications of unmanned aerial vehicle (UAV) based remote sensing in NE region: ISRO. https://www. isro. gov. in/ applications – of – unmanned – aerial – vehicle – uav – based – remote – sensing – ne – region. Accessed on November 25, 2020.

[51] Chandrasekharan, S. , Gomez, K. , Al – Hourani, A. , Kandeepan, S. , Rasheed, T. , Goratti, L. , ... Allsopp, S. , 2016. Designing and implementing future aerial communication networks. *IEEE Communications Magazine*, 54(5), pp. 26 – 34. doi: 10. 1109/mcom. 2016. 7470932.

[52] Lin, X. , Yajnanarayana, V. , Muruganathan, S. D. , Gao, S. , Asplund, H. , Maattanen, H. , ... Wang, Y. E. , 2018. The sky is not the limit: LTE for unmanned aerial vehicles. *IEEE Communications Magazine*, 56(4), pp. 204 – 210. doi: 10. 1109/mcom. 2018. 1700643.

[53] Banerjee, M. , Lee, J. , and Choo, K. R. , 2018. A blockchain future for Internet of Things security: A position paper. *Digital Communications and Networks*, 4(3), pp. 149 – 160. doi: 10. 1016/j. dcan. 2017. 10. 006.

[54] Forbes, 2018. How blockchain can help increase the security of smart grids. https:// www. forbes. com/sites/andrewarnold/2018/04/16/how – blockchain – can – help – in-

crease – the – security – of – smart – grids/#1b59ad95b489. Accessed on November 25,2020.

[55] Bhushan, B., and Sahoo, G., 2020. Requirements, protocols, and security challenges in wireless sensor networks: An industrial perspective. In Gupta, B., Pérez, G. M., Agrawal, D. P., and Gupta, D. (eds.) *Handbook of Computer Networks and Cyber Security*. Cham: Springer, pp. 683 – 713. doi:10.1007/978 – 3 – 030 – 22277 – 2_27.

[56] Protocol rules, 2016. https://en.bitcoin.it/wiki/Protocol_rules. Accessed on November, 25,2020.

[57] Blockchain, 2017. https://blockchain.info. Accessed on November 25,2020.

[58] Raspberry pi, 2017. https://www.raspberrypi.org. Accessed on November 25,2020.

[59] Rathore, M. R., Paul, A. P., and Ahmad, A. A., n. d.. IoT and big data: Application for urban planning and building smart cities. In Huang, J., and Hua, K. (eds.) *Managing the Internet of Things: Architectures, Theories and Applications*. London: The Institution of Engineering and Technology, pp. 155 – 183. doi:10.1049/pbte067e_ch9.

# 《颠覆性技术·区块链译丛》
# 后　记

　　区块链作为当下最热门、最具潜力的创新领域之一，其影响已远远超出了技术本身，触及金融、经济、社会等多个层面。因此，我们深感责任重大，希望这套丛书能帮助读者构建一个系统、全面、深入的区块链知识体系，让大家更好地理解和把握技术的发展脉络和前沿动态。

　　丛书编译过程中，我们遇到了许多挑战，也积累了些许经验。我们不仅仅是翻译者，更是学习者。通过翻译学习，我们更深入了解了区块链最新进展，也进一步拓展了知识面。谨此感谢所有与丛书编译有关的朋友们，包括且不限于原著作者、翻译团队、审校专家，以及编辑校对人员和艺术设计人员等。我们用"多方协同与相互信任"的区块链思维完成了这套译丛，并将其呈献给读者。多少次绵延至深夜的会议讨论，多少轮反反复复的修改订正，业已"共识"，行将"上链"，再次感谢大家的努力与付出！

　　未来，我们将继续关注区块链发展动态，不断更新和完善这套丛书，让更多人了解区块链的魅力和潜力，助力区块链技术在各个领域应用发展，共同迎接区块链的美好未来！

丛书编译委员会
2024年3月于北京